DC－DC 变换原理与应用

主　编：崔昊杨　(英)史蒂夫・罗伯茨(Steve Roberts)
副主编：顾　海　薛　亮
编　委：刘建强　杨献玲　严艾娜　宋　丹　江　超
郑　斐　管英含　潘孟荻　骆　民　盛宇峰

上海交通大学出版社
SHANGHAI JIAO TONG UNIVERSITY PRESS

内容提要

本书为电力设备感知与节能技术丛书之一。本书主要内容包括功率调节原理、模拟及数字反馈电路设计、DC－DC转换器保护、电学特性、磁学特性、模组封装与测试等内容，书中以RECOM公司DC－DC转换器技术为例，穿插用户实用技巧，以期揭开功率转化的神秘面纱，加深学生和工程技术人员对功率变换的理解并强化其工程实践能力。本书可作为能源电力特色集成电路、电力电子技术专业学生的教材，也可作为各行业领域硬件工程师的参考用书。

图书在版编目(CIP)数据

DC－DC变换原理与应用/崔昊杨，(英)史蒂夫·罗伯茨(Steve Roberts)主编. —上海：上海交通大学出版社，2025. 2. —ISBN 978－7－313－32013－1

Ⅰ. TN624

中国国家版本馆CIP数据核字第2024HT5690号

DC－DC变换原理与应用
DC－DC BIANHUAN YUANLI YU YINGYONG

主　　编：崔昊杨　(英)史蒂夫·罗伯茨(Steve Roberts)
出版发行：上海交通大学出版社
地　　址：上海市番禺路951号
邮政编码：200030
电　　话：021－64071208
印　　制：苏州市古得堡数码印刷有限公司
经　　销：全国新华书店
开　　本：787mm×1092mm　1/16
印　　张：13.5
字　　数：333千字
版　　次：2025年2月第1版
印　　次：2025年2月第1次印刷
书　　号：ISBN 978－7－313－32013－1
定　　价：88.00元

序　言

新型电力系统高度电力电子化的新特征，改变了电网中能量接入、电量平衡和电能传输的模式，同时也诱发了转动惯量低、电能质量差、宽频振荡严重等新问题。新型能源体系变革呼吁电力电子技术的革新，也需要适配的电力电子人才，如何在功率密度日益提高的局面下，为电力电子行业的技术发展和人才培养提供理论知识和应用技术资料，是本领域行业、高校和实验室保持发展的迫切需求。同时，我们也认识到，从理论到技术应用的融合发展仍比较困难，这是由学术界、教育界和产业界的"三角"衔接不够紧密导致的。特别是随着功率转换器功率密度的日益增加和数字电子技术高维化的集成发展，电力电子的根基性技术——电力电子模拟技术变得愈发重要。我们经常发现在面对能量转换器的应用、测量、噪声滤波等问题时，很多人都缺乏这方面的相关知识，不知从何着手。因此，从行业发展、技术创新、人才输送等需求方面思考，出版全面的技术书籍是很有必要的，它可以为硬件设计师的产品研发与优化、为学生的基础知识夯实和发展、为科技工作者的理论探索和技术升级等提供参考。

RECOM 作为电力电子领域起步早、技术特性鲜明的公司，在 20 世纪 90 年代后期即推出第一款 DC-DC 转换器，多年来的产品演变中，通过和用户不断交流现场应用信息，积累了大量关于实际应用方面的方案经验，为本书的出版奠定了初步基础。同时，近年来上海电力大学等高校也在电力电子学科领域进行了重点布局，在变换原理、智能控制和并网接入等方面形成了一批优秀成果，推动了学科领域和产品性能的发展。RECOM 与上海电力大学进行了长期的合作，进行了深度的产学研合作，加大了产品的研发力度，增加了产品的技术附加值。随着产学研合作的日益深化，上海电力大学和 RECOM 公司在电力电子领域中积累的资料日益丰富、完善，也逐渐深化了对电力电子的变换原理和应用方法的认知，特别是在 DC-DC 变换的原理和技术应用方面，在匹配负载与电源、初/次级电路隔离、故障/短路/过温保护方法、安全/性能/电磁兼容的协调性方面，形成较为鲜明的特色，从最简单的线性电压调节器到级联型数控电源，提升了用户对各种方案的理解和应用能力。本书以典型的 DC-DC 电路和正激式、反激式、推挽式等拓扑结构为例，努力做到深入浅出的原理讲解、案例列举，期望通过理论知识简化、实践素材强化，使其成为读者友好型的书籍。不仅如此，本书也在RECOM网站上开放了匹配的网络资料，以达到产品及最新研究成果的及时更新，这极大方便了读者的持续学习。变换原理与应用技术在被不断地突破和更新，向多元、交叉、智能、集成等特征方向发展，使该领域每天仍然有很多新鲜的知识可以学习。我们希望通过本书揭开功率转化的神秘面纱，促进学术界、教育界和产业界的"三角"衔接。

本书取材广泛，包括工程实践、科技攻关项目、研究生课题报告和课程教学内容等。其中，上海电力大学的崔昊杨教授完成全书的编写，RECOM公司的Steve Roberts专家完成DC-DC转换器设计、测试和应用的编写，RECOM公司的顾海、刘建强、杨献玲、严艾娜、宋丹及上海电力大学的薛亮教授和江超老师提供了本书部分内容的组织及理论和应用素材的撰写。此外，本书也包括研究生的大量工作，如管英含博士和郑斐、潘孟荻、骆民、盛宇峰等研究生，进行了本书素材的整理、收集和校订等工作。本书部分工作还取材于国网上海市电力公司、国电南瑞科技股份有限公司、浙江省电力公司等的科技课题项目内容，在此一并向上述单位和专家表示感谢。

编 者

2025年2月

目　录

第1章

DC-DC 功率调节概述

DC-DC 转换器通过功率转换，为电子仪器、设备和系统提供受控制的、安全的、高度稳压的直流电源。几年前，变压器、整流器和线性转换器还是功率转换技术的主流产品。然而，如同照明领域中 LED 逐渐代替了白炽灯泡一样，以 DC-DC 转换器为代表的开关电源也逐渐取代了传统的工频变压器。过去几年中，线性稳压电源取得了极大进展，包括线性电压调节器、开关稳压器的应用日益广泛，这些进步使设备获得了更好的电子性能和热力性能，同时减小了电源的尺寸、重量以及成本。时至今日，线性稳压器已被大量使用，并向全集成、大负载、低功耗、低成本方向发展，成为 DC-DC 功率调节广泛使用的技术。

1.1 线性稳压器

线性稳压器的功能，是将稳定或不稳定输入电压转换为稳定的输出电压。正常工作时，即使输入电压出现巨大波动，输出电压仍可保持稳定，这意味着稳压器不只需要过滤基频上的输入纹波，还需要过滤谐波，来实现稳定的高质量电压输出。同时，这种稳压器的性能受限于内部误差放大反馈电路的反应速度，为此，大多数线性稳压器采用闭环控制方式，如图 1.1 所示。

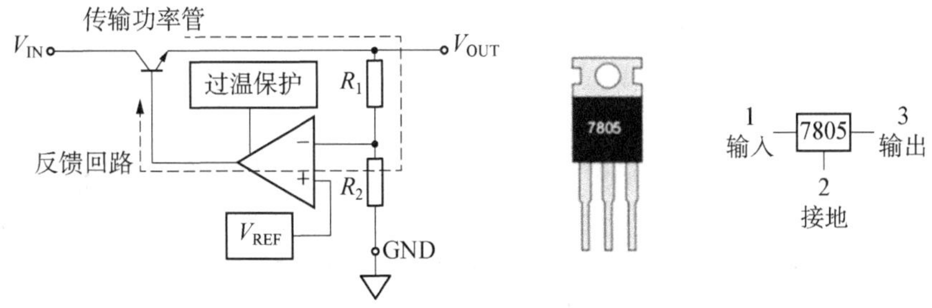

图 1.1　线性稳压器电路原理图及引脚功能图

在线性稳压器中，传输功率管是核心稳压元件，其内阻的可调特性能有效地调制从输入端流至输出端的电流。误差放大反馈回路的作用是使正相、反相输入电压之间的电压差为 0 或平衡，为得到稳定的输出电压，可以通过调整 R_1 与 R_2 的比值，使误差放大器中反相输入电压等于放大器正相输入参考电压 V_{REF}。

如负载减小或输入电压增大，则输出电压将变大，放大器反相输入电压将高于其正相输入电压 V_{REF}，误差放大器输出端的电压将变为负值，这时，传输功率管的基极电压将变小，最终晶体管的输出电压也将变小。反之,负载增大或输入电压减小,放大器反相输入电压将下降,小于其正相输入电压 V_{REF},传输功率管的基极电压和输出电压变大,从而补偿原本下降的输出电压。因此,反馈回路可以同时调节由输入电压变化和负载变化所引起的电压波动。需要强调的是,为提供稳定且精准的输出电压,参考电压 V_{REF} 必须非常稳定,并具有极佳的温度系数。如果电路板的布局合理,上述过程就可以使输出电压的波动小于 50 μV_{pp}(电压峰峰值,voltage peak-peak)。

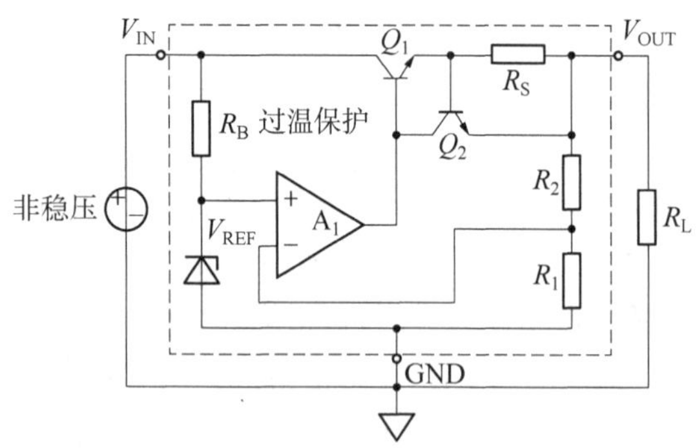

图 1.2　带短路电流保护的线性稳压器

稳压器需要短路保护电路,如果稳压器的输出端与地短接,传输功率管将完全导通,从输入端流至输出端的电流将变大,所以需要内部的次级保护电路来限制电流,如图 1.2 所示。电流限制的原理是通过感应电阻 R_S 上的压降来实现的,当导通电流过大时,R_S 上的压降超过 0.7 V,晶体管 Q_2 将导通并从晶体管 Q_1 转移电流,从而实现减小和限制输出电流的功能,此时限流值为 $I_{LIMIT}=0.7\ V/R_S$。通常最大允许的电流被设定为高于正常操作时的最大电流值,在实际应用中,电流上限被设定为 150%～200%的额定电流。稳压器在整个短路过程中都处于工作状态,因此这期间稳压器将一直处于过载状态。传输功率管在过热烧毁前,过温保护电路会使其停止工作。然而,尽管线性稳压器的短路保护可通过温保护电路来实现,但初级电源可能会因过热而出现故障,因此在设计初级电源时,需要考虑如何利用保护电路切断稳压器短路电流。

晶体管集电极与发射极之间的电压差可调控稳压器输入、输出端之间的电压差。如果输入电压是 12 V(如汽车车载电池的电压),稳压后的输出电压是 5 V,则稳压器需要实现 7 V 的压降。这意味着稳压器本身消耗的功率大于其传送至负载的功率(可以参考后文效率计算部分),因此,大部分的线性稳压器需要加装散热片。如果输入电压不断下降,当其低于输出电压时,很明显线性稳压器将无法对其进行完全补偿,输出电压会随着输入电压同时下降,但如果输入电压过低,将没有足够的电压支持与反馈器的误差比较,由此引发输出电压失稳甚至引起输出振荡。

线性稳压器的优点是价格低、调节性能好、噪声低、辐射低和暂态响应快。它的缺点是在待机状态下也将产生功率损耗,即使没有负载,典型线性稳压器的误差放大器和参考电压反馈任务也需要消耗约 5 mA 的电流。如果输入电压是 24 V,在无负载情况下,功率损耗可达到约 120 mW,从而导致能量浪费,并造成静态消耗过高,且只有单路输出。

1.1.1　线性稳压器的效率计算

线性稳压器效率 η 是指输出功率 P_{OUT} 与输入功率 P_{IN} 之比,其计算公式为:

$$\eta=\frac{P_{OUT}}{P_{IN}}$$

$$P_{OUT}=V_{OUT}I_{OUT}$$

$$P_{IN}=V_{IN}I_{IN}$$

$$I_{IN}=I_{OUT}+I_{Q} \tag{1.1}$$

其中，I_Q是在无负载情况下线性稳压器的静态电流。以三引脚线性稳压器为例对线性稳压器效率进行计算：设输入电压为10 V、输出电压和输出电流分别为5 V和1 A，设静态电流为5 mA，则效率计算公式为：

$$\eta=\frac{5\,\text{V}\times1\,\text{A}}{10\,\text{V}\times1.005\,\text{A}}\approx50\%$$

在上述情况中，线性稳压器效率达到了50%，如果输入电压降至7 V，则效率将进一步上升至70%，因正常的稳压调节需要2 V的裕度空间(5 V+2 V=7 V)，所以，70%已达到了该转换器的最高效率值。上述实例说明：稳压器的效率由输入和输出功率共同决定，且为非恒定值，这也意味着线性稳压器必须配有足够大的散热片，才能确保在最大输入电压和最大输出电流同时劣化的情况下，保持线性稳压器的安全运行。

1.1.2 线性稳压器的其他特性

在具体应用过程中，线性稳压器具有明显的优势，但需要考虑的其他因素也很多。正如先前所提到的，如输入与输出之间的电压差小于2 V，则线性稳压器便不能正常工作；在工作运行中，如果输入滤波电容不匹配，将导致交流输入的整流纹波较大，如图1.3所示，每半个周期中，输入电压都出现低于最小允许值的情况，则稳压后的输出电压也会出现陡降。如果只是采用万用表测量平均输出电压，这些瞬态行为将不会被万用表测量到，但这种瞬态陡降电压将会对电路造成一些意想不到的问题。对此，可采用两种方法解决，其一是在输入端增大电容，其二是增加变压器匝数比，但这两种方法成本都较高。

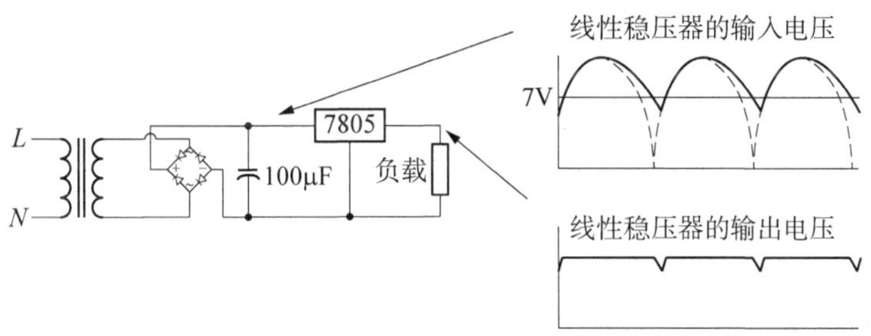

图1.3 线性稳压器中的压差问题

1.1.3 低压差线性稳压器

在普通线性稳压器中，通常采用双极性晶体管作为电流放大器。误差放大器输出电流被晶体管的电流增益(H_{FE})放大并流向负载，所以一般情况下，为提高电流增益和降低由于误差放大器造成的输出电流消耗，可以使用多个晶体管组成达灵顿电路。达灵顿电路的缺点是每多一级晶体管，达灵顿电路的基射极电压(基极-发射极电压，V_{BE})也随之增大，使得输入与输出之间的阈值压差随晶体管的级数增加而增大。例如：若线性稳压器使用PNP和NPN耦合组成的达灵顿电路，则其阈值压差计算公式为：

$$V_{DROPOUT}=2V_{BE}+V_{CE}\approx2\,\text{V}(V_{CE}\text{ 为集电极-发射极电压}) \tag{1.2}$$

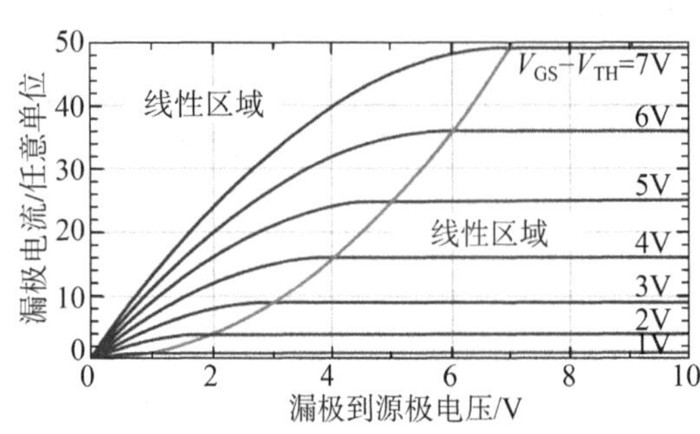

图 1.4　场效应管的输出特性曲线

电流增益受温度影响较大，随温度降低，H_{FE} 逐渐减小，所以，如需确保稳压器可正常工作，一般会把压差阈值设定在 2.5～3 V。如采用 P 沟道 MOSFET 代替双极性晶体管，就得到了所谓的低压差(low drop out，LDO)线性稳压器，其阈值压差只有几百毫伏，这是由于 MOSFET 阈值压差仅取决于它的正向导通电压(V_F 相当于 $R_{DS}I_{LOAD}$)，而通常电阻 R_{DS} 非常小，所以阈值压差也就非常低。由于 MOSFET 在不饱和区的电流增益关系极其复杂，它同时与温度和负载相关，如图 1.4 所示，因此很少被直接应用。但是，因为它只比较输出电压和参考电压，所以误差放大器反馈回路可以补偿任何出现在 $V_{GS}-V_{TH}$ 曲线上的偏差和非线性问题，实现对误差放大器的输出修正。

低压差稳压器的缺点也比较明显，首先，当栅极电压(V_{GS})很高时，$V_{GS}-V_{TH}$ 曲线变得非常陡峭；反之当栅极电压很低时，$V_{GS}-V_{TH}$ 曲线非常平缓。误差放大器的输出抖动要求尽可能低，即形成高阻尼条件，然而，为了对负载或输入电压的变化快速响应，误差放大器的输出抖动又要求尽可能高，即形成低阻尼条件，这就需要对上述两种要求进行充分思考和按需设计，即在过高的感性负载或者过高的容性负载选择中进行折中考虑。其次，在低压差线性稳压器中采用了 MOSFET 替代双极性晶体管，由于 MOSFET 的电压耐受能力弱于双极性晶体管，因此低压差稳压器过压损毁的风险明显高于普通稳压器，因此，低压差稳压器的容许输入电压范围也相对较小。再次，不仅如此，低压差稳压器的工作原理决定了工作机制需要额外的滤波和暂态抑制技术。此外，因为导通晶体管一直处于高压状态，因此，低压差稳压器和标准线性稳压器同样非常容易发生内部故障，一旦导通晶体管出现故障，集电极和发射极之间的短路保护电路也会发生连锁效应。这就意味着输出端将在没有任何稳压的情况下直接和输入端相连，通常会导致整个应用电路毁坏。图 1.5 是典型的故障保护电路，当稳压器发生故障时，齐纳钳位二极管(稳压二极管)的保险丝将发生熔断，从而起到保护作用。

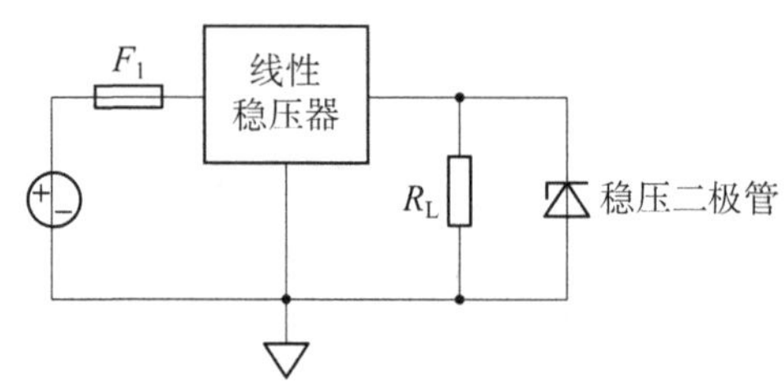

图 1.5　简易输出端过电压保护电路

1.2　开关稳压器

有别于线性稳压器为了限制输出电压把多余的电量转化为热量，开关稳压器则是利用电感和电容元件的储能及充放电效应，通过周期性地控制开关元件的导通和截止，实现电能的传递，以产生稳定的输出电压。即利用感性元件和容性元件的能量储存能力，对输入能量进行分段“打包”并以离散方式传输，这些“能量包”无损耗地转化为电感磁场或电容电场，开关控制保证每个分段只传递负载需要的能量，所以这种拓扑效率较高且电能损耗小，典型的开关稳压器结构如图 1.6 所示。

脉冲宽度调制(pulse width modulation,PWM)技术是开关稳压器的核心技术,其功能是确保从输入到输出的能量可控性,其原理是利用时间间隔固定但脉冲宽度可调的调制方式,实现对输入电量的精准调制。设稳压器从输入端吸收能量的时间为 t_{ON}、开关频率 f_{OSC} 为周期 T 的倒数,脉冲占空比 (δ) 的计算公式为:

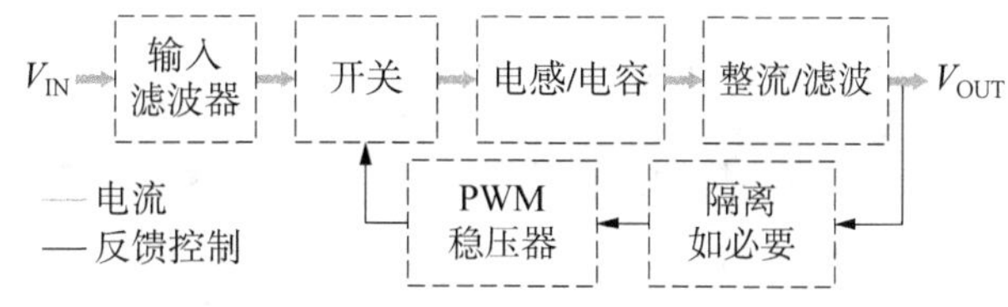

图 1.6 开关稳压器结构框图

$$\delta = \frac{t_{\mathrm{ON}}}{T} \tag{1.3}$$

$$T = 1/f_{\mathrm{OSC}} \tag{1.4}$$

对于开关稳压器来说,稳压后的输出电压正比于 PWM 的占空比。对比基于双极性晶体管的线性稳压器和基于容感元件储能的开关稳压器的功率损耗,可以发现,由于功率损耗往往出现在开通和关断的瞬间,即:开关过程损耗。因此,开关次数的多少决定了开关损耗的多少,相比较而言,开关稳压器的控制环路是利用系列大时间尺度的脉冲来操控开关元件通断,而线性稳压器是利用电压时刻比较小的时间尺度调制来限制传输功率管的传输电流,因此脉冲宽度调制比线性控制的功耗更小,也就说明开关稳压器的功率损耗低于线性稳压器。

1.2.1 开关频率和电感

由开关稳压器工作原理和机制可知,开关元件和储能元件的功率密度反比于开关稳压器的开关频率。为准确知晓开关稳压器的功率密度,将对感性元件和容性元件的功率密度进行推导计算。

电感功率密度正比于开关频率,如所需要储存能量是固定的且开关频率加倍,则电感功率密度可以减半,电感元件中功率密度可按式(1.5)计算:

$$P(L) = \frac{LI^2 f_{\mathrm{OSC}}}{2} \tag{1.5}$$

同样,在不改变存储能量的情况下,可以通过提高开关频率来减小电容的功率密度,电容功率密度计算公式为:

$$P(C) = \frac{CV^2 f_{\mathrm{OSC}}}{2} \tag{1.6}$$

对于生产和应用来说,减少封装和缩减电路板的占用空间具有极为现实的意义,这就对功率密度提出更高要求。由感性和容性元件功率密度计算公式可知,达成这一目标既要减小器件尺寸也要提高开关频率,这两者均会导致高频噪声增大。而电磁兼容性(EMC)限制了最高开关频率,因此需要在功率密度和 EMC 之间做博弈。在一般应用中,开关频率最高大约是 500 kHz(极端情况可达 1 MHz 甚至更高),这需要极为严苛的电路设计和验证并需要特别的电磁兼容屏蔽方法。

1.2.2 开关稳压拓扑

电路拓扑是用来传递、控制和稳定从输入到输出的电流或电压信号的各种开关和能量存储元件的组合。开关稳压器拓扑可大致分为以下两种。

(1) 非隔离型转换器，输入源与输出负载共用电流路径，包含 12 种拓扑。

(2) 隔离型转换器，能量通过元件间电磁耦合传递，输入源与负载以电磁场耦合连接，形成输入与输出间的电隔离。

1) 非隔离型 DC - DC 转换器

在拓扑遴选时，应从需求出发，考虑诸如价格、性能和控制特性等因素。各类拓扑的发明均有一定针对性，各种拓扑都有其优点和缺点，因此，不存在绝对优于或劣于其他拓扑的情况，因此，应基于用户和系统的需求来选择合适的拓扑。非隔离型转换的 12 种拓扑中有 5 种为 DC - DC 转换器非隔离型拓扑，这些拓扑都不包含变压器：

◇降压型(buck)转换器

◇升压型(boost)转换器

◇升降压型(buck-boost)转换器

◇双级反相升降压型(Cuk)转换器

◇双级正相升降压型(SEPIC，ZETA)转换器

在后文中，设定 PWM 控制均为闭环控制方式，占空比均由输出电压决定。为更好地说明每一种拓扑的传递特性，后文设定所有开关晶体管或开关二极管等开关、电容和电感元件均为理想元件。在展开上述 5 种拓扑结构的讨论之前，先简要阐明驱动开关晶体管和斩波器的原理。

(1) 开关型晶体管。

MOSFET 是最为常见和最具代表性的开关型晶体管，当栅源电压大于阈值电压时，$V_{GS}>V_{TH}$，所有允许的负载范围中 MOSFET 都将处在饱和状态，此时漏极与源极之间的电阻 R_{DS} 达到最小值，开关功耗达到最小值。基于 MOSFET 开关特性，可构建一系列的开关拓扑电路，如图 1.7 所示为典型同步降压转换器电路图，其中包含 PMOS 和 NMOS 两个场效应晶体管，设与地相连的晶体管为下桥臂管，与 V_{IN^+} 相连的晶体管为上桥臂管，下面以此为例进行工作原理介绍。

上桥臂场效应管为 PMOS，当 $V_{PS}<(V_{IN}-V_{TH})$ 时，场效应管进入到饱和区间；当 $V_{PS}>(V_{IN}-V_{TH})$ 时，场效应管进入到截止区间。下桥臂 MOSFET 为 NMOS，当栅极电压高于阈值电压时，$V_{NS}>V_{TH}$，场效应管处于饱和状态；当 $V_{NS}<V_{TH}$ 时，场效应管进入截止状态。由于空穴输运行为弱于电子输运行为，因此，PMOS 沟道的功率损耗约为同规格的 NMOS 的 3 倍，并且制备工艺更复杂，价格也更加昂贵，因此，在许多应用中更偏向于采用 N 沟道 MOSFET 来构建上桥臂。对此构型而言，要求上桥臂的驱动电压高于 V_{IN^+}，常采用自举电容和二极管 VD_1 形成加载在 V_X 处的方波电压，为上桥臂场效应管提供所需电压。图 1.8 中具体呈现了这一电压赋能过程：当 X 点电位为 V_{GND} 时，自举电容 C_{BOOT} 通过二极管 VD_1 充电至 V_{IN^+}；当 X 点电位为 V_{IN^+} 时，上桥臂驱动电容 C_{DRIVE} 放电至 2 倍 V_{IN^+}，由此，上桥臂驱动可以使 NMOS 的栅压高于输入电压 V_{IN^+}。

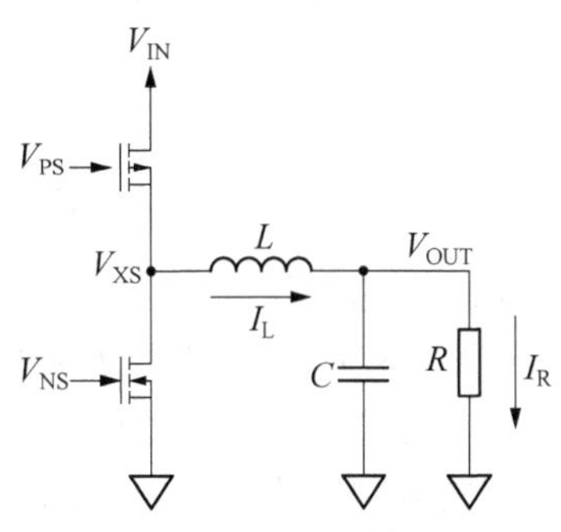

图 1.7 同步降压转换器结构及工作原理示意图

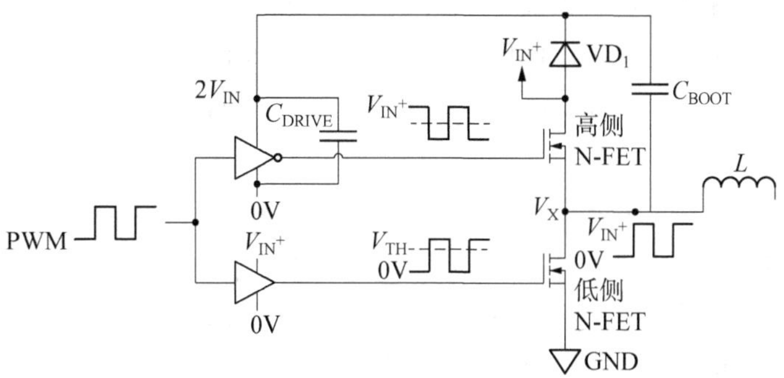

图 1.8 上桥臂驱动的自举电路(升压电路)

当 PWM 的占空比很大时，自举电路在原理上面临严重问题，这是由于自举电容 C_{BOOT} 放电时间不足，无法为驱动电容 C_{DRIVE} 完全充电，因此，时间失配导致不可能在将近 100% 占空比的条件下运行，同时这也限制了转换器的输入电压传递。解决上述问题的常用方法是增加独立电荷泵振荡器给驱动电容 C_{DRIVE} 充电，使驱动电容 C_{DRIVE} 在整个占空周期中都保持在高于 V_{IN^+} 的电位。电荷泵电路通常是集成在控制电路(integrated circuit，IC)或者上桥臂驱动电路中，如图 1.9 所示为带集成电荷泵的 MAX1614 上桥臂驱动电路。

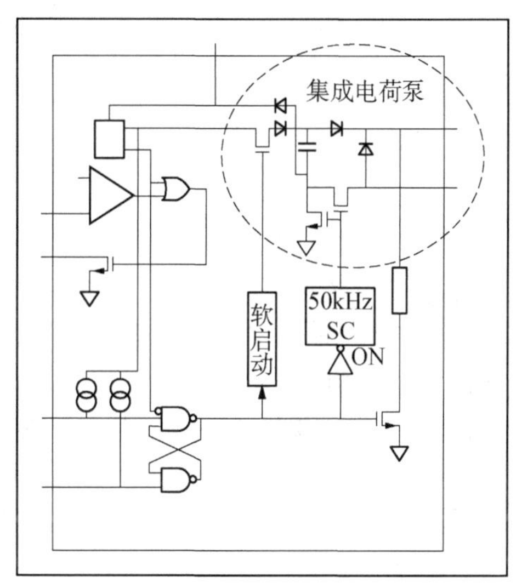

图 1.9 集成电荷泵上桥臂驱动电路图

(2) 降压型转换器。

降压型转换器，是一种将较高的电压转换为稳定的较低电压的设备。如图 1.10 所示，为该类型转换器的简易电路图和主要的电流电压时序曲线。

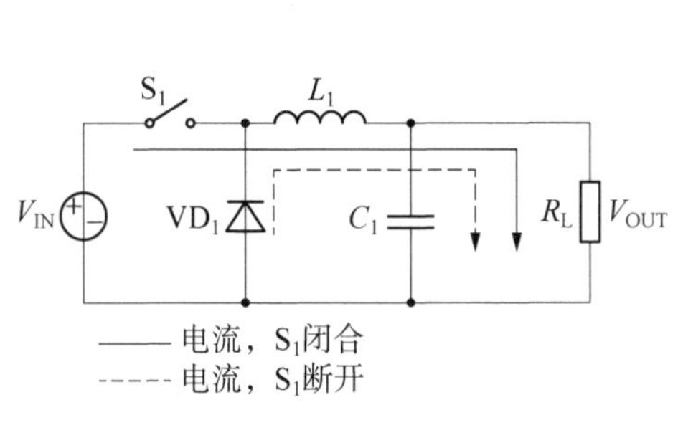

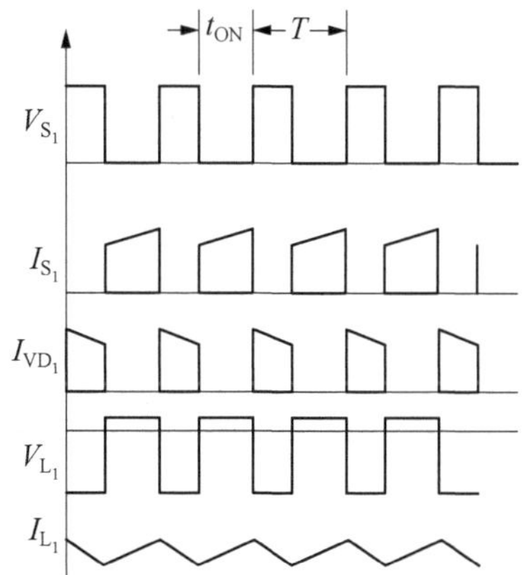

图 1.10 简易降压型转换器框图和特性曲线

在该降压转换器中，电容电压与输入电压及 PWM 的占空比成正比，电容电压、输入电压及输出电压三者之间的关系可用式(1.7)计算：

$$V_{C_1}=V_{IN}\frac{1}{1-\delta},\ V_{C_1}=\frac{-V_{OUT}}{\delta} \tag{1.7}$$

为加强对该电路的直观理解，将其等效为 L_1 和 C_1 组成的低通滤波器，当 S_1 闭合时，C_1 通过 L_1 充电，输出电压缓慢上升。当 S_1 打开时，VD_1 导通，电感磁场中存储的能量必须对电容和负载放电，这时负载上的电压缓慢下降。因此，输出电压可表达为占空比与输入电压的乘积。传递公式可以从电感分别在开关闭合和打开条件下电压与时间的乘积公式来推导。基于能量守恒原则，两者必须相等，其计算过程和表达过程如下：

◇开关闭合(ON)时：$(V_{IN}-V_{OUT})t_{ON}$

◇开关打开(OFF)时：$V_{OUT}t_{OFF}$，其中，$t_{OFF}=T-t_{ON}$，$\delta=t_{ON}/T$

◇相减后得到：$(V_{IN}-V_{OUT})t_{ON}=V_{OUT}(T-t_{ON})$

$$\begin{aligned}V_{IN}t_{ON}&=V_{OUT}T\\V_{OUT}&=V_{IN}(t_{ON}/T)\\V_{OUT}/V_{IN}&=\delta\end{aligned} \tag{1.8}$$

降压转换器的优点是功耗非常小，效率往往可以达到 97%甚至更高，尤其是对同步的转换器，输出电压可以设置在 V_{REF} 到 V_{IN} 的任何值，并且输入电压和输出电压的差值可以非常大。为了用小电感实现紧凑结构，并同时达到足够快的暂态响应，开关频率可以被设置在几百千赫兹的高频区间。停用开关 FET，输出电压为 0，因此无负载情况下的功率损耗可以忽略不计。基于以上原因，在许多应用中，相对于线性稳压器，降压稳压器有很多优势。R－78XX 系列的降压稳压器是典型的降压转换器，如图 1.11 所示，该模块具有部件完整的特点，正常操作中不需要增加外部辅助元件，稳压器效率高达 97%，输入电压可以高达 72 VDC，静态电流损耗大约为 20 μA。

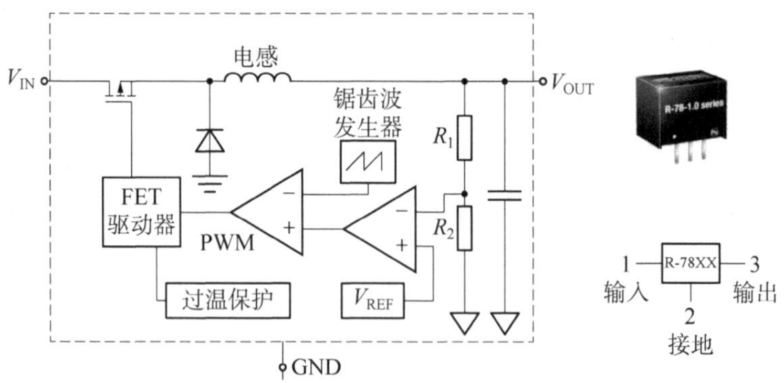

图 1.11　开关稳压器，降压转换器框图和引脚

降压转换器按周期循环工作，所以其缺点是必须有合适的最小输出纹波来确保 PWM 控制反馈电路能正常工作。而输出纹波也取决于占空比，它的最大值出现在占空比为 50%时，所以，与线性稳压器不同，降压转换器很难达到微伏级纹波/噪声输出。如需要极低纹波/噪声输出，可以在降压稳压器之后跟随线性稳压器，以同时获得这两种技术的各自优势。例如：未稳压的 24 V 直流电压被开关稳压器转换为 15 V 输出，效率为 95%，其后，线性稳压器需再提供纹波/噪声小于 5 μV 的 12 V 输出，电路示意图如图 1.12 所示，该电路系统的效率可达到 76%，而如果只采用线性稳压器，则效率将低于 50%。

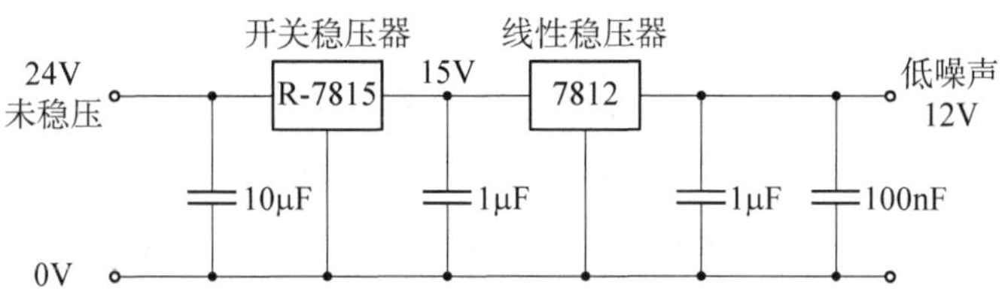

图 1.12　降压稳压器与线性稳压器组合电路原理图

需要注意的是，任何开关电路都会产生脉冲输入电流，例如前文图 1.10 中的 I_{S_1}，如果不加以有效滤波，将会产生电磁干扰(electromagnetic interference, EMI)。因此，建议在离输入端很近的地方，设置 10 μF 的小电容进行滤波。

(3) 升压型转换器。

升压型转换器，是把较低电压转换为稳定的较高电压。如图 1.13 所示，为该类型转换器的简易电路图和主要的电流电压时序曲线。

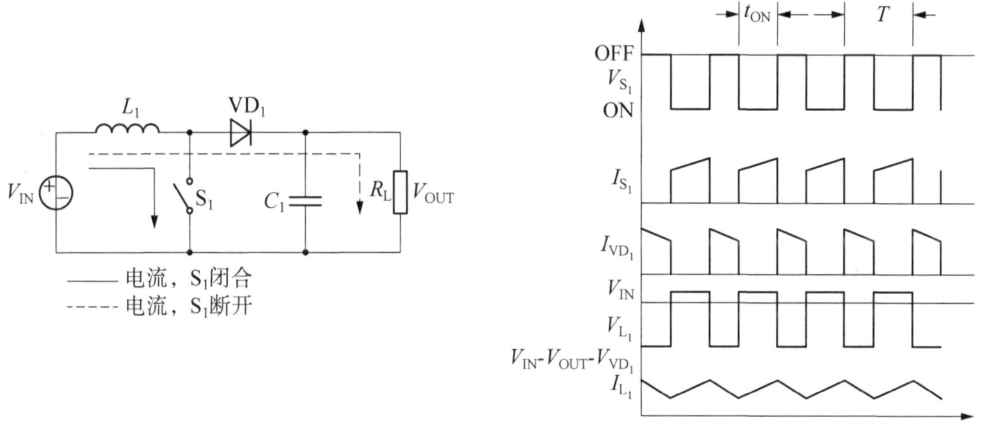

图 1.13　简易升压型转换器框图和特性曲线

在该降压转换器中，电容电压与输入电压及 PWM 的占空比成正比，电容电压、输入电压及输出电压三者之间的关系可用式(1.9)计算。

$$V_{OUT} = V_{IN}\frac{1}{1-\delta}, 当V_{IN} < V_{OUT} 时有效 \tag{1.9}$$

为加强对该电路的理解，进行详细说明，当 S_1 闭合时，流经电感 L_1 的电流以 V_{IN}/L_1 的速率线性增长。在此期间，存储在 C_1 中的能量对负载提供电流。当开关再次打开的时候，存储在电感中的能量与输入电压共同对负载供电。在这段时间里，流经续流二极管 VD_1 中的电流对负载供电，同时对 C_1 重新充电。流经电感的电流以 $(V_{OUT}-V_{IN})/L_1$ 的速率线性下降。传递公式的推导与先前的章节相似，以下只列出最重要的公式：

◇开关闭合(ON)时：$V_{IN}t_{ON}$

◇开关打开(OFF)时：$(V_{OUT}-V_{IN})t_{OFF}$

该类转换器的输出电压和输入电压由 PWM 的占空比决定，具体计算方法如下：

$$\frac{V_{OUT}}{V_{IN}}=\frac{1}{1-\delta} \tag{1.10}$$

升压型转换器的优点是输出电压可以通过调节 PWM 的占空比来控制，输出电压可以等于或者大于输入电压。尤其在提升低电池电压到高电压的应用中，这种转换器尤其适用。然而，在实际应用中，当需要提高 2 倍或 3 倍电压的时候，保证反馈电路的稳定变得非常困难。另外，由于输入电流脉冲与升压的比例同比增加，可以升压 3 倍的转换器意味着 3 倍的输入电流脉冲，这个脉冲输入电流可能引起电磁兼容性问题和输入引线中的压降问题。

升压型转换器的缺点是，由于关闭 PWM 控制器并不代表把负载与输入端断开，所以如果没有与输入端串联的额外开关的话，输出是不能被关闭的。

需要注意的是，升压型转换器在使用中，务必不能使其输入电压高于输出电压。如果发生这种情况，PWM 控制器将迫使 S_1 处于打开状态，输入端和输出端将在没有稳压的情况下通过 L_1 和 VD_1 相连。这个具有毁坏性的电流将很快摧毁转换器和负载，形成不可逆损坏，为避免这个问题，往往引入允许同时升压和降压操作的拓扑予以解决。

(4) 升降压型转换器。

升降压型转换器，也称反相反激型转换器，可以把输入电压转换为反相的稳定输出电压，这个输出电压的值可以高于或低于输入电压的值。

如图 1.14 所示，为该类型转换器电路图和主要的电流电压时序曲线，以其为例展开该类型转换器工作特性说明。当 S_1 闭合时，流经电感 L_1 的电流以 V_{IN}/L_1 的速率线性增长，二极管 VD_1 阻断所有通向负载的电流。在此期间，存储在 C_1 中的能量对负载提供电流。当开关打开的时候，L_1 中存储的能量会导致靠近开关端的电感电压为负值。同时电感的另一端接地，此时，反相后的电流通过二极管流至电容和负载，流经电感的电流以 V_{OUT}/L_1 的速率线性下降。由于电流的流向，输出电压对地而言是负值，因此这个拓扑只适用于生成负的输出电压。

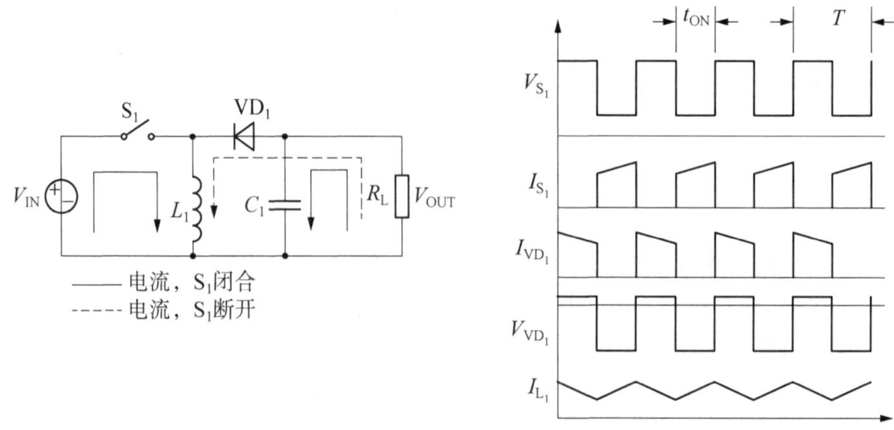

图 1.14　简易升降压型转换器框图和特性曲线

该类型转换器的输出电压与输入电压比仍取决于PWM的占空比，具体计算公式为：

$$V_{OUT}=V_{IN}\frac{-\delta}{1-\delta} \tag{1.11}$$

传递公式的推导与先前的章节相似，以下只列出最重要的公式：

◇开关闭合(ON)时：$V_{IN}t_{ON}$

◇开关打开(OFF)时：$V_{OUT}t_{OFF}$ (1.12)

升降压型转换器的优点是输入电压可以低于或高于稳压后的输出电压。例如：如果需要从铅蓄电池处得到非常稳定的12 V电压，由于蓄电池在满电的情况下有14 V左右的电压，而在使用了一段时间后只有9 V左右的电压，这种转换器就变得尤其必要。升降压型转换器对稳定光伏电池输出有帮助。太阳能电池可以在大发期间产生很高的电压和电流，而在阴雨多云的时候只能产生很低的电压和电流。因为升降压转换器可以动态改变输入/输出电压的比例，所以，电路系统可以用来实现新能源领域广泛使用的追踪最大功率点(maximum power point tracking，MPPT)控制策略。

升降压型转换器的缺点是输出电压的反相特性，从而使得输入和输出在趋势上的相反而不易理解和系统兼容，但如果输入源为电池等直流储能电源，则电压反相输出的负面影响就不重要了，这是因为此时电池可以不接地，并且V_{OUT}可以与地相连从而得到正的输出电压。升降压型转换器的另一缺点是开关S_1没有接地线，这就意味着PWM的输出电路需要多电平转换器，这将增加设计的难度和成本。

(5) 升压和降压的连续模式与非连续模式。

在单向的降压或升压拓扑中，负载决定了每个开闭阶段能量传递的多少，因此，如果负载减小，占空比必须减小来适配减小的负载。然而，在升降压拓扑中，占空比可实现输入/输出关系的调整，这一过程与负载无关，由此还有一个疑问需要明确，即负载的变化会造成升降压拓扑发生怎样的变换呢？这就会涉及连续模式与非连续模式的讨论。

如果升降压转换器的负载很大，如图1.14中所示，I_{L_1}的电流将是三角波，并且不会降低至0，称这种电流模式为连续模式。当负载很小时，在每个开关闭合的阶段，转换器有足够的时间冗余度对输出端的电容完全充电，在充电完毕的剩余时间里，电感中的电流将会降至0，这一过程如图1.15所示，称这种电感放电电流模式为非连续模式。

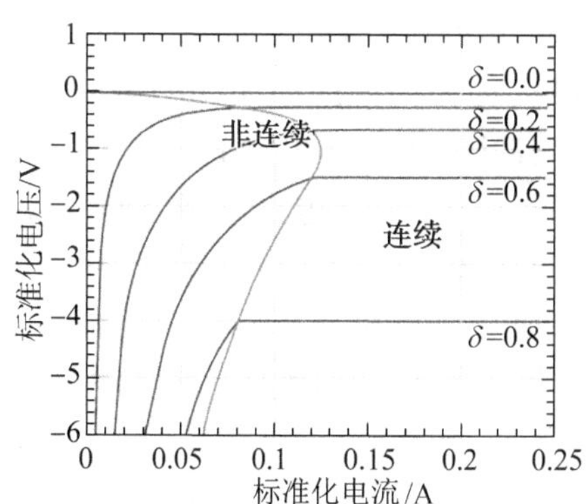

图1.15 连续模式与非连续模式的过渡曲线

在非连续模式下，转换器的传递公式将受到很多额外因素的影响，比如电感尺寸、输入电压值和输出电流值，所以这种情况下的传递公式将比式(1.12)更复杂，可以采用式(1.13)进行计算：

$$\frac{V_{OUT}}{V_{IN}}=\frac{V_{IN}\delta^2 T}{(2L_1 I_{OUT})}，其中\ T=t_{ON}+t_{OFF} \tag{1.13}$$

如图1.15所示，在低负载情况下，连续模式过渡到非连续模式将导致输入输出电压关系的变化。因此，为保持工作模式连续，升降压控制器需要在低负载的情况下选择性地提高工作频率。为了在宽频范围内保证输入输出传递关系简单性以便于控制和应用，通常采用复杂的EMC滤波技术。然而，在实际的电路中，电感、电容和电阻等元件均为非理想型，这些器件的非线性、寄生效应和元件耦合等特性，均会在工作频率改变过程中诱发一系列新问题。

(6) 同步与异步转换。

在前文讨论的拓扑中，所有设计中逆向电流保护整流器均采用了二极管。为提高电路保护性能，二极管的MOSFET管替代成为一种潜在思路，这种逆向保护要求MOSFET的启动信号必须与PWM异相。由此产生三种可能的电路拓扑，即二极管保护电路、MOSFET与二极管共同保护电路，以及双MOSFET保护电路。其中，由MOSFET和二极管组成的电路被称作是异步的，而由两个MOSFET组成的电路被称作是同步的。两种降压型电路如图1.16所示。

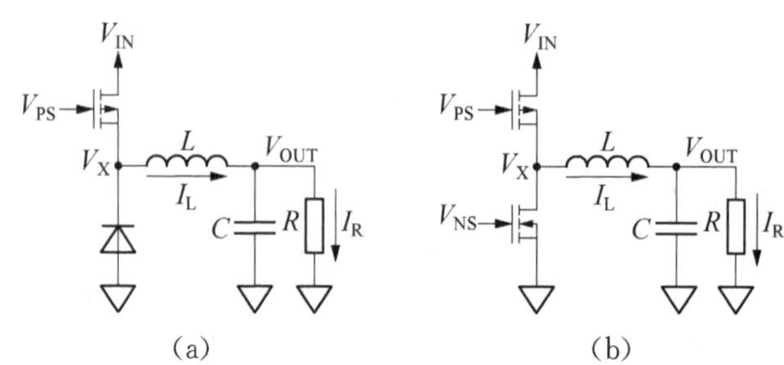

图1.16 两种降压型电路

(a)异步降压转换器；(b)同步降压转换器

用MOSFET替代逆向电流保护二极管有以下优点：与二极管不同，FET场效应管的$R_{OS(ON)}$很小，MOSFET导通状态下的正向压降极小或可被忽略，因此，双FET同步降压转换器在高输入电流和低输出电压的情况下都具有更低的功率损耗。这种高转换效率传输方式在满载情况下非常重要，例如，对于15 W的中等功率同步转换器，这种新型转换器与二极管保护方式可以减少至少1/4的功率损耗。不仅如此，可承载更高电流密度的MOSFET的尺寸，一般也比功率二极管小得多，因此，用MOSFET替代逆向电流保护二极管可以节省电路板尺寸、系统集成和封装空间。

相对于异步电路，同步电路的缺点是替代二极管的MOSFET需要新的驱动电路，同时，还需要额外时序电路来避免两个场效应管同时导通，这些举措都会提高元件成本和控制的复杂程度。此外，经验表明，在很低负载的情况下(小于10%的满载)，同步设计比异步设计的效率低。事实上，由于存在额外的MOSFET开关电路，在对下桥臂场效应管的栅极电容充放电时，MOSFET开关电路会产生额外的功耗。再者，在异步设计中，二极管阻止了电感电流的反向通路，而在同步设计中，电感电容可以正向也可以反向流动，可以反向流动的电流代表额外的功耗，所以异步设计比同步设计的功耗低。

同步设计所需要的电位信号和时序信号可以很轻松地通过集成控制芯片(integrated circuit chip, ICC)获得，这些信号可以只控制下桥臂的MOSFET，或者同时控制上桥臂与下桥臂两个MOSFET。通常，为了提高低负载情况下的效率，集成控制芯片中都会增加额外的时序电路，该时序电路的作用是通过减小MOSFET的开关频率从而减小功耗或减小负载的操作频率。

(7) Cuk 双级升降压转换器。

Cuk 双级升降压转换器可以将输入电压转换为高于或低于输入电压的稳定输出电压，输出电压取决于占空比。如图 1.17 所示电路图和主要的电流电压时序曲线图，在该电路中，升压转换器通过电容 C_1 与反相的降压转换器相连。

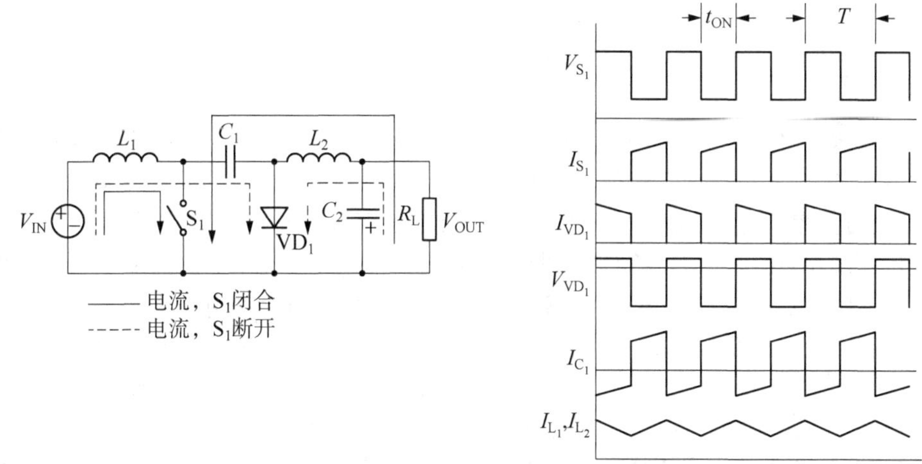

图 1.17　简易 Cuk 级联型升降压转换器框图和特性曲线

该拓扑电路的输出电压与输入电压的关系，以及与占空比的关系可采用式(1.14)计算：

$$V_{OUT}=V_{IN}\frac{-\delta}{1-\delta},\ V_{IN}>V_{OUT},\ \delta<0.5;\ V_{IN}<V_{OUT},\ \delta>0.5 \tag{1.14}$$

与之前的拓扑不同，该类型拓扑需要两个电感和两个电容。其具体的工作机制：当 S_1 闭合时，流经电感 L_1 的电流以 V_{IN}/L_1 的速率线性增长，同时，C_1 的正极接地，C_1 通过 L_2 放电，这个电压为 C_2 和负载提供反相的电压。流经电感 L_2 的电流以 $(V_{C_1}+V_{OUT})/L_2$ 的速率线性增长。当 S_1 打开时，源电压 V_{IN} 与存储在电感 L_1 中的能量一起提升电感的电压，此时电压通过 VD_1 为 C_1 充电。流经电感的电流以 $(V_{C_1}-V_{IN})/L_1$ 的速率线性下降。与此同时，电容 C_2 通过 L_2 和 VD_1 放电，这导致流经 L_2 的电流以 V_{OUT}/L_2 的速率线性下降。在这里电容 C_1 的作用至关重要，因为 C_1 负责整个从输入到输出的能量流，所以可以用该方法选定 C_1 的值，并且可以调整 C_1 的值至待机状态的电压为常数。

考虑到电流的流向，输出电压相对于地的电位实际上是负值，因此，该拓扑只适用于生成负的输出电压值，并且在传递公式中两个电感的影响都需要考虑到。

◇关于 L_1 的公式：

开关闭合(ON)时：$V_{IN}t_{ON}$

开关打开(OFF)时：$(V_{C_1}-V_{IN})t_{OFF}$

◇关于 L_2 的公式：

开关闭合(ON)时：$(V_{C_1}+V_{OUT})t_{ON}$

开关打开(OFF)时：$-V_{OUT}t_{OFF}$

相减后，得到电容电压 V_{C_1} 的两个公式：

$$V_{C_1}=V_{IN}\frac{1}{1-\delta} \tag{1.15}$$

$$V_{C_1}=\frac{-V_{OUT}}{\delta} \tag{1.16}$$

最后输出公式的结果和单级升降压转换器是一样的：

$$\frac{V_{OUT}}{V_{IN}}=\frac{-\delta}{1-\delta} \tag{1.17}$$

相对于单级升降压转换器，Cuk 转换器的优点是流经 L_1 和 L_2 的电流连续并且相等。这导致输入输出电流使 LC 滤波变得更容易，因此，Cuk 转换器产生的高频干扰较弱，这就使 EMC 设计变得简单。此外，由于两个电感中的电流是相等的，它们可以共用磁芯，这使转换器的结构变得更简单，更进一步，还可以减少纹波电流。

上述设计中，电容充放电是通过电感实现的，这就避免了过大的电流尖峰及附带的阻性损耗。此外，由于开关 S_1 是接地的，这使得低损耗的 MOSFET 可以被应用在设计中。因为从输入端流至输出端的电流必须经过电容 C_1，所以导致 Cuk 转换器过于依赖 C_1，而经过该电容的电压每半个周期必须转向一次，因此这个电容必须是无极性的。并且由于它的纹波电流较高，而纹波电流产生的内部热量会限制可操作温度的上限，所以实际应用中必须使用昂贵且大体积的聚丙烯电容。此外，由于有四个电抗元件(两个电感和两个电容)，为了避免共振问题和实现稳定操作，必须很严苛地设计控制电路和 PWM 控制环路。

(8) SEPIC 双级升降压转换器。

升降压转换器的缺点是反相输出电压，但上述问题可以通过两级的单端初级电感转换器(single ended primary inductor converter，SEPIC)解决。事实上，它的设计很类似于 Cuk(两级：升压转换器后跟随降压转换器)，唯一的区别是在 SEPIC 拓扑中，电感 L_2 和二极管 VD_1 交换了位置，如图 1.18、图 1.19 所示为 SEPIC 拓扑电路图和 SEPIC 转换器特性曲线，在该电路中，输出电压与输入电压同极性。

能量的传递和 Cuk 转换器很类似，传递公式如下：

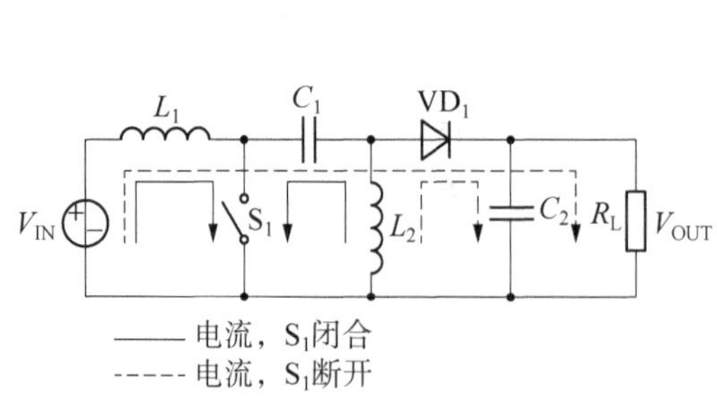

图 1.18　SEPIC 拓扑电路图

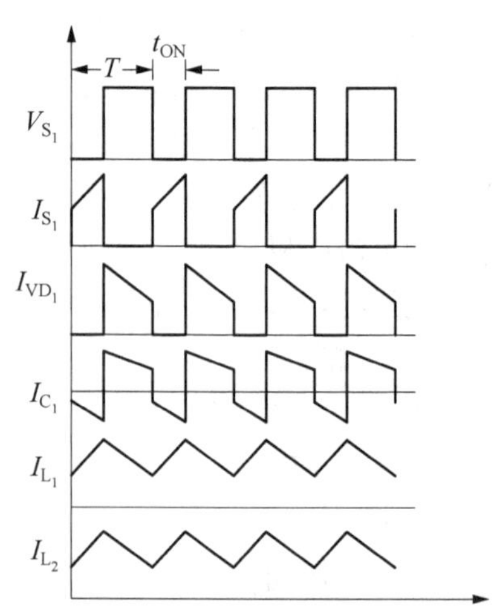

图 1.19　SEPIC 转换器特性曲线

$$\frac{V_{OUT}}{V_{IN}}=\frac{\delta}{1-\delta} \tag{1.18}$$

因为输出电压与输入电压同极性，所以 SEPIC 电路在可充电电池作为电源的应用中得到了极其广泛的应用。由于电池和应用电路共用同地端，所以，电池充电器可以同时为电池和应用供电。如同 Cuk 转换器，SEPIC 转换器的输入电流曲线是连续的，这使得 EMC 滤波变得更简单。

实用技巧

在 LED 照明应用中，由于电容 C_1 提供了固有的输出短路保护电路，SEPIC 转换器反馈回路可以被轻松地用恒流控制代替恒压控制。不仅如此，输入输出同极性使得 EMC 滤波变得更加简单，这种特征特别适合 LED 照明应用对输入谐波干扰的限制有很严格的要求。

SEPIC 转换器的缺点是脉冲输出电流曲线与传统的单级升降压转换器相同。此外，如同 Cuk 转换器，SEPIC 具有四个电抗元件，因此很容易发生共振问题。

(9) ZETA 级联型升降压转换器。

另一种 SEPIC 拓扑的变形是倒置的 SEPIC 转换器，或称作 ZETA 转换器，如图 1.20 所示。

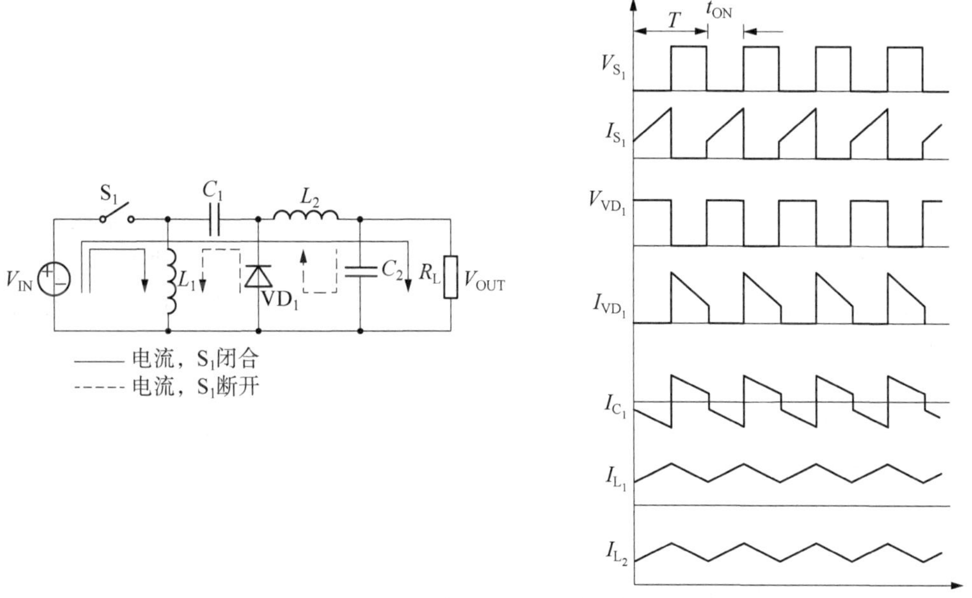

图 1.20 简易 ZETA 级联型升降压转换器框图和特性曲线

能量的传递类似于 SEPIC 拓扑，传递公式如下：

$$\frac{V_{OUT}}{V_{IN}}=\frac{\delta}{1-\delta} \tag{1.19}$$

SEPIC 拓扑是由升压转换器后跟随降压转换器组成的，而 ZETA 电路则是由降压转换器与升压转换器相连组成的。这种重新布置的拓扑保留了 SEPIC 设计中输入电压与输出电压同极性的优点。与 SEPIC 相比，ZETA 的反馈回路更加稳定，所以能在更大的输入电压范围和暂态负载条件下正常工作而不引起共振问题。并且，它的输出纹波也比等价的 SEPIC 设计小得多。

ZETA 拓扑的缺点是输入纹波电流相对较大，为了传递同等的能量，往往需要更大的电容 C_1（中间电压较低）。另外，由于开关 S_1 不接地，所以需要附加的电平转换电路来驱动 P 沟道 MOSFET。

(10) 多相 DC - DC 转换器。

多相 DC - DC 转换器是电学中平衡原理的绝佳案例，它揭示了对任何所希望的效益都必须在其他方面付出代价这一事实。如果需要更高的开关频率来提高功率，那么很容易造成普通微处理器核的电压从 5 V 降至 3.3 V 甚至降至 1 V 以下的问题；如果需要增加门电路的复杂性，就必须提高电源的电流，但是低电压且高电流的电源是很难实现的。

输出滤波元件存在局限性，这是市场对于多相 DC - DC 转换器的需求不断增加的部分原因。在负载电流较高的情况下，即使输出纹波必须减小到相应的标准，但是出于技术和成本的考虑，输出滤波元件的值却不能随意增加。另一部分原因是人们对更小体积的追求，这也就意味着输出电感和电容也不能是大体积的，如图 1.21 所示为单相 DC - DC 输出模式。

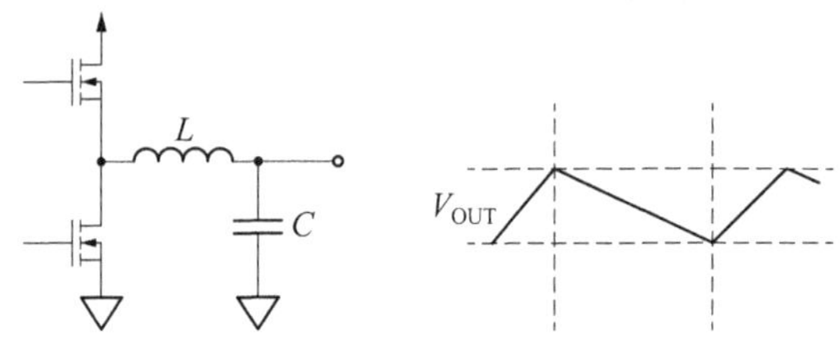

图 1.21 单相 DC - DC 输出模式

在重复的充放电周期中，输出电压随着纹波 V_{RIPPLE} 的峰值而波动。如果负载电流变大，那么放电时的电流也随之变大，因此，充电时的电流也变大。这意味着通过场效应管，电感 L 和电容 C 的电流都变大。为保持 V_{RIPPLE} 在足够小的电位，L、C 或者开关频率的值必须增加，但是为保证较高的效率，场效应管、电感和电容必须有足够小的串联阻抗，这意味着这些元件必须要求更大体积。此外，考虑到 EMC，可操作频率被上限限定。

由于负载电流被多个元件所分担，所以多相转换器可以解决这个两难的问题，两相 DC - DC 输出模型的原理如图 1.22 所示。

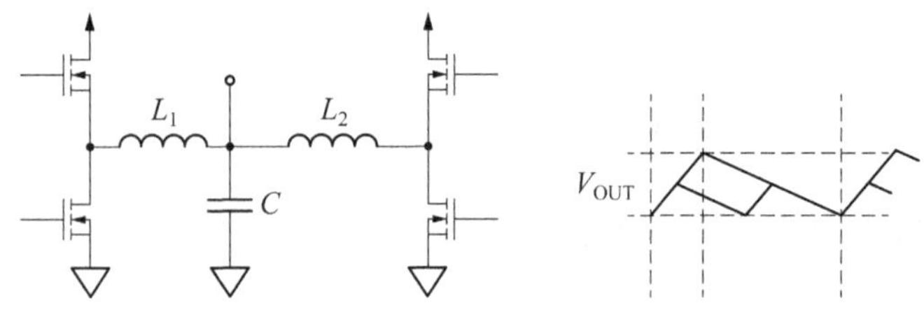

图 1.22 两相 DC - DC 输出模型

多相输出的缺点是元件成本增加，每多一相，都需要两个额外的场效应管和电感。此外，多相输出的控制 IC 更为复杂，它必须生成相位各不相同的多个输出信号。但是正如先前提到的，可以通过不断缩小电感和电容的尺寸来实现更紧凑的设计。多相输出使这种对于尺寸缩小的要求变为可能。这里每个单独输出的相位是不同的，这样总输出电压的幅值将变小，电流也更加均匀、EMI 也更小。这就意味着输入端的滤波量也减小。最后，由于输出电容变得更小，所以转换器对负载变化的响应变得更快，响应时间更短。

两相输出的设计中一般两个输出相位相隔 180°。三相输出中每两个输出相位相隔 120°。然而四相输出设计中一般会出现两对反相位的输出。如果电路中没有过多的不同相位的反射输入电流脉冲，输入 EMC 滤波设计将会变得更简单。集成多相 IC 控制器可以容易地设置在降压、升压、SEPIC 等不同的拓扑中，与此同时，也可以和短路保护电路、输入欠压保护电路设置在一起工作。

2）隔离型 DC - DC 转换器

尽管从原理上隔离型 DC - DC 转换器有多种拓扑可供选择，但现代 DC - DC 转换器往往只适用其中的三种拓扑，分别为反激式（flyback）、正激式（forward）和推挽式（push-pull）转换器拓扑。接下来将对几种拓扑进行详细介绍。

在这些隔离型转换器中，从输入到输出的能量传递是通过变压器完成的。跟非隔离型转换器一样，稳压是通过 PWM 控制器在反馈回路中调节输出电压实现的。以下假设所使用的元件都是理想的。此外，以变压器为基础的隔离型拓扑与先前所讨论非隔离型拓扑的区别是降压、升压和升降压的功能可以通过改变变压器的匝数比例来实现。在隔离型转换器中，PWM 驱动可以只作为能量调节控制器，依据根据输入电压和输出负载的要求确定。

应该看到，变压器的使用是存在明显缺点的，如当能量从初级绕组传递到次级绕组时会产生额外功耗，非隔离型的降压稳压器的效率往往可以达到 97％及以上，而以变压器为基础的隔离型转换器的效率往往低于 90％。尽管如此，各类工业生产场景对能源安全供应、电能质量和电能可靠变换的需求迫切，对隔离型转换器的需求较大，因此转换效率的瓶颈问题成为目前科研领域、工业领域都希望解决的难题。

（1）反激式 DC - DC 转换器。

反激式转换器的功能是把输入电压转换为稳定的输出电压。在开关闭合的时候，转换器把能量存储在变压器的磁芯中；当开关打开的时候，转换器再把能量传递到次级端。电路原理图如图 1.23 所示，主要的电流电压时序曲线如图 1.24 所示。

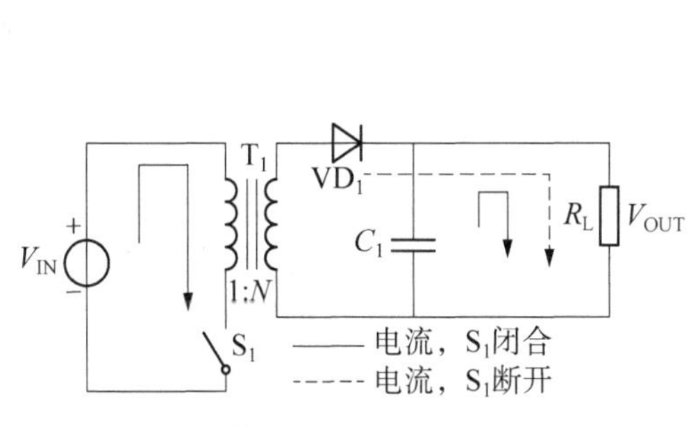

图 1.23 简易隔离型反激式转换器框图

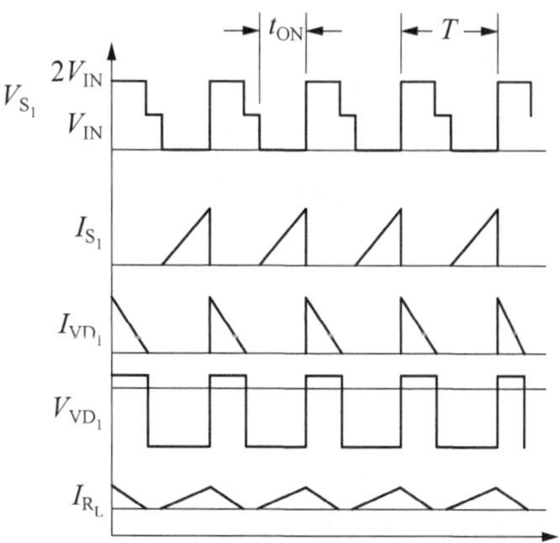

图 1.24 隔离型反激式转换器特性曲线

当开关 S_1 闭合时，流经变压器 T_1 初级绕组电感 L_P 的电流 I_{S_1} 以 V_{IN}/L_P 的速率增长，此时，没有电流通过次级绕组电感 L_S 流至负载，负载电流由电容 C_1 提供。当开关 S_1 断开时，由于变压器中铁芯失去交变电场励磁而迅速衰减，楞次定律导致初级和次级绕组中出现瞬态的反相电压，此时，初级绕组中存储的能量传递到次级绕组。传递过程中次级绕组中的电压陡升且伴有脉冲电流，这个电流以 V_{OUT}/L_S 的速率下降并最终流至负载和 C_1，在此期间二极管 VD_1 充当峰值整流器角色。

变压器的能量传递公式如下：

开关闭合(ON)时： $\dfrac{V_{IN}t_{ON}}{N}$，N 是匝数比

开关打开(OFF)时： $V_{OUT}t_{OFF}$

相减得：

$$\frac{V_{IN}t_{ON}}{N}=V_{OUT}(T-t_{ON}) \tag{1.20}$$

整理后得：

$$\frac{V_{OUT}}{V_{IN}}=\frac{1}{N}\frac{\delta}{(1-\delta)} \tag{1.21}$$

实用技巧

通过与前述章节对比可以看出，非隔离型升降压转换器与隔离型反激式转换器的传递公式只相差 $1/N$ 的系数。反激式变压器设计的一个优点在于输出电压可以在 PWM 占空比很低时变得很高，这使得该拓扑适用于生成高输出电压的电源。另一优点是，可以简单地通过增加多个次级绕组来实现多个输出，并且每个输出的极性可以各不相同。由于这种拓扑所需要的元件数少，所以它很适用于低成本的设计。

通过隔离型的反馈回路(一般通过光电耦合器来实现)来控制输出电压或输出电流，转换器可以生成非常稳定的输出电压，但是反激式转换器也可以使用初级稳压技术，该技术是通过监控初级绕组的电压波形来实现的，当达到拐点时，次级绕组中的电流变为 0。该技术可以避免使用光电耦合器从而进一步减少元件数量。

反激式转换器的缺点是对变压器的磁芯条件严苛，因为，即使流经变压器的电流是直流分量，变压器的有隙磁芯仍可能进入饱和状态，并且，磁滞现象很严重的话，会使变压器的效率大幅降低。此外，由于峰值电流很高，绕组中的涡电流损耗也是不可忽视的问题。上述两个问题限制了这个拓扑的可实际操作频率范围，并且，当 S_1 打开的瞬间，初级绕组上会出现很大的感性尖峰，这会导致开关场效应管的损坏。

(2) 正激式 DC - DC 转换器。

虽然正激式拓扑电路图结构与反激式拓扑相似，但它们的工作原理是完全不同的。输入电压根据变压器匝数比的函数转换为稳定的输出电压。简易的电路框图和主要的电流-电压曲线如图 1.25 所示。

如同反激式拓扑，当开关 S_1 闭合时，流经变压器 T_1 初级绕组电感 L_P 的电流 I_{S_1} 以 V_{IN}/L_P 的速率增长，由于初级绕组和次级绕组是互相耦合的，所以初级绕组中的电流逐渐变大，引起次级绕组中产生感应电流，次级绕组两端的感应电压为 V_{IN}/N，并且次级绕组中的电流以 $V_{IN}/(L_1N)$ 的速率增长，通过整流二极管 VD_1 和输出电感 L_1，最终流至负载 R_L 和输出

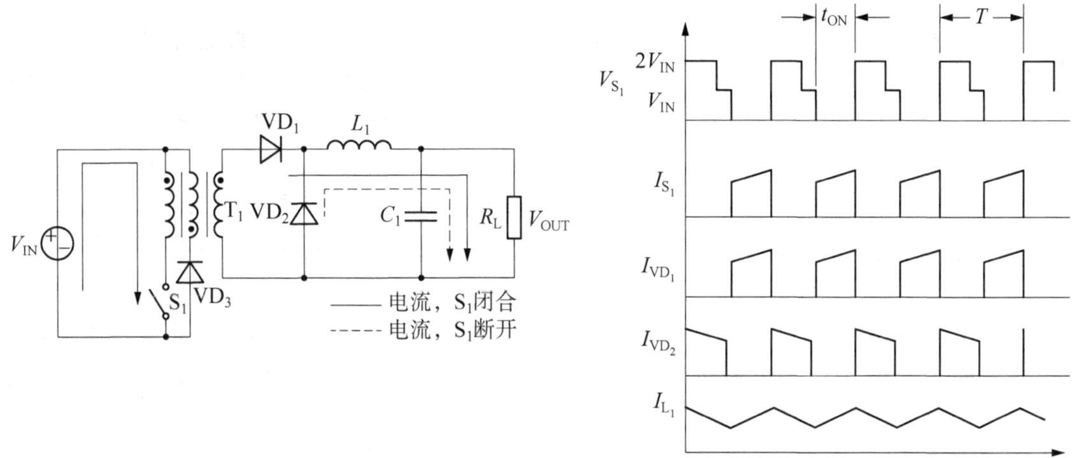

图 1.25 简易隔离型正激式转换器框图和特性曲线

电容 C_1。这个过程中，电容 C_1 上电压逐渐上升直至它的上限阈值，这时会产生“停止”的反馈信号，该反馈信号通常是采用光电耦合器实现。此后，初级绕组控制器迫使 S_1 断开从而中断源电流，此时复位绕组和二极管 VD_3 保证变压器中磁场存在，然而，这会引起电流以与 S_1 闭合时相同的速率下降。当 S_1 打开时，次级绕组两端的电压将极性反转，反向电流以 V_{OUT}/L_1 的速率下降并通过续流二极管 VD_2 和电感 L_1 流至 C_1 和负载，而 C_1 上的电压也会逐渐下降直到它的下限阈值，此时会产生“开始”的反馈信号，S_1 再次闭合开始新的周期。

◇能量传递公式如下：$\dfrac{V_{IN}}{N}-V_{OUT}t_{ON}$，$N$ 为匝数比

◇开关闭合(ON)时：$E_{OUT}=V_{OUT}t_{OFF}$ (1.22)

◇开关打开(OFF)时：$\left(\dfrac{V_{IN}}{N}-V_{OUT}\right)t_{ON}=V_{OUT}(T-t_{ON})$ (1.23)

整理后得：

$$\frac{V_{OUT}}{V_{IN}}=\frac{\delta}{N} \tag{1.24}$$

与反激式转换器不同，正激式转换器是连续地通过变压器把能量从初级传递到次级，而不像反激式转换器需要把能量存储在变压器的气隙磁芯中，因此，正激式转换器磁芯就不再需要气隙，相应的损耗和 EMI 辐射也随之消失。在正激式转换器中，由于磁滞损耗不再是严重的问题，所以磁芯的电感可以更大，峰值电流将因此减小，这进一步减小了绕组和二极管中的损耗，并且输入输出的纹波电流也会因此减小，所以同等输出功率条件下，正激式转换器比反激式转换器的效率更高。正激式转换器的缺点：元件成本较高，因为非连续模式下的能量传递方式是完全不同的，所以需要设置最小负载来避免转换器进入非连续模式。

(3) 有源钳位正激式转换器。

正激式转换器的变换是用有源钳位(active clamp，AC)FET 代替单独复位绕组来复位变压器，电流原理图如图 1.26 所示。

用于开关作用的 FET 场效应管 S_2 受 PWM 信号控制，该信号的两个工作周期之间有一段足够长的非工作时段，这保证两个场效应管不会同时启动。有源钳位正激式转换器的特性

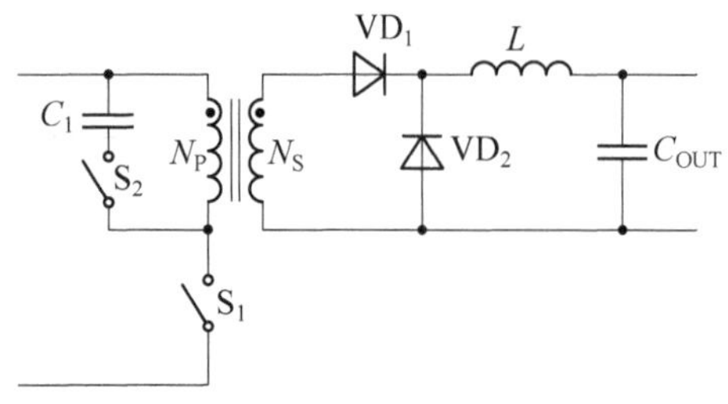

图 1.26 有源钳位正激式转换器电路原理图

曲线类似于正激式转换器，除通过 S_1 的电压是方波，两种转换器的输出电流曲线是相同的。电流相同的原因是 S_1 打开的时候，初级绕组中的电流仍可以流到 C_1 和 S_2，所以变压器中磁场不会消失，只是逐渐减小。由于上述原因，有源钳位正激式转换器的传递函数与正激式是相同的。

有源钳位转换器有很多优点：不需要变压器复位绕组，S_1 上的峰值电压是 V_{IN} 而不是正激式拓扑中的 2 倍 V_{IN}，由于只存在退磁电流流经 S_2，所以二极管的功耗不再存在，因此转换器总效率将显著提高。此外，有源钳位转换器可以在大于 50%占空比的情况下以高匝数比正常工作而不使 S_1 上的峰值电压过高。

有源钳位转换器的缺点：需要额外的 PWM 信号并且 S_2 需要上桥臂驱动，但通常控制 IC 的内部集成了所需的时序电路和上桥臂驱动，另一缺点是钳位电容 C_1 的纹波电流较高，所以必须注意过热问题，钳位电容中的电流可以这样计算：

$$I_{C,\ CLAMP} \approx \frac{V_{IN}\delta}{f_{OSC}L_{MAG}}\sqrt{\frac{1-\delta}{2}} \tag{1.25}$$

其中，L_{MAG} 是变压器中的磁化电感。

(4) 推挽式转换器。

推挽式转换器的功能是把输入电压转换为较低的稳定输出电压，与上述转换器不同的是，推挽式转换器需要分离的绕组变压器，图 1.27 是其电路原理图和主要的电流电压时序曲线图。

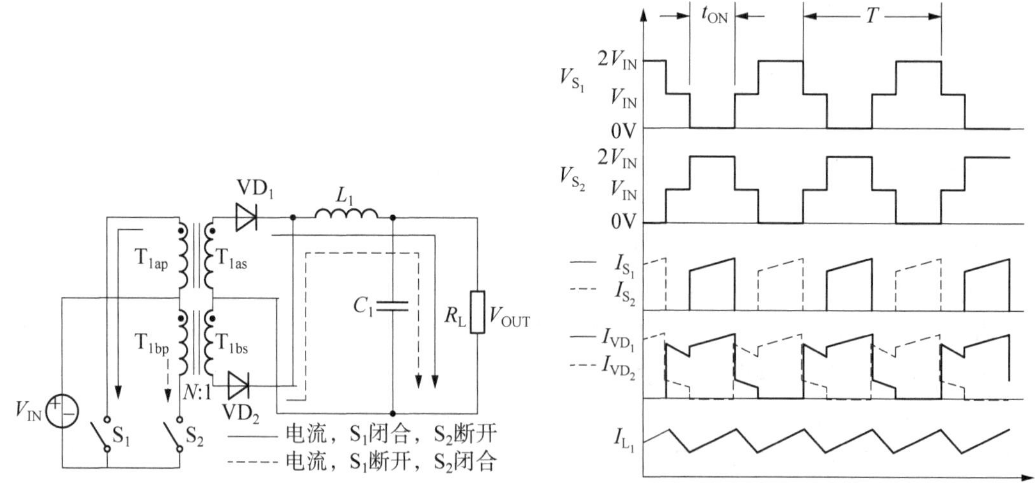

图 1.27 推挽式转换器电路原理图和特性曲线

当开关 S_1 闭合时，流经变压器初级绕组的电流以 $V_{IN}/L_{T_{1ap}}$ 的速率线性增长。与此同时，由于初级和次级绕组是互相耦合的，次级绕组 T_{1as} 两端将出现大小为 V_{IN}/N 的感应电压，流经整流二极管 VD_1 和输出电感 L_1 的次级电流以 $(V_{IN}/N - V_{OUT})/L_1$ 的速率线性增长。这个电流最终流至负载 R_L 并且为电容 C_1 充电。当开关 S_1 断开时，变压器的初级和次级绕组电压将发生极性反转，此时二极管 VD_1 阻止次级绕组 T_{1as} 上反相电压，但是电流仍然从反相的次级绕组 T_{1bs} 通过二极管 VD_2 流至 L_1，与此同时，电流以 V_{OUT}/L_1 的速率线性下降，随后 S_2 将闭合，开始新的周期，这个周期中提供电流的是次级绕组 T_{1bs}，以下是传递公式的推导：

◇开关闭合(ON)时：$\left(\frac{V_{IN}}{N}-V_{OUT}\right)t_{ON}$，$N$ 是匝数比

◇开关打开(OFF)时：$V_{OUT}t_{OFF}$，这里 $t_{OFF}=T/2-t_{ON}$

这里用 $T/2$ 是因为在 PWM 周期中使用了两个开关，所以在周期中，两个开关中的任意一个闭合时，所提供的能量是整个 PWM 周期能量的一半。

整理后得出：

$$\left(\frac{V_{IN}}{N}-V_{OUT}\right)t_{ON}=V_{OUT}(T/2-t_{ON}) \tag{1.26}$$

或者

$$\frac{V_{OUT}}{V_{IN}}=\frac{2\delta}{N} \tag{1.27}$$

由于 S_1、S_2 的占空比都在 50%左右，此时，避免两个开关同时闭合就变得极其重要，因为如果两个开关同时闭合，电路中将激起巨大的短路电流，造成器件的损坏，因此，在关闭开关后到打开另一开关前，必须预留足够的过渡时间(deadtime)。

另一出现在推挽式转换器中的问题是磁通移位(flux walking)，由于推挽式转换器使用变压器的整个 $B-H$ 特性曲线，所以即使工作开关只出现微小的变化(饱和电压，开关时间等)都能造成不平衡的磁通。需要注意的是，由于在每个开关周期结束时，变压器中不平衡磁通不能完全归零，所以这些不平衡磁通的偏差是不断叠加的，上个周期的磁通偏差变成下个周期磁通的初始值，变压器的磁芯最终会饱和，不平衡的能量传递仍然继续。由于饱和的磁芯不再有感性表现，所以过高的初级绕组电流会损坏开关，为解决该问题，通常在每个周期结束时监测电流和限制电流后再开始下一周期。

推挽式转换器的优点是，由于推挽式转换器使用变压器 $B-H$ 曲线的两个象限，而正激式转换器只使用一个象限，所以相比同尺寸的变压器，推挽式拓扑可以传递 2 倍的能量，这使得推挽式拓扑的性价比较高。当按比例增大时，适用于相对较高的输出功率；当按比例减小时，适用于低功率的迷你 DC-DC 转换器。为达到最大功率，占空比一般被设定在 50%左右，在该条件下输入输出电压关系就可通过调节变压器的匝数比来控制，因此许多汇流排转换器可以通过有稳压输入的推挽式转换器实现。

(5) 半桥与全桥转换器。

半桥(halfbridge)和全桥(fullbridge)转换器拓扑与推挽式转换器拓扑相似。半桥转换器中有两个开关控制通过变压器初级绕组的电流，而全桥转换器中则有四个开关，因此初级绕组不需要中心抽头连接，但是次级绕组仍然需要中心抽头，如图 1.28 所示。

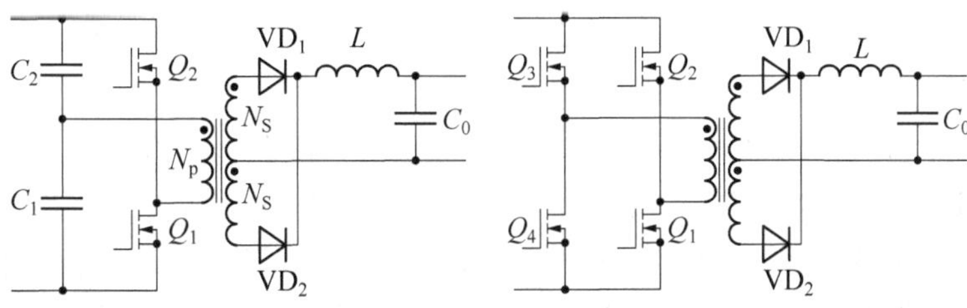

图 1.28 半桥与全桥转换器

半桥转换器中电容 C_1 和 C_2 组成了分幅器，它的功能是确保初级绕组的一端的电压是 $V_{IN}/2$，然而开关 Q_1 和 Q_2 相继与初级绕组的另一端 (V_{IN} 或 GND)相连。由于跨越初级绕组的电压不超过 $|V_{IN}/2|$，所以它的传递率是推挽式转换器的一半，计算公式如下：

$$\frac{V_{OUT}}{V_{IN}}=\frac{\delta}{N} \tag{1.28}$$

半桥转换器相对于推挽式转换器的优点是初级绕组是单股的，开关需要承受的电压是 V_{IN} 而不是 $2V_{IN}$，这样磁通移位的问题就不存在了，全局效率通常也更高，所以半桥拓扑适用于更高功率的应用，并且由于相对简单的变压器结构，这种拓扑可以使用平面变压器构造。

半桥转换器的缺点是，C_1 和 C_2 上的纹波电流高，因此为了避免过热问题，选择元件时必须匹配。为避免贯穿短路(Q_1 和 Q_2 同时闭合)占空比通常设定在 45%左右。此外，Q_2 需要上桥臂驱动，这就增加了元件成本。

半桥转换器的缺点可通过全桥拓扑弥补，全桥拓扑中的四个开关按照以下的顺序工作：首先 Q_3、Q_1 闭合 Q_2、Q_4 打开，之后 Q_2、Q_4 闭合 Q_3、Q_1 打开，在每个开关周期内，初级绕组两端的电压都保持在 V_{IN}。全桥拓扑保留了半桥拓扑所有的优点，并且弥补了半桥拓扑的缺点。全桥拓扑的时序电路相对更加复杂并且需要两个上桥臂驱动，所以全桥设计一般适用于高功率的应用，对于这些应用，元件成本相对不那么重要。此外，全桥拓扑的传递公式与推挽式拓扑相同。

(6) 汇流排转换器与比例转换器。

汇流排转换器或比例(ratiometric)转换器在隔离型 DC - DC 转换器中具有独特的地位。这类转换器的需求源自复杂的电信电源系统，该系统需要不同的电源电压。汇流排转换器的转换比率为 4∶1，因此也被称为比例转换器。输出电压随输入电压成比例的变化，此后在负载点的降压转换器输入电压范围较大，在负载电流很高的条件下，汇流排转换器仍可以提供极高的效率(97%或更高)。汇流排转换器可通过正激式或推挽式拓扑、半桥或全桥开关控制、固定占空比来实现最大可能效率。另外，为进一步减少功耗，通常采用同步整流技术替代输出端整流二极管。

汇流排转换器通常会生成两组汇流电压，输入交流电源被转换为 48 VDC，然后该电压为电池供电，电池提供不间断的转换器电压，接着 48 V 再以 4∶1 的比率为负载点转换器提供一组 12 V 的本地汇流排，这个负载点转换器再为板级提供 5 V 或者 3.3 V 的电源，如图 1.29 所示。

(7) 不稳压的推挽式转换器。

推挽式拓扑广泛地应用在不稳压隔离型 DC - DC 转换器中，如果输入电压是稳定的，那么推挽式拓扑是很经济的选择，因为输出电压可以仅通过调节变压器的匝数比来控制。此外，不稳压推挽式转换器可以用来生成升压、降压、反相、双极等各种输出，图 1.30 是不稳压的推挽式转换器典型电路，用感性反馈来构成振荡器。

图 1.30 电路是完全对称结构，两个三极管的基极通过限流电阻 R_{F_1} 和 R_{F_2} 与 V_{IN+} 相连，尽管 VT_1 和 VT_2 是相同类型的三极管，由于制造上无法避免的误差，两个三极管的 V_{BE} 不可能完全相同，所以 V_{BE} 较低的三极管将率先启动。设 VT_1 比 VT_2 的反应速度快，则流经 T_{1ap} 的电流为变压器提供能量，变压器生成的正向电流流向 T_{1as} 和 T_{1bf}，同时，它生成的逆向电流

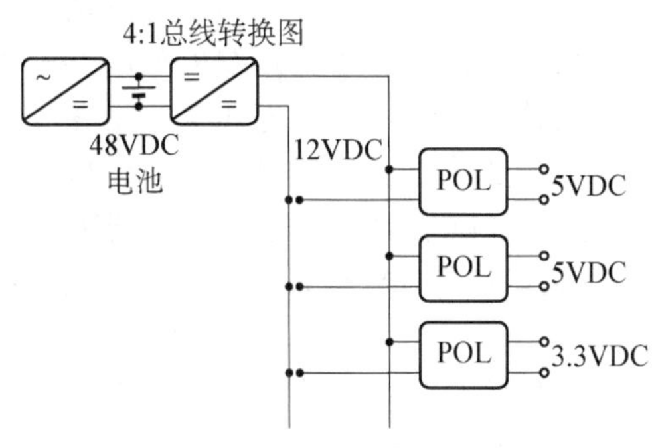

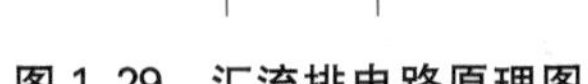

图 1.29 汇流排电路原理图

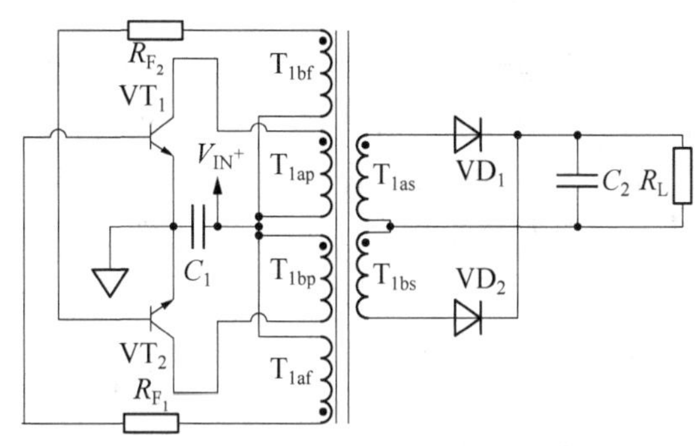

图 1.30 不稳压的推挽式转换器

流向 T_{1bs} 和 T_{1af}，T_{1af} 中的逆向电流将使 VT_1 截止，阻止电流继续流向 T_{1ap}，同 T_{1bf} 中的正向电流将使 VT_2 导通。当 VT_2 导通时，流经 T_{1bf} 的电流为变压器提供能量，但是这时变压器生成的正向电流流向 T_{1bs} 和 T_{1af}，逆向电流流向 T_{1as} 和 T_{1bf}。T_{1bf} 中的反向电流使 VT_2 截止，阻止电流继续流向 T_{1bp}，同时 T_{1af} 中的正向电流使 VT_1 导通。不稳定的推挽式转换器是一种以耦合变压器为基础的自由振荡器，它可以迅速调整到 50%占空比，并且转换器在 50%占空比时的工作效率是最高的。

以图 1.30 电路为基础，只需增加被动偏压元件就可以组成功能完整的 DC - DC 转换器，这种转换器只需 10 个左右的元件，是最低成本设计。同时，转换器的尺寸也可以做得非常小，RECOM 的 RNM 转换器尺寸只有 8.3 mm×8.3 mm×6.8 mm，如此小的转换器仍然可以提供 1 W 的输出功率以及输入端与输出端之间 2 kVDC 的隔离。

这个拓扑中没有输出到输入的反馈回路，所以无论有无负载，转换器都以 50%占空比振荡，但输出电压不稳定。由于寄生效应，输出端会出现开关峰值，在有负载的条件下，开关峰值将被严重抑制，但对输出电压的影响很小，然而在无负载的情况下，这个峰值电压经输出端的二极管整流后将变得非常大，它比用变压器的匝数比计算出来的输出电压大得多。

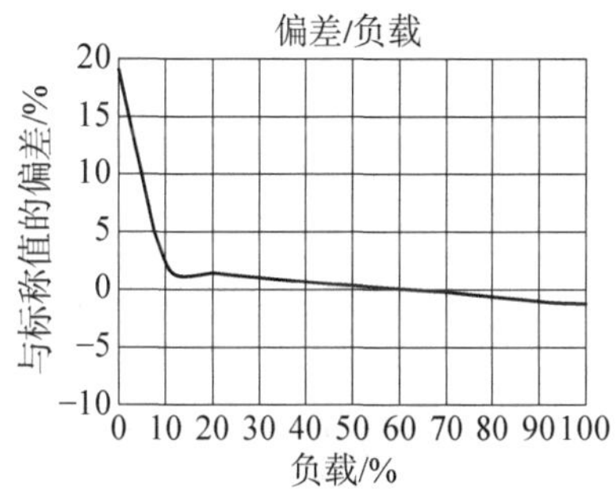

图 1.31 典型的不稳压的转换器中的输出电压偏差

典型的输出电压偏离与负载的关系如图 1.31 所示。由图可知，不稳压的推挽式转换器应该避免在负载小于 10%的情况下工作。如果零负载是设计要求，那么有两种情况，要么在输出端串联保护电阻来保证转换器在待命或空载的状态下输出电压不会过高，要么用齐纳二极管来限制输出电压，保证其在安全范围内。

在远离小于 10%负载的区域，输出偏离是非常平缓的，以图 1.31 为例，在 10%到 100%负载的情况下，输出电压偏离小于±2%。与其他稳压的转换器相比，这个结果在可承受范围内。在对于成本比较苛刻的应用中，如果输入电压和负载是相对稳定的，那么不稳压的推挽式转换器是一种非常经济的解决方案，通常比同等效果的稳压转换器便宜 30%。

不稳压的推挽式转换器的缺点是，变压器结构（六个绕组）更为复杂，此外，没有简单的方法使振荡器停止运作。考虑到上述问题，对于超温、过载或者短路的保护措施，该稳压器则不在这个拓扑的考虑范围内。

图 1.30 所示的电路是单输出的，如果把 VD_2 反向，加上额外的输出电容，就可以很容易地构成双极输出的 DC-DC 转换器。该转换器对提供某些模拟电路需要的双极输出电源非常适用。举例来说，+5 V 输入，±12 V 输出的转换器可以用标准的+5 V 电压来给运算放大器提供±12 V 的电压。即使不稳定的输出电压随着负载而变化，但是在这里不再重要，对于许多运算放大器来说，输入电压的允许范围很大(举例来说，典型的 741 运算放大器可以在±5 V 到±18 V 的输入电压条件下正常工作)，并且电隔离意味着 5 V 输入端上的数字噪声不会传递至模拟输出端。

如果用两个匝数不同的次级绕组，那么该转换器可以产生不对称的双极性输出。比如 RECOM RH-121509DH 转换器可以把标准的 12 V 输入转换为+15/−9 V 的输出，输入与输出之间有 4 kVDC 的隔离。上述转换器适用于 IGBT 应用，这是因为 IGBT 应用的驱动 IC 通常需要隔离的不对称电源，并且 IGBT 驱动直接与 IGBT 的高压电源相连，因此，提供这个源电压的 DC-DC 转换器的隔离壁垒必须不间断地承受高压，这种转换器的典型应用如图 1.32 所示。由于每个 IGBT 上的电压是不同的，每个驱动都需要单独的隔离电源。

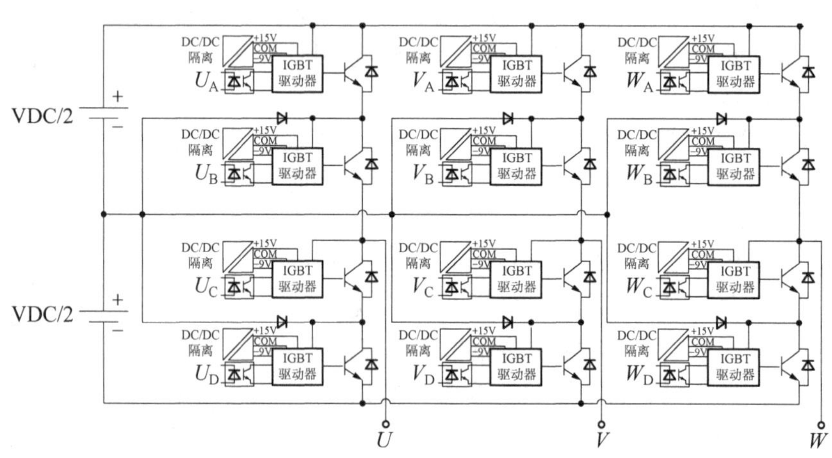

图 1.32　12 个隔离型不对称的 DC-DC 转换器组成的 IGBT 三极反相器的例子

1.2.3　寄生元件与其效应

本章先前所讨论的 DC-DC 转换器中，是假设所有的元件均为理想型，并且阐述的过程中没有考虑任何寄生效应。然而，真实的元件都是非理想的，有寄生属性，如电感、电容和二极管等元件中，均含有容性、感性和阻性成分，如图 1.33 所示。在开关稳压器中，关键元件，比如开关元件、整流元件、磁场元件和滤波电容不仅对开关频率而且对整个转换器的效率都有影响，因此，在开关稳压器设计过程中，必须要考虑上述属性，并根据需要对其进行测量。

半导体开关并不能完全视为理想元件，由于场效应管激励电流上的电流尖峰，因此半导体开关必须设计驱动电路，尤其在开关周期中，这个电流会对栅极与漏极之间的寄生米勒电容不断地充放电；二极管中有等效并联电容，这会减慢开关速度并且导致内部前向电压下降；电感的损耗很大程度上取决于磁芯的材料和直流电阻分量，该电阻会导致绕组上产生 I^2R 的损耗和内部耦合容性。寄生效应会产生严重的后果，例如，等效串联电阻和等效串联电感等效应都

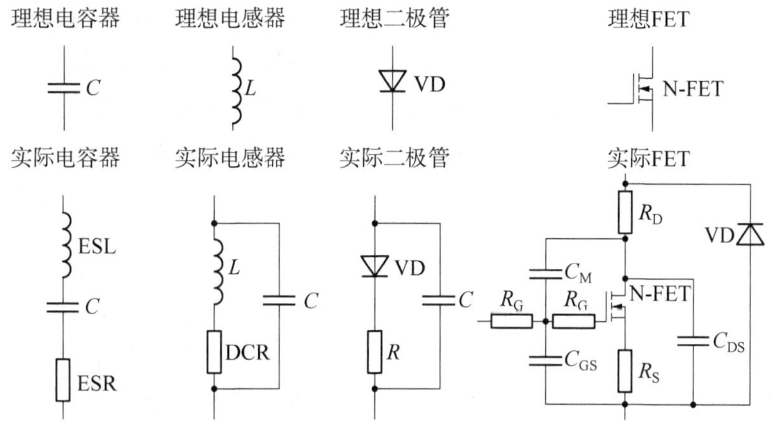

图 1.33 典型的转换器元件中的寄生分量

是与频率有关的，当频率很高时，电感会表现为容性，在其他频率条件下电容也可以表现为感性。

变压器的寄生分量如图 1.34 所示。C_{W_A} 和 C_{W_B} 是绕组间的耦合电容，C_P 和 C_S 是初级和次级绕组上的电容，尽管在通常都不重要，但在高频设计中不能忽视这些效应。L_M 是磁芯的磁化电感，L_P 和 L_S 是漏电感，耦合电容会导致共模 EMC 问题，由于 L_M 而产生的饱和问题，限制了变压器的电流和可操作温度，漏电感会降低效率并产生 EMI 辐射，但这种影响比较难处理。

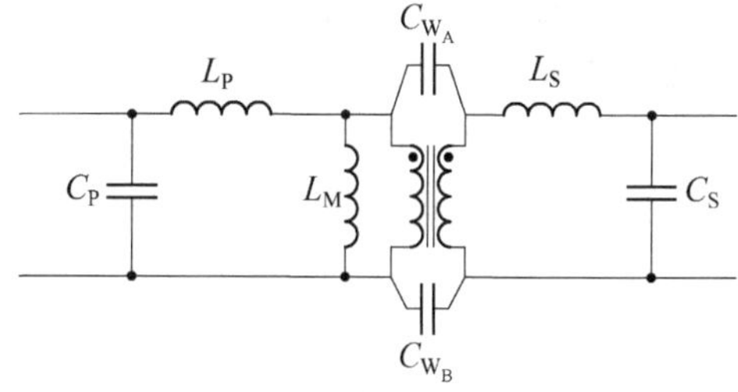

图 1.34 变压器的寄生分量

绕组电流突变时，一部分电压尖峰由漏电感产生，过大的电压会对初级端的开关和次级端的二极管造成损耗，因此，要么选择使用能够承受这些电压尖峰的元件，要么并联缓冲电路来吸收尖峰中的能量。尖峰中的能量和缓冲电路必须吸收的功率可以用下面的公式来计算：

$$E=\frac{1}{2}L_{\text{LEAK}}I_{\text{LEAK}}^{2},\ P=\frac{1}{2}L_{\text{LEAK}}I_{\text{LEAK}}^{2}f \tag{1.29}$$

没有缓冲电路的反激式设计中，开关场效应管两端的电压和整流二极管中的电流如图 1.35 所示。图 1.35(a)是开关场效应管两端的电压。在此例中，尽管初级源电压只有 160 VDC，但场效应管必须承受 600 V 的电压尖峰。图 1.35(b)是流经输出整流二极管的电流。电流尖峰会使二极管发热和造成功率损耗，由图 1.35 可知，寄生电感效应造成的电流尖峰比由变压器自身电感所生成的峰值电流还要高 50%。

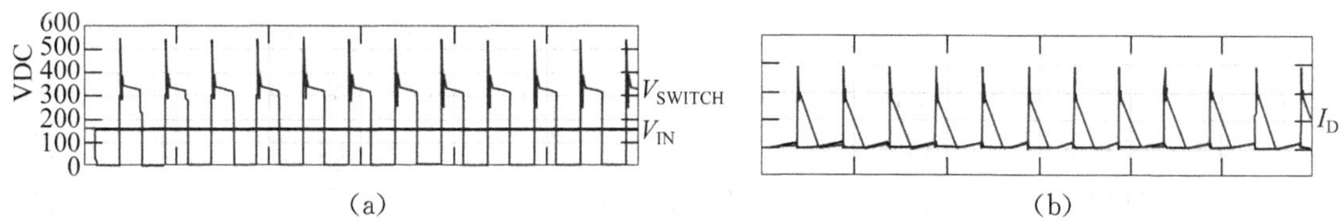

图 1.35 160 VDC 输入 12 VDC 输出的反激式转换器中的真实开关曲线

(a) 开关场效应管两端的电压；(b) 整流二极管中的电流

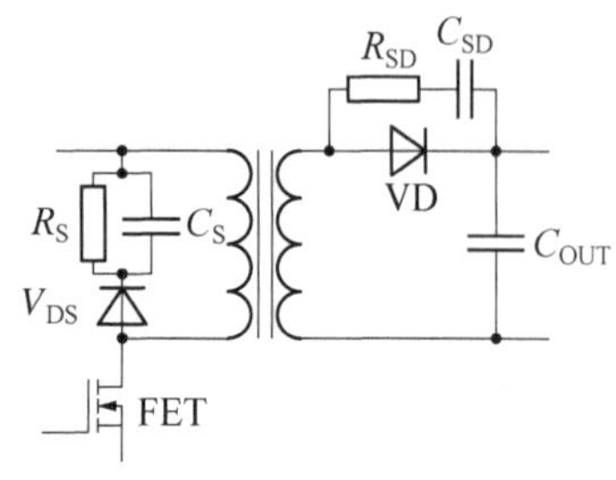

图 1.36 反激式转换器中的缓冲电路图

缓冲电路可以吸收一部分尖峰中的能量从而缓解开关和二极管上的过压，实现操作温度的降低和传导干扰与辐射干扰的减小。由于原来这些能量被开关吸收或被整流器吸收，现在被缓冲电路中的电阻吸收，因此，缓冲电路可以吸收能量，但不能消除尖峰所造成的损耗，尽管如此，电阻是无源元件且耐高温，通常从成本收益角度考虑，增加缓冲电路是比较有利的方法。如图 1.36 所示为典型反激式转换器中的缓冲电路。

除了由寄生电感造成的功率损耗外，任何耦合电抗系统都存在谐振频率。通常以变压器为基础的设计都尽可能地减少寄生分量，或者选择远离谐振频率的频段工作，但准谐振或者谐振转换器是通过增加绕组电感或增加额外的电感来实现其功能，如何使其工作在谐振频率并提升效率是这类转换器设计的基本原则。

（1）准谐振转换器。

准谐振转换器可以用任意 DC－DC 拓扑实现，但普遍采用反激式电路构建，如图 1.37 所示为典型的反激式控制器。在准谐振转换器中，PWM 时序由开关电流最小值和转换器输出电压共同决定。

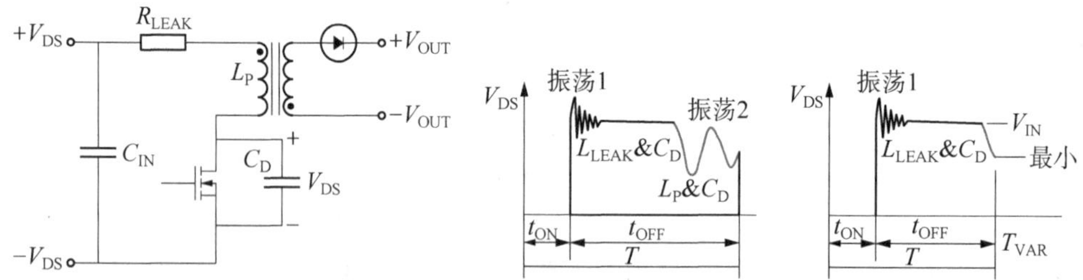

图 1.37 固定 PWM 时序和固定准谐振频率的反激式拓扑

在标准反激式拓扑中，准谐振转换器开通时铁芯电容存储能量，关断时铁芯电容将存储的能量传递至次级绕组。一旦输出整流二极管电流下降至零，初级输入和次级输出绕组之间电气耦合效应消失，此时，磁芯中的剩余能量都会反馈回初级绕组，引起初级回路频率谐振。此谐振频率的大小受初级回路的漏电感 L_P 和漏电容 C_D 影响。其中，漏电容 C_D 是开关电容、绕组间的耦合电容以及其他杂散电容的总和，谐振频率计算公式如下：

$$f_{RESONANCE}=\frac{1}{2\pi\sqrt{L_P-C_D}} \tag{1.30}$$

当 L_P 为 500 μH，C_D 为 1 nF 时，谐振频率约为 225 kHz。当初次级绕组间电气耦合效应消失时，谐振电压将叠加在转换器输入侧电压上。当输入侧电压达到最小值时，重置 PWM 周期，此时，转换器输入侧剩电压不为零且小于外部电源电压，即可视为转换器开启电压电流降低。准谐振转换器正是基于此原理显著提升了转换效率。准谐振转换器的另一优点是，其每个周期的 PWM 时序都有差异，这是由谷值电压测量回路准确性决定的，这种时序抖动会使 EMI 频谱变得平缓。与传统的反激式电路相比，准谐振电路可以轻松做到降低 10 dB 的传导噪声干扰。准谐振操作的缺点是，PWM 频率会受负载影响，具有频率极限。因此，在设计谷值电压测量回路时，必须对无负载情况下的转换器回路进行保护。

(2) 谐振模式转换器。

准谐振转换器可以进一步设计改进升级为谐振模式转换器，谐振模式(resonant mode，RM)转换器可以通过串联谐振、并联谐振或串并联谐振(LCC 拓扑)来实现，其中以半桥 LCC 电路实现的谐振模式转换器最为典型。为方便读者理解，将详细介绍这种拓扑。

如图 1.38，谐振模式转换器的设计目的之一是通过增加电容电感使转换器可实现零电压切换(zero voltage switching，ZVS)。零电压切换的优点是其可以减小转换器的功率损耗。

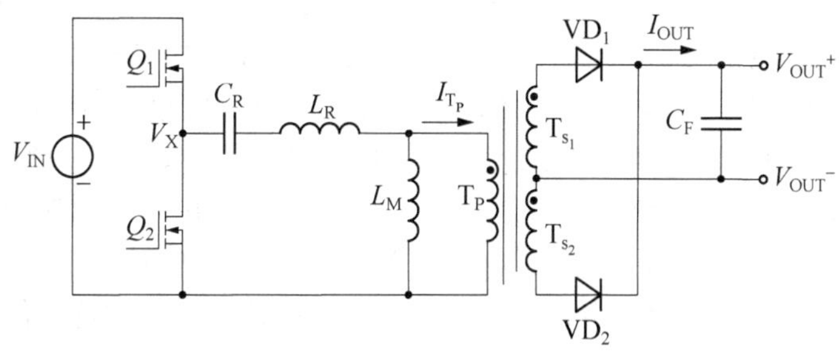

图 1.38 半桥 LCC 谐振模式

如图 1.38 所示的拓扑中，转换器有两种谐振频率，第一种由 C_R 和 L_R 组成的串联谐振槽产生，第二种由 C_R 和 L_M+L_R 组成的并联谐振槽产生。为了减小漏电感效应，通常 L_M 和 L_R 是并排地缠绕在变压器上的。

$$f_{\text{RESONANCE, SERIES}}=\frac{1}{2\pi\cdot\sqrt{L_R C_R}},$$

$$f_{\text{RESONANCE, PARALLEL}}=\frac{1}{2\pi\cdot\sqrt{(L_W+L_R)C_R}} \tag{1.31}$$

具有两个谐振频率而非单一谐振频率的优点是，无论连接怎样的负载，两个谐振频率不会在回路中同时出现。串联谐振电路的频率随着负载的减小而增加，而并联谐振电路的频率随着负载的增加而增加，因此，设计完美的串并联谐振电路，应该在所有负载范围内都有稳定的相同谐振频率。一般通过选择开关频率和 L_R、C_R 的值来确保反馈向初级绕组的谐振电压电流连续且有完美的正弦波形，如图 1.39 所示。两个半桥开关 Q_1 和 Q_2 的驱动信号相位相隔 180°，当回路中 MOS 管导通时，其两端的谐振电压为负值，导致其栅极所需激励电流较低。当谐振电压变为正值时，MOS 管仍处于导通状态，此时谐振电压和输入电压幅值、时序完全相同。因此，除去极低的开关功耗和变压器功耗，谐振模式转换器的转换效率可以超过 95%。以半桥 LCC 电路实现的谐振模式转换器的另一优点是其很少对外释放 EMI 电磁干扰。

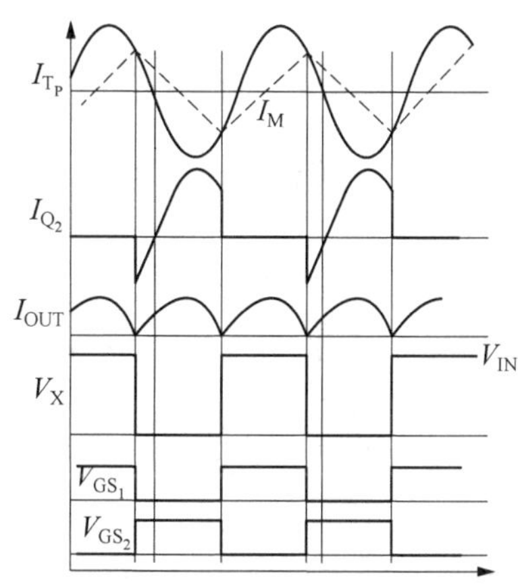

图 1.39 谐振模式 LCC 特性曲线

以半桥 LCC 电路实现的谐振模式转换器缺点是，为得到足够好的稳定谐振频率回路中需要接入大电感。此外转换器还必须配备有最大增益限制，以确保转换器可以正常启动。通常将限制值设置为最大增益的 80%～90%。

1.2.4 DC-DC 转换器的效率分析与影响因素

相较于线性稳压器，计算开关稳压器的效率要更为复杂。在线性稳压器中最大功率功耗发生在通断晶体管中，其直流功耗的计算较为简单。然而，对于开关稳压器，其不仅有直流功耗还有交流功耗，其发生在开关元件以及能量存储元件中。例如，开关元件的功耗不仅包含开关打开和闭合时的瞬时功耗，还包括开关在导通和断开状态下的过渡功耗，变压器的总功耗包括磁芯的交流功耗、绕组的交流功耗和绕组的直流功耗，其中变压器磁芯中的功耗大部分源于磁通和磁芯材料的互相作用，即磁滞损耗和涡电流损耗；绕组功耗大部分源于变压器的绕组材料，即阻性损耗和趋肤效应，上述损耗其结果均会导致变压器温度上升。为计算 DC-DC 转换器的效率，需要对其求整个 PWM 占空比范围内各部分损耗的平均值，来找出转换周期中每一部分的损耗。

开关稳压器通常具有较高的效率，其电源开关相对于整个开关周期来说只在很短的时间内处于开启状态。磁性、感性和电容元件的损耗可以通过数学计算和选型使其最小化，从而使转换器效率达到 96%及以上，这意味着只有不到 4%的输入功率被消耗并转化为热量。通常非隔离型转换器比同类型的隔离型转换器具有更高的效率，因为非隔离型转换器中涉及功率转换的元件较少，且变压器损耗也被消除。

此外，还有很大一部分功耗被用于输出端的二极管中，如果输出电流为 1 A，而二极管的正向导通电压为 0.6 V，那么被消耗在二极管中的功率将达到 600 mW，所以高输出电流的 DC-DC 转换器通常采用带有同步开关的场效应管以减少整流功耗。若考虑到较高输出电流下会出现较高的 I^2R 损耗，则低功率转换器会比高功率转换器的效率低得多。然而，转换器内部的开关控制器、精准稳压器和光耦合器的功耗其实更大。假设总的日常运行功耗为 1 W，对于 10 W 的转换器则不可能实现超过 90%的效率，而对于 100 W 的转换器来说效率仍然可以达到 99%。日常运行功耗也解释了为什么所有开关 DC-DC 转换器在空载时效率为零，因为转换器仍然消耗功率但是不提供输出功率。

1.2.5 脉冲宽度调制技术

脉冲宽度调制控制主要有两种基本模式，区别在于反馈回路的设计或是控制变量的选择。一种控制模式是电压控制，即电压模式，其占空比与实际输出电压和参考电压之间的差值成正比；而另一种控制模式为电流控制，即电流模式，其占空比与参考电压和与电流有关电压之间的差值成正比，在非隔离型拓扑中该电流是通过功率开关的电流，而在隔离型拓扑中该电流是初级绕组电流。

稳压器只通过调节占空比对负载电压的变化作出响应，由于稳压器不直接测量负载电流或输入电压，所以，当负载电流或输入电压产生变化时，负载电压需要一段时间才能响应。上述延迟会影响开关稳压器的控制特性，所以，通常需要多个时钟周期来确保稳定性，同时，为避免信号超调或不稳定的输出电压，电路需要反馈回路进行补偿。

典型的电压模式 PWM 控制器如图 1.40 所示。在此电路中，A_1 是误差放大器、A_2 是 PWM 比较器、A_3 是可选的输出比较器，PWM 控制器用于控制功率开关的接口。振荡器生成周期性的锯齿波电压 V_{OSC}，该电压在每个时钟周期开始时从零线性增加，到周期结束时达到与最大占空比对应的值。误差放大器 A_1 比较的是温度补偿的参考电压（V_{REF}）与按比例降低的 DC-DC 转换器的输出电压 $[V_{FB}=V_{OUT}\times R_2/(R_1+R_2)]$ 之间的差值。

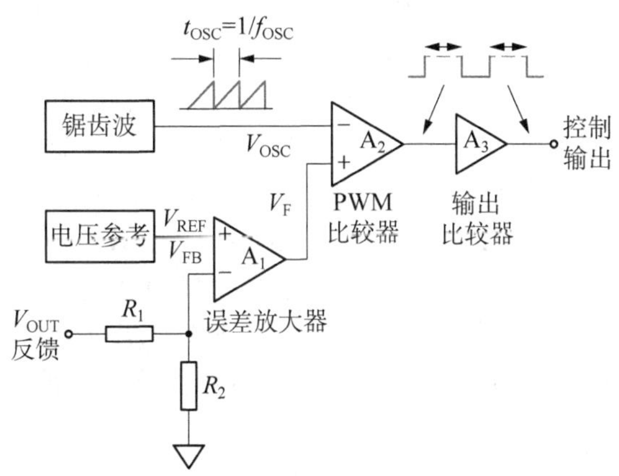

图 1.40 电压模式 PWM 控制器框图

误差放大器 A_1 的输出电压 V_F 正比于 V_{REF} 和 V_{FB} 的差值。在每个时钟周期开始时，V_{FB} 低于 V_{REF}，误差放大器的输出电压 V_F 和比较器 A_2 的输出电压都为高电平。随着转换器的输出电压升高，V_F 逐渐下降直至低于正在上升的 V_{OSC} 电压，此时比较器 A_2 进入低电平状态，保持该状态直至周期结束。因此，DC-DC 转换器的输出电压与占空比之间呈反向关系，提升了控制回路的稳定性。

电压模式的 PWM 控制器可能出现超调或反向超调，导致输出电压在高于或低于额定值的电位处振荡，因此可通过刻意减缓反馈响应速度来避免转换器的振荡。然而，减缓反馈响应的缺点在于转换器对负载或输入电压的突变响应较慢。若需要高响应速度的 PWM 控制器来加速阶跃响应（瞬态响应）的速度，通常采用电流控制（电流模式）来弥补电压模式的缺点。

在采用电流模式控制的 DC-DC 转换器中，控制回路分成两个反馈回路，其一是控制电流的内部控制回路，其二是控制电压的外部控制回路。对于每个脉冲，输出电压和负载电流的改变都可以得到补偿。典型的电流模式 PWM 控制器如图 1.41 所示。

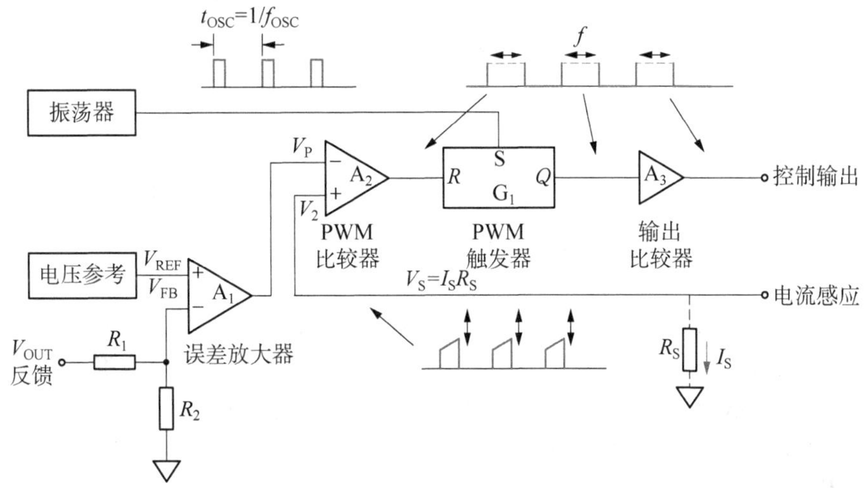

图 1.41 电流模式 PWM 控制器框图

图 1.41 不同于电压控制电路，电流控制器中增加了触发器(flip-flop)G_1。另一振荡器产生频率为 f 的同步脉冲，一般该频率要远高于 f_{OSC}，在每个周期开始时，此脉冲启动触发器，与电压模式 PWM 控制器一样，误差放大器 A_1 产生由 V_{REF} 和 V_{FB} 的差值所决定的输出电压，周期起始时，PWM 输出电压为高电平，导通电流 I_S（功率开关中的电流或初级绕组中的电流）流经感应电阻 R_S，两端的电压是 V_S，即$R_S I_S$。随着转换器的输出电压逐渐上升，导通电流开始上升，直到感应电阻上电压超过误差放大器输出电压 V_F，这时 PWM 比较器的输出变为高电平，重置触发器并且关闭 PWM 的输出直至下一周期开始。

电流模式稳压器中占空比的变化和输出电压的变化是相反的，因此反馈回路是稳定的，其另一优点是外部电压控制回路设定有阈值，当到达这个阈值时内部电流控制回路开始调节开关或初级绕组中的尖峰电流。若输出电流发生突变，则初级绕组中的电流也会随之变化，电流模式 PWM 将在一个周期内对该电流变化作出反应，因此，仍可以通过减慢外部电压控制回路的反应速度，避免输出电压的偏离振荡问题。

电流模式的缺点在于额外的检测电阻带来的效率损失。为减少功耗，该电阻必须尽可能小，然而，为给比较器提供稳定的输入，上述电阻又必须足够大，这就产生了冲突，因此设计时应综合考虑二者的影响。对输入端要求更低的输入偏移和更好的热稳定性，所以电流模式 PWM 的比较器相对电压模式的比较器必须要有更高的质量。

1.2.6 DC-DC 转换器的稳压控制

1）多输出的稳压控制

单输出 DC-DC 转换器的控制较为简单，主要通过为误差放大器提供反馈回路来实现。当 DC-DC 转换器的两个输出电压大小相同但极性相反时，由于系统只能有一路反馈回路，因此需要在两个输出电压之间做出选择。假设负载是平衡的，通过控制两个输出电压的组合，将问题简化为单输出控制，原理如图 1.42 所示。

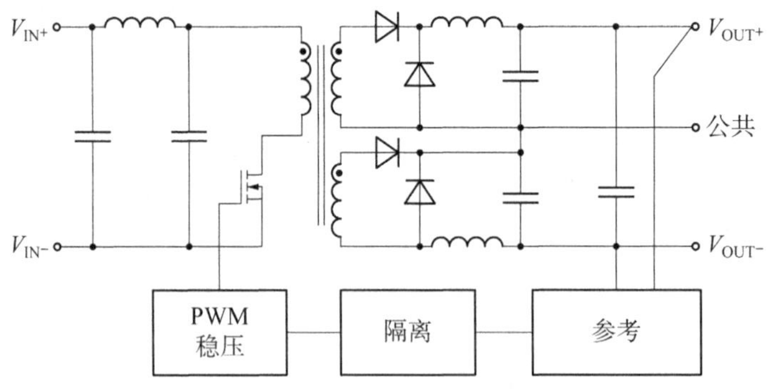

图 1.42 双极 DC-DC 转换器的控制

例如，±12 V 输出转换器实际上只调节 24 V 的组合输出，这意味着尽管两个输出的总和始终保持恒定，但当 DC-DC 转换器上存在不平衡负载时，参考电压会根据各引脚的不同压降而移动，而压降又取决于不同电流响应，从而导致相对于参考电压的 $\pm V_{OUT}$ 电压不同。例如，对于±12 V 输出的转换器，其正输出满载，负输出 25%负载，尽管组合电压调节为 24 V，但相对于公共引脚，其输出测量值可能为+13 V 和−11 V。

电路设计中一般要求电源抑制比(power supply suppression ratio,PSSR)尽可能高。若应用中负载不对称,则需要增加保护负载或在输出端之后增加稳压器来重新平衡输出电压。

当两个输出电压极性相同时,只控制两个输出电压组合不再适用。一种解决方法是只控制单一输出(主输出),不改变另一输出(副输出),由于两个输出电压对输入电压的变化的响应是相同的,因此当负载平衡时,上述方法是可行的。原理如图 1.43 所示,图中仅控制主输出端,不对副输出端进行限制。由于共用同一个初级 PWM 控制器,即使不控制副输出端,其变化与主输出端变化仍是同比例的。对部分应用来说,对副输出电压准确性要求比对主输出要低,因此,只控制主输出是可行的。举例来说,待机状态的电源电路需要+5 V 的稳定主输出电压来为逻辑电路供电,同时需要+12 V 副输出电压来为继电器供电。设计短路保护电路时,应避免转换器在主输出短路时工作(副输出短路时仍然可以工作)。

第二种解决方法是在副输出端后增加独立的稳压电路来控制副输出电压,对于低功率转换器,当效率不是关键的问题时,最简单的办法就是在副输出端之后增加线性稳压器来控制副输出电压并且提供短路保护,原理如图 1.44 所示。为确保在主输出端的所有负载范围内,副输出端的线性稳压器需要预留足够的正常工作电压空间,因此对副输出的绕组的选择必须非常严苛。对输出电流很高或效率比成本更重要的应用时,可以用独立的 DC-DC 转换器替代上述的线性稳压器。

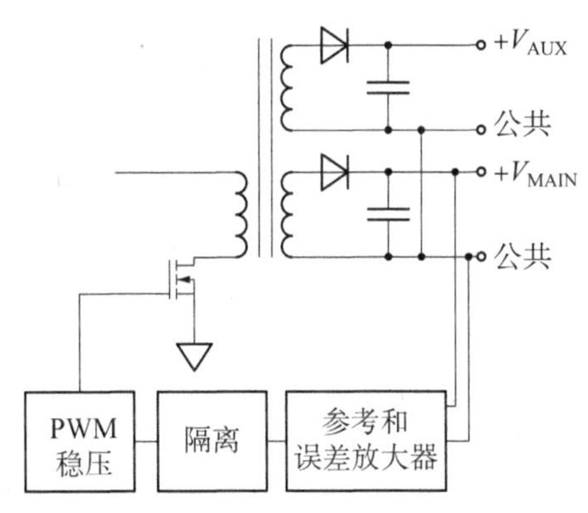

图 1.43 双输出(主输出和副输出)的控制

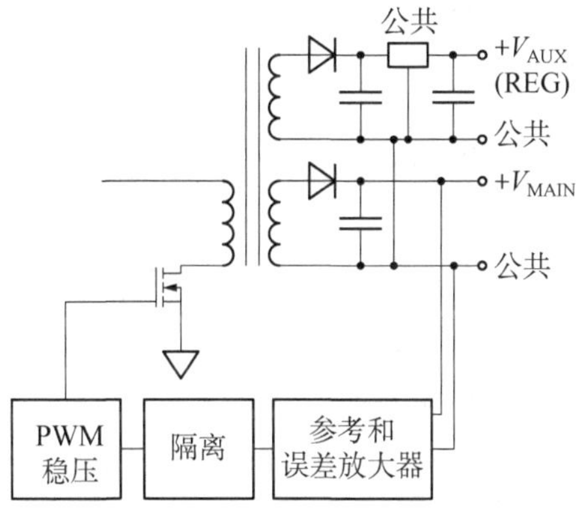

图 1.44 双输出(主输出和副输出)的控制

第三种解决方法是堆叠输出,当副输出电压很接近主输出电压时,这种方法是有效的,例如:副输出电压是 5 V,主输出电压是 3.3 V。原理如图 1.45 所示,这种做法的优点是一部分副输出中的电流流入主输出端,这代表副输出也被部分稳压,缺点是主输出的绕组和二极管必须承受两个输出的负载电流。

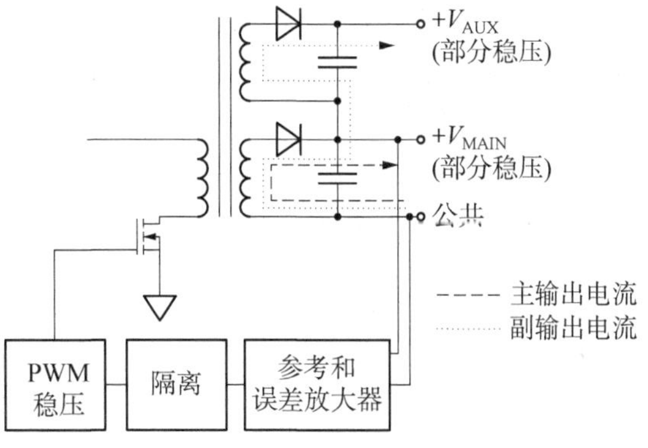

图 1.45 双输出(堆叠输出)的控制

2) 远程电流感应的稳压控制

尽管基于电流或电压的反馈能够很好地控制输出电压,通常低输出电压的转换器会产生较大的输出电流，但在实际应用中，由于高输出电流在输出电缆、焊接点和印刷电路板(PCB)导线上将产生巨大的压降，高输出电流的转换器控制效果会严重降低。例如，对于输出为 12 V 的转换器，转换过程中 200 mV 的压降损耗是可以接受的，然而，对输出为 3.3 V 的转换器，该压降损耗过大。其会严重影响转换器对负载变化的响应速度。

此外，电压降损失还会显著影响负载调节，如图 1.46 所示，约 $I_{OUT}^2R_S$ 的功率在输出电压传递到负载的过程中损失。低负载电流很小时，R_S 的影响很小，但当电流增大时，功耗是以平方的倍数增大，因此，调节精度与输出电流密切相关。仅在满载时调整输出电压以补偿损耗并不足以保证精度，且可能导致在低负载时输出电压过高的风险。

还有其他因素会对反馈控制误差造成影响，不同的应用中造成误差的因素是不同的，因此其影响难以预测。例如，和连接器接触的电阻会因表面氧化、污染、磨损或热降解而变化，从而导致 R_S 的值随时间的变化而变化。另外，当负载离转换器有一定的距离且发生剧烈变化时，由于功率传输线路中存在有源元件，反馈回路的响应速度将受到影响，最糟糕的情况是输出电缆中寄生电感和寄生电容会使转换器的输出进入振荡或不稳定状态，该输出会进一步对应用电路造成过冲或过压损害，为解决上述问题，典型的解决电路如图 1.47 所示。

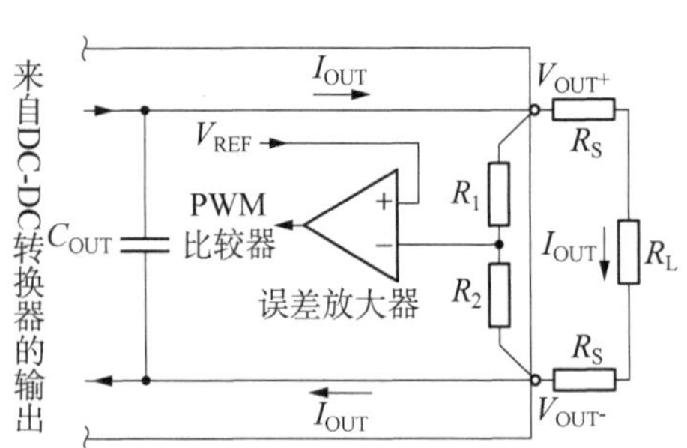

图 1.46　寄生串联电阻的影响

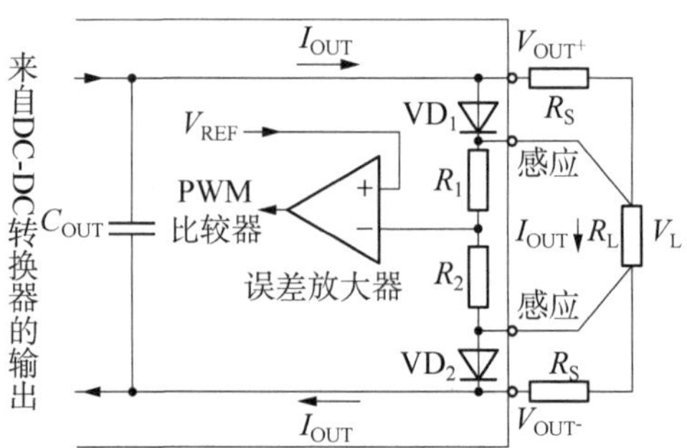

图 1.47　用输入感应来补偿输出电压损耗

在图 1.47 中，输入端增加了两个额外引脚，其连接到负载的两端，从而监测负载点的输出电压。上述类型的连接通常称为开尔文连接或输入感应。与前文所述相同，转换器输出端与远程的负载相连，不同之处在于内部反馈网络和负载之间额外的连接。由于流经该感应连接线路的电流为 $V_L/(R_1+R_2)$，而且一般 (R_1+R_2) 是几千欧姆的大电阻，所以流经感应连接线路的电流非常小，因此相应的连接点上的压降也很小，这时反馈网络得到的是负载上的实际电压，从而忽略了串联电阻 R_S 的影响。感应电流低使得寄生效应的影响小，因此，即使负载发生剧烈的变化，反馈回路对这个变化的响应仍然是稳定的。二极管 VD_1 和 VD_2 的作用是确保感应引脚浮空时，转换器仍可以正常工作。

然而，若转换器的输出电压低，而输出电流高，此时必须使用实际的输出电压 V_{OUT} 进行功率计算，而不是负载上的可用电压 V_L。对于 V_L 的计算如式(1.32)所示。

$$V_L = V_{OUT} - V_{S^-} - V_{S^+} \tag{1.32}$$

通常可以通过提高输出电压来补偿 I^2R_S 的功耗，但该方法的补偿是很有限的，由于输出电压不能触发转换器的过电压保护(OVP)电路，所以输出电压不能随意提高。因此，功耗必须被控制在允许范围内，满载时该功耗还应限制输出电压。

输入感应使 DC - DC 转换器可以忽略 I^2R 损耗对反馈网络的影响，因此，不需要考虑输出连接线的电阻，但该电阻的损耗对转换器的效率影响巨大，因此需要从其他地方进行补偿，式(1.33)中计算了输出连接线的压降导致的功耗。

$$P_{VD}=(R_S+R_{S^-})I_{OUT}^2 \tag{1.33}$$

以 RP60 - 483.3S 为例，V_{S^+} 和 V_{S^-} 分别代表输出引脚 V_{OUT^+} 和 V_{OUT^-} 的电势，V_{L^+} 和 V_{L^-} 是负载两端测得的电压。该转换器提供 5 V 的输出电压，这时电流上限是 12 A，所以功率上限为 60 W。假设负载通过 10 cm 长、10 mm 宽、70 ns 厚的 PCB 铜导线，则每条铜导线的电阻大约是 2.5 mΩ，总的连接线电阻为 5 mΩ，电阻上压降导致的功耗计算公式如下：

$$P_{VD}=0.005\times12\times12=0.72\ \text{W}$$

此功耗影响了转换器的效率，若 RP60 的转换效率是 90%，也就是满载时 6 W 的功率被消耗在转换过程中，0.72 W 的功耗使输出连接线增加了 10.7%的总功耗。此时可将 DC - DC 转换器放置在离负载尽可能近的地方来缩短连接线的长度从而减小功耗。因此，每个负载都使用各自的转换器，而不是用一个中心转换器对所有负载供电。

1.2.7 输入电压范围的局限

含输出稳压控制的 DC - DC 转换器，其输入电压范围是由电路拓扑和所使用的元件共同决定的，为保持输出电压恒定，输入电压与占空比成反比，所以输入电压上升会导致占空比降低。最小占空比由功率开关中的最大峰值电流和最大反向耐压共同决定。当占空比较小时，峰值电流较高，若电流突然中断，开关电压达到最大值。理论上 DC - DC 转换器可以在 0%占空比工作，但由于上升速率限制、反馈补偿稳定性、避免负面寄生效应的需要，实际的占空比最小值一般为 5%～10%，这限制了转换器所允许的输入电压最大值。最大占空比由开关最大功率消耗、变压器或其他电感等磁芯材料的饱和特性共同决定。当占空比较大时，平均电流较高，因此开关中功率消耗高。为避免磁芯进入饱和状态，功率电感需要时间 (t_{OFF}) 来复位磁芯中的磁场。理论上 DC - DC 转换器可以在 100%占空比工作，但实际上占空比只能达到 85%～90%，这限制了转换器允许输入电压的最小值。

DC - DC 转换器的输入范围通常以输入电压最大值与最小值的比值来描述。隔离型的正激式转换器通常在 2∶1 或者 4∶1 的输入电压范围工作。酸性电池标称电压为 12 V、24 V 和 48 V，分别对应在 2∶1 和 4∶1 的输入电压范围，如表 1.1 所示。

表 1.1　输入电压范围

2∶1 的输入电压范围		4∶1 的输入电压范围	
标称电压	输入电压范围	标称电压	输入电压范围
12 V	9～18 VDC	24 V	9～36 VDC
24 V	18～36 VDC	48 V	18～72 VDC
48 V	36～72 VDC	110 V	40～160 VDC

1.2.8 同步整流电路设计

功率二极管的功率损耗是转换器效率低的主要原因，若功率二极管正向导通压降为 500 mV，若电流为 1 A，则功耗是 0.5 W。为减小功耗，在低功率的转换器中，可以采用低导通电压的肖特基二极管来代替普通二极管，但成本会较高。即使采用肖特基二极管，它的正向导通压降仍有 200 mV 左右，功率损耗仍然较大。为了提高效率，同步整流（synchronous rectification，SR）的方式得到了进一步发展。

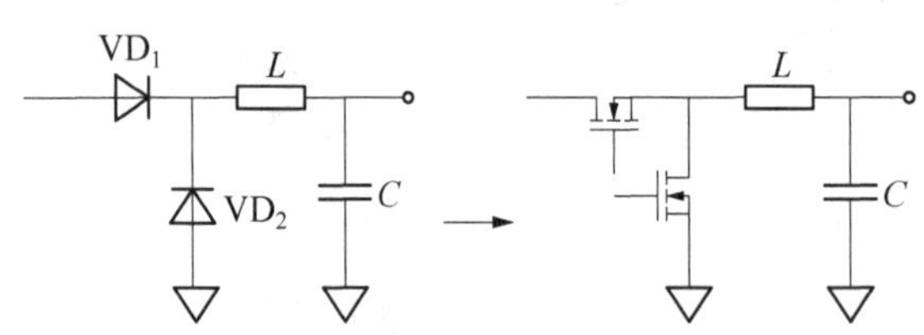

图 1.48 被动整流与同步整流的比较

图 1.48 为典型的二极管整流电路，VD_1 作为整流二极管，VD_2 作为续流二极管，两个二极管交替承受相同的电流 I_L。由于正向导通压降 V_F 所造成的功耗为 $P_{VD}=V_F\times I_L$。假设 $V_F=0.5$ V，电流为 1 A，则功耗为 0.5 W，所以对 3.3 V/10 A 输出的转换器而言，不考虑其他功耗，仅二极管整流器在转换过程中就消耗 15%的输出功率。此外，二极管消耗的功率将以热能的形式损失，所以需要通过散热器才能保证转换器可以在正常温度范围内工作。

场效应管也可以用作整流元件，在周期正向时场效应管启动，反向时场效应管截止。场效应管作为快速开关的优点是导通电阻 $R_{(DS,\ ON)}$ 极小，因此场效应管是一种非常理想的整流元件。场效应管缺点是，必须配有主动驱动，所以转换器需要额外的时序和驱动电路，该电路用于感知内部电压，以便同时启动或关闭两个场效应管，因此上述拓扑也称为同步整流拓扑。二极管与场效应管相比，二极管是无源元件，不需要额外的驱动电路，但在大电流输出的转换器上场效应管极低的导通电压足以弥补需要额外时序和驱动电路的缺点。需要注意的是，通常二极管的反向击穿电压比场效应管的高，因此，在将二极管整流电路用场效应管替代后重新设计为同步整流电路时，应避免电压瞬变超过场效应管的反向击穿电压。

1.2.9 平面变压器

平面磁性元件在 20 世纪 80 年代首次出现，当时受到工艺限制，该元件成本昂贵，只使用在特定的应用中，然而随着多层电路板的制造工艺不断发展更新，元件制造成本降低，应用范围更加广阔，平面磁性技术出现在人们的视野中。铜层的平面电感可以实现变压器或电感的绕组，为了达到所要求的匝数，层与层之间用埋孔连接。因为价格和实际操作对可制造的层数有限制，所以平面磁性元件用高频振荡的 PWM 调制器和高频的驱动电路来减小匝数，从而减少制作平面的层数。应用高频技术最大的问题是趋肤效应，即随着频率的增加，更多带电粒子向导体的表面移动，导体的有效传导能力减小，I^2R 损耗变大。同样，在平面绕组中，趋肤效应尤为突出。平面磁性技术最大的优点：变压器是平面结构并且可以传导能量，即 DC - DC 转换器体积比较小。此外，还具有其他优点，例如，绕组的散热能力好、绕组结构稳定、绕组可重建、设计密度高、漏电感低和功率密度高，上述优点使平面变压器在高功率 DC - DC 转换器中具有高地位。另外，在多层 PCB 结构中，绕组间的环氧绝缘可以承受很高的初级绕组与次级绕组之间的隔离电压，可达到标准的 2 250 VDC 电隔离要求。

由于多层结构的耦合电容很高，高频 PWM 控制器的设计变得更复杂。平面变压器与传统电路之间连接时也需尽量避免终端损耗问题。若磁芯气隙和绕组层靠近，则将造成严重的涡电流损耗。如图 1.49 所示，由于匝数比不同，所以需要设计不同的电路来测试不同的输入输出组合。

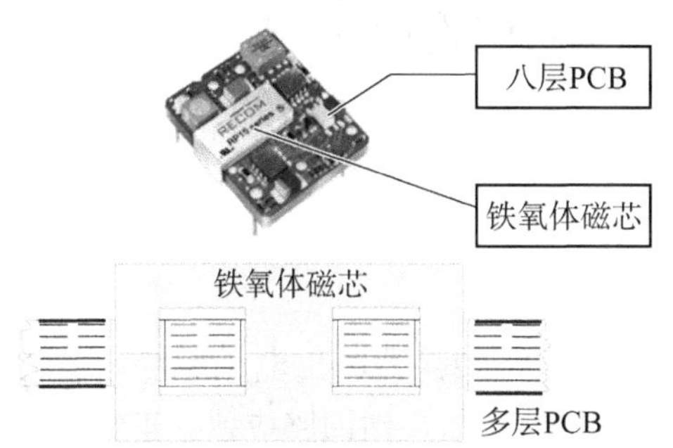

图 1.49 以平面变压器为基础的转换器的结构

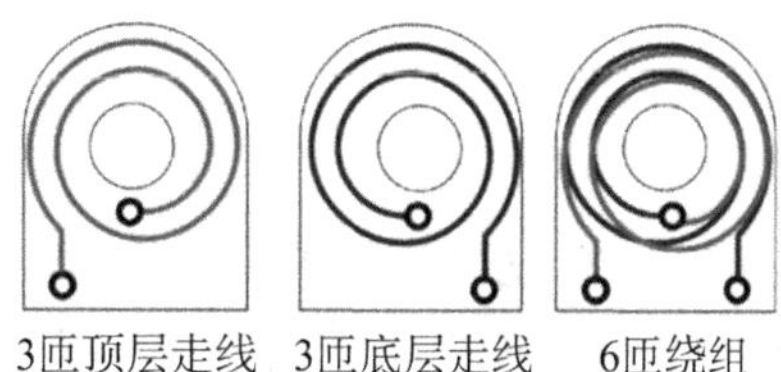

图 1.50 埋孔连接平面绕组

平面变压器的绕组位于多层印刷电路板上，通常为减少漏电感，初级和次级绕组交错并联。通常用埋孔的方式解决 PCB 导轨与最靠近磁芯处的绕组终点的电连接问题，如图 1.50 所示，图中的 6 匝绕组是由两层的 3 匝绕组通过埋孔连接组成的，该两个绕组的终点放置在离磁芯较远的地方。

1.2.10 DC-DC 转换器的封装样式

本章节主要介绍一些 DC-DC 转换器封装样式的工业标准。通常描述封装样式的方法不同，按引脚排列方式分：SIL 和 SIP 只有一排引脚，DIL 和 DIP 有两排引脚，SIP 一般用于低功率的非隔离型 DC-DC 转换器，而 DIP 一般用于低功率转换器。转换器的重量是封装不同的主要原因，极低功率的转换器重 3 g 左右，所以由于振动而使引脚受损的概率较小。低功率的转换器略重一些，约 30 g，即需要两排引脚来保持物理稳定性。高功率的转换器在输出电压低时有很高的输出电流，需采用金属封装来提高散热能力，因此需要较粗的引脚来传导大电流并且承受更多压力。为了标准化转换器的尺寸和引脚，使不同厂家之间的转换器可以互换，最有成效的是分布式电源开放标准联盟(distributed-power open standards alliance，DOSA)和负载点联盟(point of load alliance，POLA)，均是数字负载点转换器和比例转换器的规定。由于引脚的排列顺序没有硬性规定，因此在使用之前需要进行数据比较以确保引脚的兼容性。

本章小结

本章介绍 DC-DC 功率调节的相关内容。首先阐述线性电压稳压器，其将不稳定输入电压转换为稳定输出电压，采用闭环控制，通过误差放大反馈回路工作，但存在效率低、静态消耗高、单路输出等缺点。然后详细讲解开关稳压器利用电感和电容元件储能及充放电效应，通过 PWM 技术控制开关元件实现电能传递，效率较高，拓扑结构多样，非隔离型有降压、升压等多种拓扑。DC-DC 功率调节技术多样，不同类型的稳压器和转换器在性能、效率、成本等方面各有优劣。在实际应用中，需根据具体需求选择合适的技术，同时要充分考虑各种因素对其性能的影响，以实现高效稳定的功率转换，满足电子仪器、设备和系统对电源的要求。

第2章

功率变换中的反馈回路设计

在 DC－DC 功率转换器设计中，反馈回路是 DC－DC 转换器输出电压保持稳定的关键，若选择参数不匹配，转换器将出现失稳风险，为保证反馈可靠，反馈回路应独立于负载、输入电压或环境变化。当输入输出电压在静态或缓变情况下，反馈回路设计相对简单，但当其处理动态或跃变输入电压时，电路设计将变得复杂。理想的功率转换器，需满足静态工作条件下低抖动、小死区和高精度，以及跃变发生时的快速响应、快速稳定和低超调。然而，实际输出效果难以同时满足上述两种需求，因此设计的关键是对上述两种情况进行综合考量，折中选取方案，反馈回路设计的良莠决定了转换器的整体性能。

本章主要讨论 DC－DC 转换器开闭环原理、反馈回路的补偿、基于谐波补偿的斜率抑制方法，并且在本章最后对模拟和数字反馈系统的稳定性进行了分析。

2.1　DC－DC 转换器电路开环原理

尽管反馈回路决定了 DC－DC 转换器的性能，但并非所有 DC－DC 转换器都需要反馈回路。如图 1.30 所示为典型无反馈电路的罗耶(Royer)弛张振荡器。由于罗耶弛张振荡器生成方波信号而非正弦波信号，因此与标准变压器公式系数“4.44”不同，这里采用的系数是“4”。该电路振荡频率由变压器结构和输入电压共同决定，其关系如式(2.1)所示：

$$V_{IN}=4N_PBA_Ef \tag{2.1}$$

其中，N_P 是初级绕组匝数，B 是饱和磁通密度，A_E 是变压器的截面积，重新整理该公式，即可计算出振荡频率 f：

$$f=\frac{V_{IN}}{4N_PBA_E} \tag{2.2}$$

同时，输出电压 V_{OUT} 是由匝数比即初级绕组 N_P 与次级绕组 N_S 比值所决定的：

$$\frac{N_P}{N_S}=\frac{V_{IN}}{V_{OUT}} \tag{2.3}$$

从上述公式中可知，输出电压和振荡频率都与输入电压有关，并不是固定值，因此，DC－DC 转换器调节中应以输入稳定电压为参考。在实际应用中发现罗耶弛张振荡器的性能往往超出其理论预计水平，这表明振荡器中存在“隐含式”的反馈。

2.2 DC-DC 转换器电路闭环原理

反馈回路的工作原理是,反馈路径会将输出信号传递到误差放大器,误差放大器将该电压的实际输出与期望输出进行比较,通过计算后再输出,使其达到设定值。由于调校方向始终保持差值补偿,即当输出过高时降低输出,而输出过低时提高输出,因此将这种反馈类型称为负反馈。反之若反馈是正的,即正反馈,则误差将不断被增大,这将导致输出振荡在短时间内达到最大或最小值,因此,确保在瞬态工作条件下环路设计不应出现正反馈状态。

负反馈的优点在于其不仅能够补偿输入电压的变化,还能应对负载变化引起的输出电压变化。除此之外,负反馈的另一优点是,输入和输出的电学变量不必一致。例如,反馈回路对输出电流的处理能力较处理输出电压能力更强,负反馈可采用反馈回路将可变输入电压转换为恒定输出电流。为阐明反馈回路的设计原理,以非隔离型降压转换器为例进行讨论,其典型电路如图 2.1 所示,控制流程如图 2.2 所示。

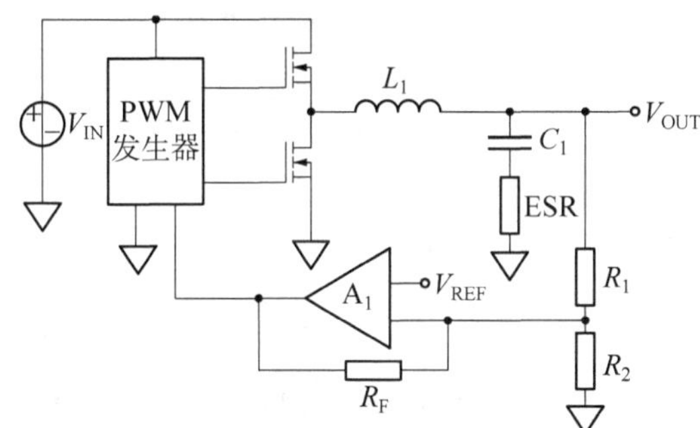

图 2.1 非隔离型降压转换器电路图

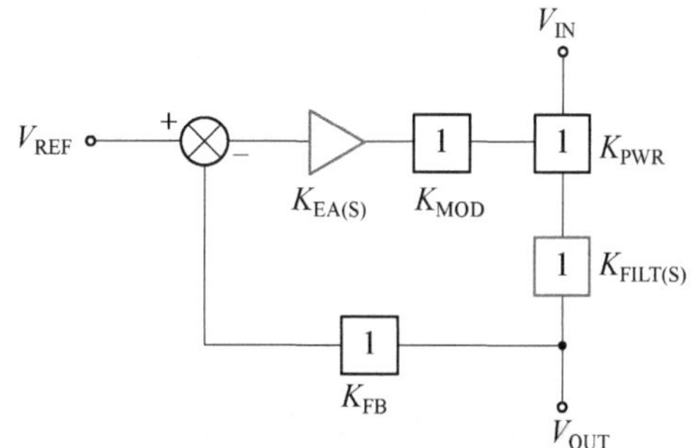

图 2.2 非隔离型降压转换器反馈回路控制原理图

在图 2.2 中,各功能模块的增益可用 K 表示,其中,功率开关元件即场效应管增益是 K_{PWR}、放大器增益为 $K_{EA(S)}$、PWM 调制器增益为 K_{MOD}、输出端电感 L_1 和电容 C_1 组成的滤波器增益为 $K_{FILT(S)}$、反馈元件即由 R_1 和 R_2 组成的电阻分压器的增益是 K_{FB}。得到的反馈信号与参考电压 V_{REF} 做差,即为所求误差,经过误差放大器 A_1 后会放大差值。其中,部分模块具有较高的增益放大倍数,而另一部分模块会衰减信号,但总开环增益为正,通常约为 1000,具体计算公式如下:

$$G_{OL}=K_{PWR}+K_{FILT(S)}+K_{FB}+K_{EA(S)}+K_{MOD} \tag{2.4}$$

在图 2.1 非隔离型降压转换器电路图中,包含电感和电容等元件,极点谐振频率计算公式为:

$$f_{PO}=\frac{1}{2\pi\sqrt{L_1C_1}} \tag{2.5}$$

由电容中的等效串联电阻(ESR)和输出电容共同决定的零点谐振频率为:

$$f_{ZO}=\frac{1}{2\pi(\mathrm{ESR})C_1} \tag{2.6}$$

当频率高于 f_{PO} 时，二阶 LC 滤波器开环增益以每十倍频－40 dB 的速率下降，当开环增益达到 0 dB 时的频率称为交越频率 f_C。当频率达到 f_{ZO} 时，ESR－C 和输出电容组成的一阶滤波器使开环增益以每十倍频－20 dB 的速率下降，如图 2.3 所示，增益对频率的归一化曲线显示了增益和相位随频率的变化，需要强调的是，图 2.3 中的相位不包括误差放大器反相输入端的 180°相角。从相位图中可以看出，当转换器的频率到达交越频率时，相位发生－180°或－360°突变，此时，电路处于不稳定状态。这使本来为负反馈的电路反相 180°变为正反馈电路，并且开始出现输出振荡。

通过增加误差放大器增益，可以将整体增益为 1 的频率移至安全域。通常通过相位裕量，即相位在增益交界频率时的值与－180°的差以及幅值裕量，即系统达到－180°相位时的增益来判断反馈系统的稳定状态，如图 2.4 所示。

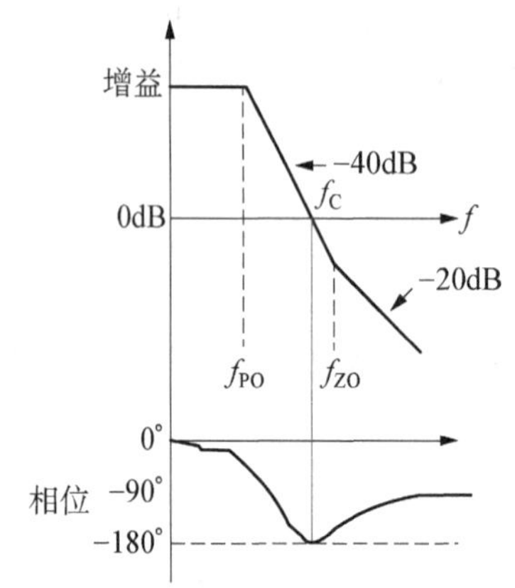

图 2.3 归一化增益与相位随频率的变化

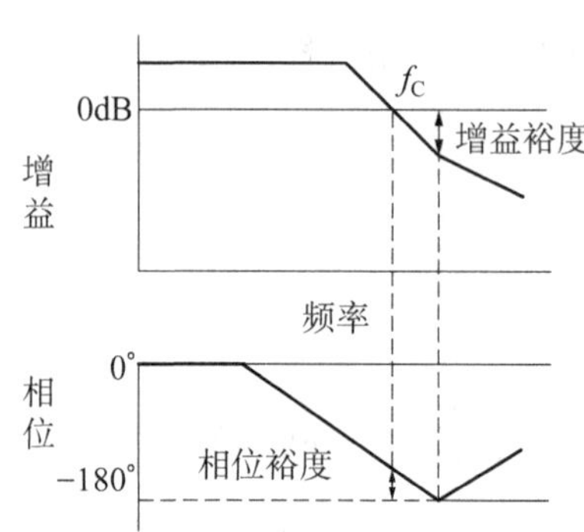

图 2.4 相位裕量与增益裕量

2.3 反馈回路的补偿原理

在反馈回路中，相位裕量或增益裕量与系统稳定性成正比，与暂态响应的速度成反比。为得到快速响应速度并减小超调和纹波，通常采用 45°左右的相位裕量。为将交越频率移至安全区域，典型方法是在全频率范围内提高误差放大器增益，另一种有益方法是在反馈回路中增加补偿元件，使放大器相移随频率变化发生改变，如图 2.5 所示。

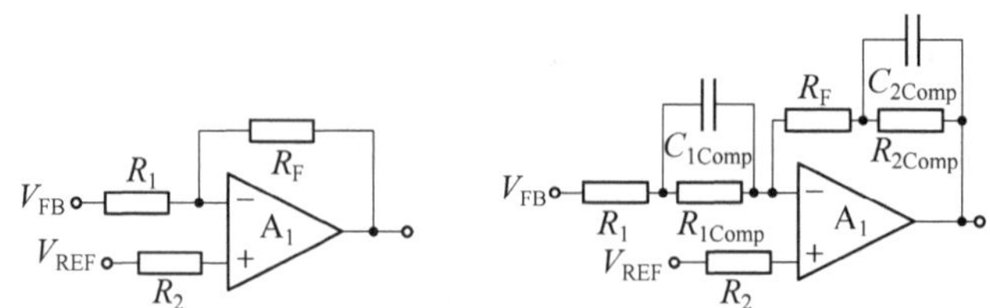

图 2.5 未补偿(左)的误差放大器，补偿(右)后的误差放大器

如图 2.6 所示，当在反馈回路中增加补偿元件时，可实现相位反转，并在增益交越频率上提高相位裕量，以此提高转换器的稳定性。同时，这种增加补偿元件的方式，可使输出滤波器无须高阻尼，从而加快了 DC－DC 转换器的瞬态响应，并避免产生过大超调或振荡。

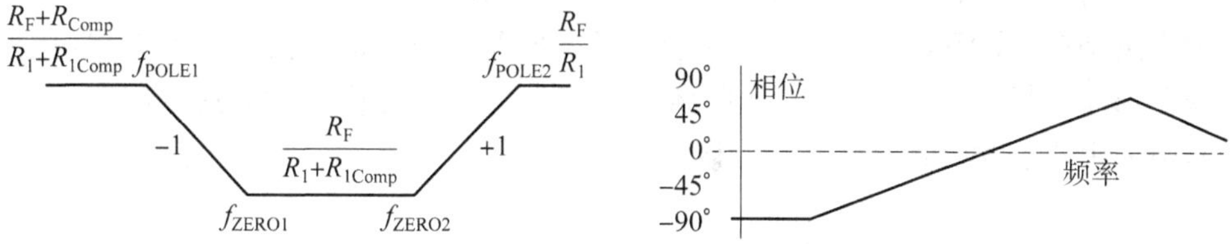

图 2.6 图 2.5 中补偿误差放大器电路的增益与相位

良好的设计可以在不影响反馈回路静态稳定性的前提下，对负载跃变或输入电压瞬变的响应速度提高 3～4 倍。如图 2.7 所示，虚线表示增加增益但未补偿时，误差放大器的增益及相位随频率的变化关系。实线表示补偿误差放大器电路的增益及相位随频率变化关系。补偿带来的相位提升最大可达 180°，如从－90°到＋90°，并可引入多个零极点补偿原输出滤波器零极点。

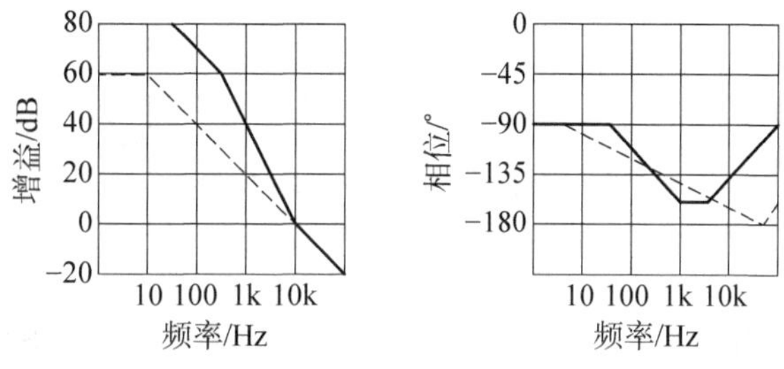

图 2.7 图 2.5 中的补偿电路（实线）与单极点反馈回路（虚线）的特性曲线

在升压、升降压、正激和反激式拓扑结构中，电感中电流通过二极管持续提供，然而，二极管导通所需时间增大了反馈回路延迟。如负载突然提高，则需临时提高占空比来增加传输至输出电感的电量，然而，占空比越大，二极管的导通时间越短（t_{OFF}），流经二极管的平均电流降低，如图 2.8 右半图所示。由于输出电流是通过二极管提供的，所以输出电流也相应降低。随着电感中的平均电流上升，这种状态会持续到电感电流和输出电流恢复到正常值。

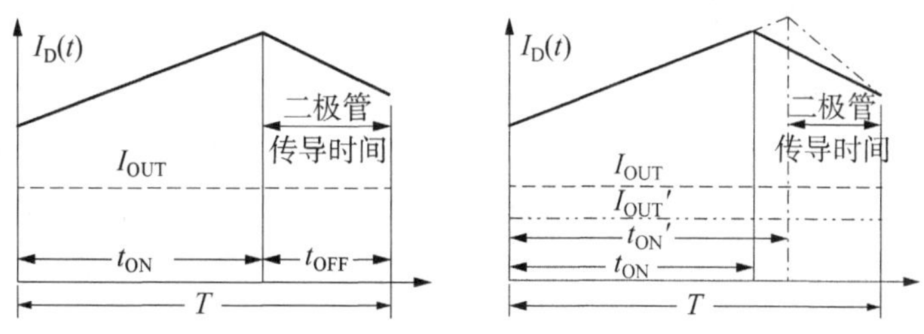

图 2.8 右半平面不稳定现象

通常将电感电流先下降再上升的现象称作为右半平面不稳定性（righthalf plane，RHP），在这个过程中，输出电流与占空比的相位相隔 180°。例如，由于图 1.13 的简易升压电路中存在右半平面不稳定性，因此会产生暂时额外零点，对应频率计算公式如下：

$$f_{RHP,\ ZERO}=\frac{R_L}{2\pi L_1}(1-\delta)^2 \tag{2.7}$$

由于暂时出现的零点位置会随负载电流变化，所以难以对右半平面的不稳定性进行补偿，常规解决方法是在设计反馈回路时采用远低于 RHP 零点频率最小值的交越频率，但该方法也存在缺点：会减缓 DC－DC 转换器对阶跃负载变化的响应速度。针对这一问题，可在升降压转换器中采用非连续模式以彻底解决该问题。

2.4 反馈回路谐波斜率抑制方法

反馈回路不稳定的潜在原因是次谐波的不稳定，这个问题的根源在于 PWM 比较器是比较反馈电压与时序锯齿波形的电压，如图 2.9 所示。如果电感中的能量在周期中没有完全放电，将导致电流在错误的时间进入反馈电路，并且比较器输入端的开关噪声会加剧这种不稳定。虽然影响反馈回路稳定性的因素有很多，但这都将导致 PWM 调制器产生分岔信号或双信号。

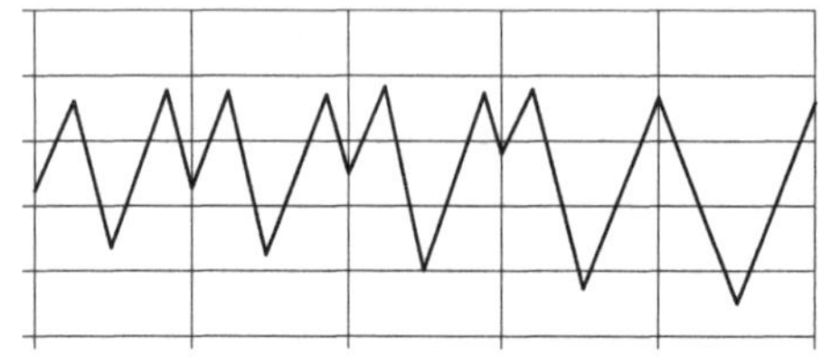

图 2.9 次谐波波形

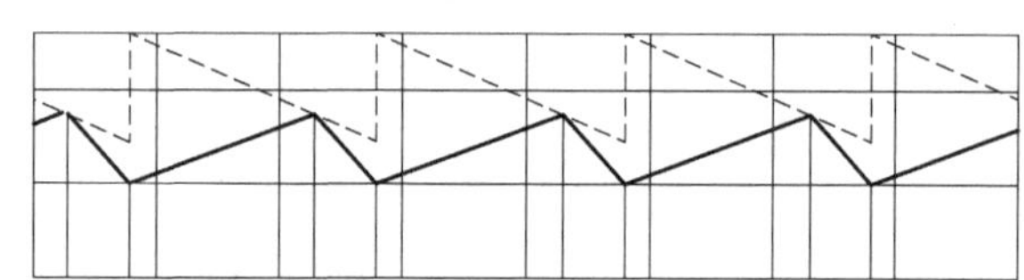

图 2.10 斜率补偿(虚线)与反馈信号(实线)

斜率补偿是解决次谐波问题的普遍方法，斜率补偿是指在反馈电压中增加斜率信号，如图 2.10 所示，斜率信号通常从电感电流获得，有时也从时序电压中获得，以避免 PWM 比较器的误触发或重新触发。

2.5 模拟和数字反馈系统的稳定性分析

2.5.1 实验法分析模拟回路的稳定性

通常可以通过伯德图上所得到的相位裕量来分析反馈回路的稳定性。具体实现过程为，正弦波生成器与变压器同时在控制回路中注入干扰信号，随着正弦波的频率上调，输出干扰和干扰信号的大小将完全一样，增益为 1。因此，此时的干扰频率与增益交越频率 f_C 相等，干扰信号与输出信号之间的相位差即为相位裕量，进一步上调频率，直到两者的相位差达到 $-180°$，就得到了增益裕量，如图 2.11 所示。

2.5.2 拉氏变换法分析模拟回路的稳定性

除上述实验法以外，还可以用纯数学的方法推导零极点，从而分析反馈回路的稳定性，为此，需要完全理解转换器的传递函数，如图 2.1 所示的降压转换器，其传递函数如下：

$$G_s = \frac{1 + R_{ESR}C_1S}{1 + (L_1/R_{LOAD} + R_{ESR}C_1)S + L_1C_1S^2} \tag{2.8}$$

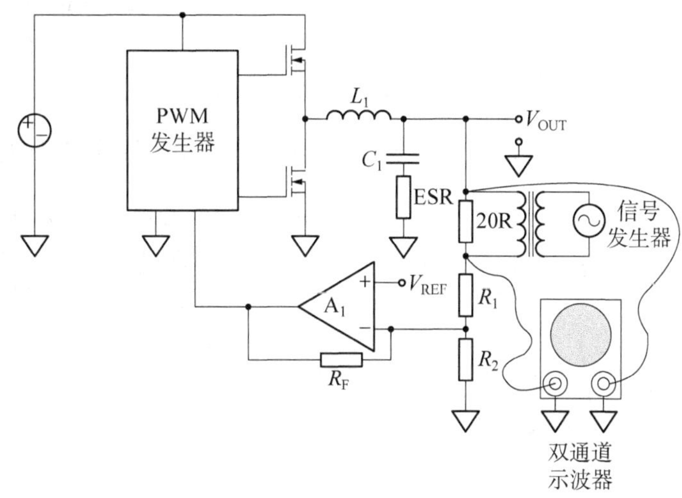

图 2.11 绘制伯德图的实验设置

其中 S 表示该变量具有依赖性，可以使用拉普拉斯变换求解传递函数，在理解拉普拉斯变换之前，还需要考虑傅里叶变换。傅里叶变换是拉普拉斯变换的一种特殊形式，傅里叶变换将信号从时域转换到频域，如图 2.12 展示了方波的傅里叶序列。

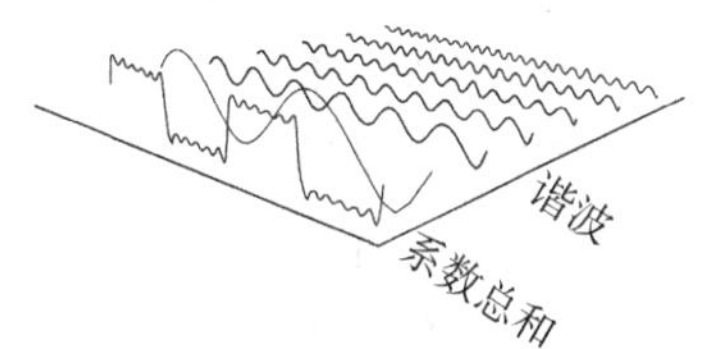

图 2.12 方波傅里叶序列

傅里叶变换为从负无穷到正无穷的积分函数，其定义公式可以表示为：

$$F(\omega)=\int_{-\infty}^{\infty} f(t)\mathrm{e}^{-\mathrm{j}\omega t}\,\mathrm{d}t \tag{2.9}$$

其中，$F(\omega)$ 为频域表示，$f(t)$ 为时域信号，ω 为角频率，$\mathrm{e}^{-\mathrm{j}\omega t}$ 为复指数函数。在映射到 s 域后，傅里叶变换的频域变量是 $s=\mathrm{j}\omega$，为 S 平面上的虚轴，而拉式变换是傅里叶变换的拓展，拉式变换把时域信号范围拓展到整个复频域。拉式变换是从零开始的积分，而并非从负无穷开始，因此适用于分析阶跃信号、脉冲或者指数递减的序列信号，拉式变换的定义公式如下：

$$F(s)=\int_{0}^{\infty} f(t)\mathrm{e}^{-st}\,\mathrm{d}t \tag{2.10}$$

其中，$F(s)$ 是 s 域中的表示，$f(t)$ 是时域信号，s 是复频率变量。

在 S 平面中，拉氏变换的频域变量是 $s=\sigma+\mathrm{j}\omega$，所以可通过拉氏变换把时域信号转换到 S 平面，然后在 S 平面得到反馈回路的零极点。S 平面的纵轴为虚轴，横轴为实轴，S 平面中的零极点的虚部越大，信号振荡越快；实部的绝对值越大，信号幅度变化越快。

图 2.13 显示了不同极点位置对应的时域响应，由于零点总是出现在实轴上，若一对复共轭极点在 S 平面的左半边，则该系统是稳定的，单位冲激响应为递减的正弦信号；若一对极点正好在虚轴上，$\pm\mathrm{j}\omega$ 即实部为零，则系统的响应幅值是恒定的振荡信号。左半平面的极点到原点 O 的距离代表响应的衰减速度：极点离原点越近，说明信号衰减得越慢，如果极点刚好在

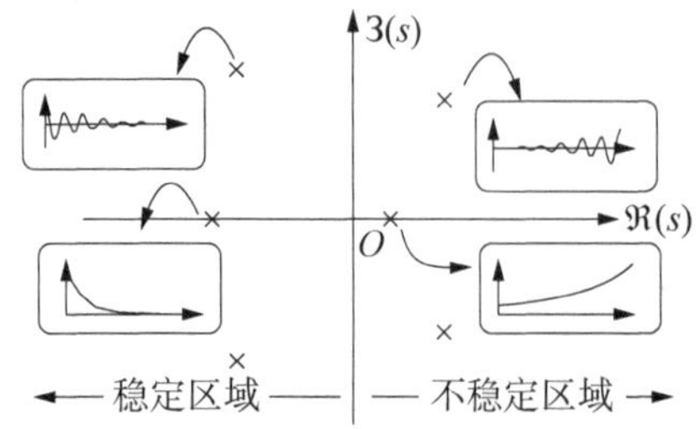

图 2.13　*S* 平面零极点位置与其典型的时域波形

原点上，则表明系统没有交流分量，但当一对复共轭极点落在 *S* 平面的右半边，则表明系统是不稳定的，这就是 2.4.1 中所阐述的不稳定性。

2.5.3　数字反馈回路稳定性的双线性变换分析法

如果使用数字信号处理器(DSP)来实现反馈回路的补偿，则通常采用 *Z* 变换分析数字系统的稳定性。双线性变换法的基本思想就是从 *S* 平面到 *Z* 平面的变换。经过上述变换，由于信号在数字系统中不连续，或时域离散，*S* 平面上的零极点需要变换到离散时间域的 *Z* 平面上，如图 2.14 所示，*S* 平面左半边的收敛域变为 *Z* 平面单位圆(即半径为 1)的收敛域，*Z* 平面的单位圆也就是 *S* 平面的虚轴，*Z* 平面单位圆上最右边的点也就是 *S* 平面的原点，代表系统仅有直流分量而没有交流分量。*Z* 平面上的极点代表经采样后的离散信号，而不是连续的时域信号，若极点落在单位圆外，则系统是不稳定的。

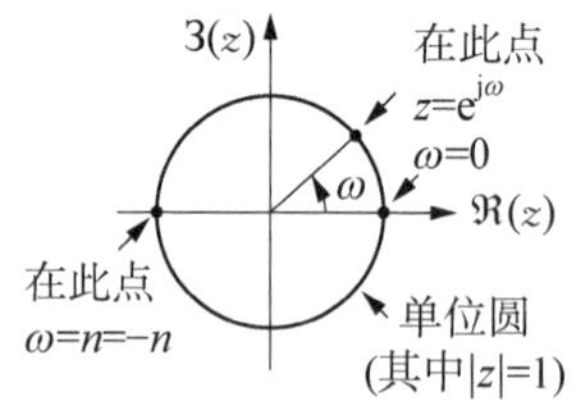

图 2.14　*Z* 平面的单位圆

在做数字补偿时，为保证所有仿真处理结果的可靠，应确保数字信号处理的采样频率远高于系统的交越频率。数字补偿的计算通常有两种方法：重复设计法和直接设计法。重复设计法的基本思想是在 *s* 域中建立开关电源的线性模型并完成模拟补偿设计，之后将结果映射到 *z* 域中，完成数字补偿。而直接设计法则是直接在 *z* 域中建立离散模型，并基于此进行补偿计算，这需要精确地模拟部件模型，可以使用 Spice™ 或 Matlab™ 等工具完成。

上述两种方法的补偿原理具有相似性，即把系统传递函数的矩阵值存储在表格中，随后数字信号处理系统把数字输入信号加入运算系统中，以模拟控制信号或者直接以 PWM 驱动信号作为输出。若输出是 PWM 驱动信号，则比较器和 PWM 电路也是数字同步的，从而消除了模拟回路中的斜坡补偿误差和右半平面不稳定性。如果需要切换到另外的操作模型和反馈补偿，数字控制器可以在不重置输出的情况下平滑地在查找表之间切换，这是模拟控制器无法做到的。并且在设计反馈回路时，需要折中考虑的因素很多，数字系统在这方面比模拟系统也更有优势。

正是由于不可能迅速地在瞬态反应和稳定的输出之间快速切换，所以使得数字反馈回路性能优异，与此同时，由于微控制器的价格不断下降，DC-DC 转换器逐步趋向于完全数字或模数混搭的反馈控制器。图 2.15 所示的是基于微控制器的 DC-DC 转换器。

微控制器内部集成了运算放大器元件，使得传感器输入能够直接连接到微控制器。这意味着微控制器能够获取输入电压、输出电压和输出电流的有效信息，因此不需要外部电路来监测短路或过载条件。其中，输入电压监测功能允许受控启动，并实现具有自适应滞后的可编程欠压锁定功能。微控制器的第四个运放功能是监测过温情况，其可以安装在 DC-DC 内部或者远离转换器的负载处，并且对于过温条件的后果应可以根据应用要求进行编程，例如，停机且锁定、关闭且在冷却或功率限制后再重启。

外接数据处理系统能使工作条件实时更新，使其在运行时更新或预编程几个可供选择的程序，此外，双向通信总线还允许故障报告和状态更新。

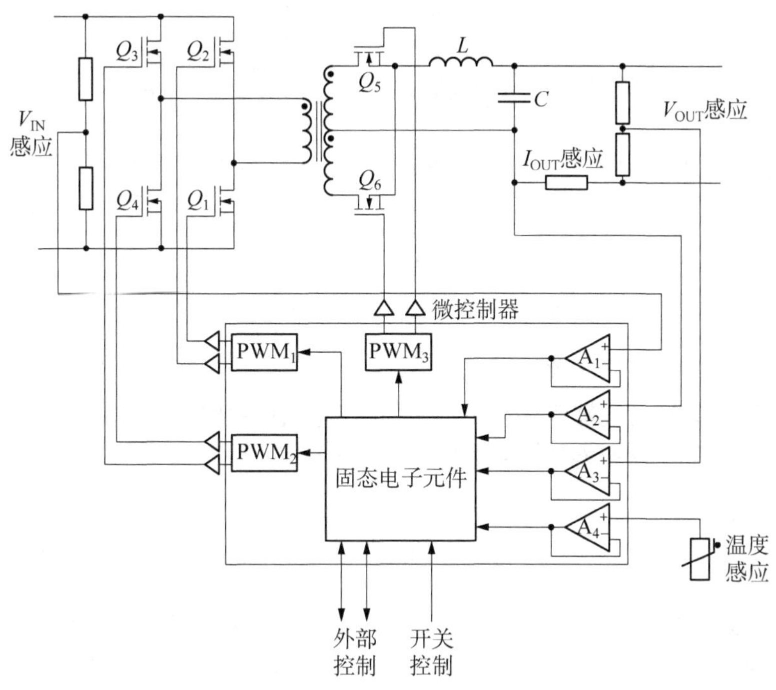

图 2.15 基于微控制器的 DC-DC 转换器

图 2.16 展示了内部状态机逻辑执行流程，各种控制器子程序使用矩阵查表实时计算系统的响应，相关计算如式(2.11)所示。

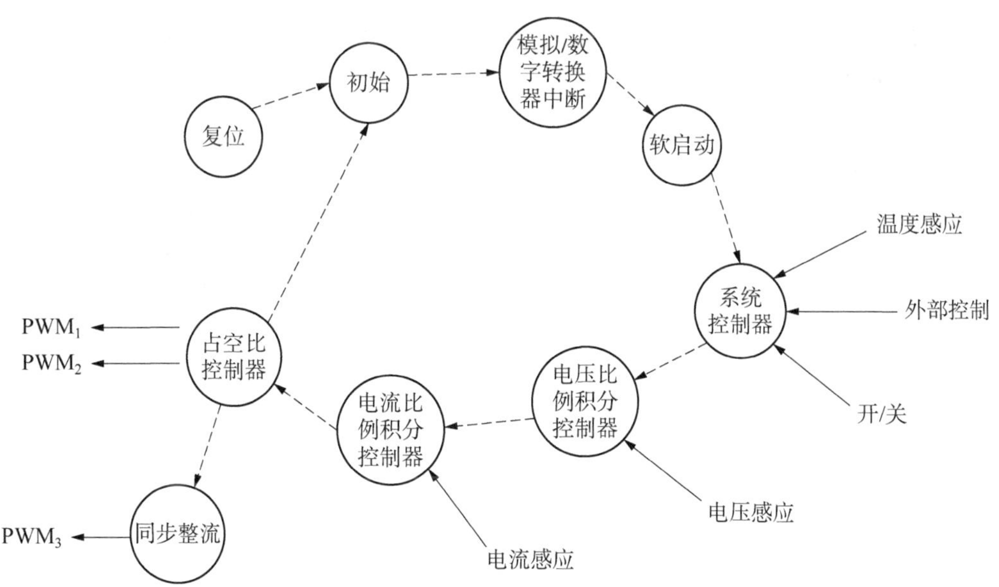

图 2.16 状态机执行流程图

$$\frac{V_{\mathrm{OUT}}}{V_{\mathrm{OUT}}^{*}}=\frac{\left[(K_{\mathrm{P}}R_{\mathrm{A}})+\left(\frac{K_{\mathrm{i}}}{sR_{\mathrm{A}}}\right)\right]}{s^{2}LC+(sCR_{\mathrm{A}})+(K_{\mathrm{P}}R_{\mathrm{A}})+\left(\frac{K_{\mathrm{i}}}{s}\right)R_{\mathrm{A}}} \tag{2.11}$$

其中，V_{OUT} =内环路，V_{OUT}^{*} =外环路，R_{A} =电流补偿器的比例增益。公式中的 K_{i} 和 K_{p} 可以从以下矩阵中得出：

$$\begin{bmatrix}\omega_1^2 & \omega_1 & 1\\ \omega_2^2 & \omega_2 & 2\\ \omega_3^2 & \omega_3 & 3\end{bmatrix}\times\begin{bmatrix}C & R_{\mathrm{A}}\\ K_{\mathrm{p}} & R_{\mathrm{A}}\\ K_{\mathrm{i}} & R_{\mathrm{A}}\end{bmatrix}=\begin{bmatrix}\omega_1^3 & LC\\ \omega_2^3 & LC\\ \omega_3^3 & LC\end{bmatrix} \tag{2.12}$$

根据操作条件，系统控制器程序可在不同的矩阵查表中切换，此外，数字控制器的另一优点是制造材料少，并且能够智能地控制输出电压和电流。

本章小结

本章对功率变换中的反馈回路设计及其原理进行了系统性探讨。首先，简述了反馈回路在 DC-DC 转换器中的作用及重要性，强调了其对稳定输出电压和动态响应的影响。其次，从开环和闭环两种控制方式出发，分析了反馈回路在不同负载和输入电压变化下的适应能力，提出了负反馈的设计原则及其对系统稳定性的保障措施。再次，深入探讨了反馈回路补偿原理，包括相位和增益裕量的概念及其在反馈系统稳定性中的应用，展示了通过引入补偿元件来提高反馈系统稳定性的具体方法。此外，本章详细分析了 DC-DC 转换器中的不稳定性问题，包括右半平面不稳定和次谐波不稳定，并提出了斜率补偿等相应应对措施。最后，对模拟和数字反馈系统的稳定性进行了对比，指出了数字反馈系统在现代功率变换设计中的优势和趋势，为后续设计提供了理论支持和实践参考。

第3章

DC-DC 转换器的故障预防设计

DC-DC 转换器是连接电源和负载之间的可靠桥梁，既保障了自身的稳定运行，也确保了外部电路的安全和性能。在自我保护功能方面主要应对过载、短路、过压或欠压等异常情况不发生故障；在保护外部电路方面，通过内置保护机制，如过电流保护、过电压保护和欠压保护(UVP)，以及短路保护，防止异常电流和电压对敏感的外部电路造成损害。

本章将会讨论各种 DC-DC 转换器的故障预防机制和电路设计方法。一方面，DC-DC 转换器是由电子元件组成的，如果工作电压、电流和温度超出了元件的允许范围，电子元件也会失效，因此上述参量应该保持在额定值内；另一方面，转换器通过在输入端和输出端之间建立隔离，从而消除干扰源并预防系统遭到瞬态损坏。DC-DC 转换器故障预防设计的关键是防止输出电压对电源错误反馈，例如，直流电机驱动电路需要稳定无噪声电源，以避免影响电机速度的精确控制，然而，在大功率直流电机运行时，大电流需求会导致电源产生较大的瞬态电压，如果此瞬态电压反馈到速度控制电路，会引起控制电路的工作不稳定，表现为电机速度的抖动或振荡，在转换器选型和设计中，往往采用隔离式 DC-DC 转换器，以此避免电机受到不必要或不规则信号的干扰，以及预防电机以及相关驱动链受到损坏。

3.1 反偏故障原理及预防电路设计

DC-DC 转换器本身并不提供反偏故障预防策略，如果将 V_{IN+} 和 V_{IN-} 反接将导致转换器失效，DC-DC 转换器极性反接时出现故障的主要原因是场效应管中的体二极管在反接时导通，并允许很大的电流 I_R 通过，导致初级端的元件损坏。例如，当变压器提供电源时，如果整流二极管发生故障，将导致输出电压降低或消失，从而使 DC-DC 转换器无法获得足够的输入电压而无法正常工作，所以在连接输入端或者电源时，需注意极性保持正接，如图 3.1 所示。

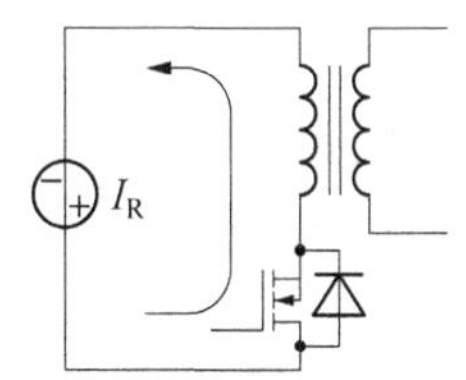

图 3.1 反偏故障原理及电流流向示意图，二极管故障导致输出压力下降

3.1.1 串联二极管的反偏故障预防电路设计

防止 DC-DC 转换器反偏损坏的方法是串联二极管。如图 3.2 所示，当电源电压反偏时，二极管 VD_1 可以阻止反向电流，从而不会有故障电流流经 DC-DC 转换器反向流向到输入端，但如果用桥式整流器代替二极管，转换器就可以在任意输入极性下正常工作。

上述串联二极管预防故障的缺点是：因为二极管导通时本身需要阈值压降，所以在输入电压较低时，输入电压的分压占比较大，从而显著影响了转换器的输入电压。例如，不同类型二

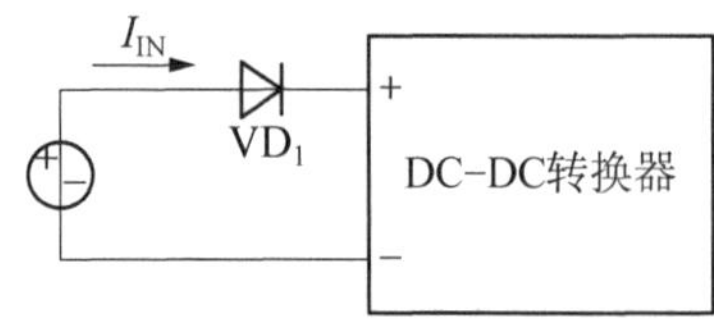

图 3.2 串联二极管的反偏故障预防电路

极管导通压降分布在 0.2 V～0.7 V 范围，功耗为 $V_F \times I_{IN}$，如果输入电流为 1 A，则标准导通压降 $V_F = 0.5$ V 的二极管功耗为 0.5 W，相当于 15 W 转换器总损耗 2 W 的四分之一，从而整体效率降低了 20%左右。在某些应用场景中，串联二极管产生的功耗能将有效输入电压降至额定电压范围内，以此对其导通压降产生了有益效果。

3.1.2 并联二极管的反偏故障预防电路设计

并联二极管是反偏故障预防设计的另一可行方法，如图 3.3 所示，该方法避免了二极管正向导通压降的缺点，但要求主电源必须有过载预防措施或者串联熔断机制。在反偏故障预防效果上，并联二极管方法比串联二极管方法更有效，但其缺点也很明显：首先，在极性反接时转换器两端的电压限制在 −0.7 V，但该电压值仍然会对某些转换器造成损害；其次，较难选取到合适的熔断器，且熔断器对整个系统性能也存在影响，但熔断器的电阻特性所产生的影响经常被低估或忽略，在有电流经过熔断器时，产生的损耗将有可能等于甚至高于串联二极管产生的功耗，从而导致并联二极管方式效果劣于串联方式。

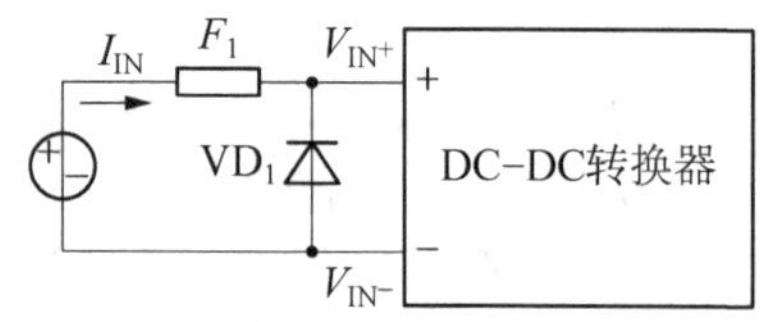

图 3.3 并联二极管的反偏故障预防电路

3.1.3 串联 MOS 管的反偏故障预防电路设计

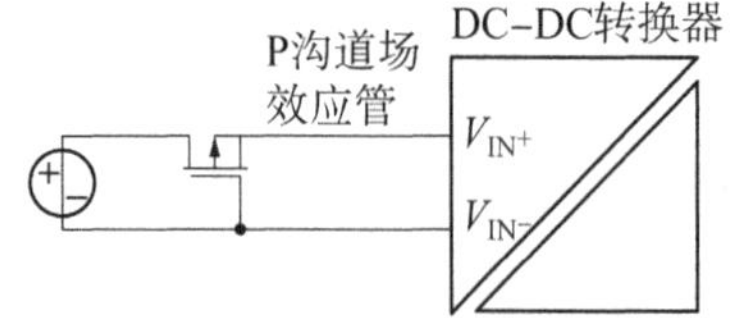

图 3.4 P-FET 的反偏故障预防电路

作为开关器件，串联场效应管也是反偏故障预防的常用方法，相比二极管成本，MOS 管成本较高，但相比于整个转换器价值，该成本仍可被忽略。在使用此方法时，通常选择 NMOS 管，其 V_{GS} 最大允许值高于源电压或反向源电压最大值，此外，场效应管沟道电阻 RDS 在几十毫欧范围内，相比负载电阻而言，可认为场效应管为完全导通状态。同样是输入电流 1 A 时，沟道电阻分压仅为几十毫伏，相比二极管的几百毫伏分压，MOS 管串接方式对输入电源的影响大幅降低。如图 3.4 所示，P-FET 的反偏故障预防电路通过在 DC-DC 转换器输入端串联 P 沟道场效应管，提供了一种有效的保护措施。

为测试串联二极管、并联二极管、串联 MOS 管三种反偏故障预防方法的优劣，以满载条件 12 W 转换器为例，测量 9 V 输入电压和 1.5 A 输入电流情况，如表 3.1 所示。从中可以看出，采用 MOS 管方法的效率与未采取反偏故障预防措施时的效率最为接近，在三种故障预防电路中效率最高。

表 3.1 各种反偏故障预防方法在转换器上的测量结果

反偏故障预防	源电压* /V	转换器输入电压/V	转换器输入电流/mA	输出电压/V 输出电流/mA	输入功率/W	输出功率/W	转换效率
无故障预防措施	9.0	9.0	1561	11.98 1000	14.05	11.98	85.3%
1. 串联电阻(1N5400)	9.7	8.5	1660	11.98 1000	16.10	11.98	74.4%

(续表)

反偏故障预防	源电压*/V	转换器输入电压/V	转换器输入电流/mA	输出电压/V 输出电流/mA	输入功率/W	输出功率/W	转换效率
2. 并联电阻+3 A 熔断器	9.1	8.5	1667	11.98 1000	15.17	11.98	79.0%
3. MOSFET	9.0	8.9	1572	11.98 1000	14.15	11.98	84.7%

* 稳定输出电压,源电压取9 V和最小输入电压两者中较大值。

3.2 输入熔断设计原理

熔断器无论是作为过电流故障预防装置,还是作为反偏故障预防装置,都需要保证在输入电流冲击下正确响应。不管熔断器是否发生老化退变,熔断额定值是固定值,一般设为最大输入电流的1.6倍。熔断器的响应原则包括:一方面,熔断器应当具有延迟性,以满足投切启动电流高于熔断电流时产生干扰熔断;另一方面,如熔断器的熔断电流较高且反应不及时,则二极管需要承受故障期间的电流,二极管将因长时间过载而损坏。因此,熔断器的熔断响应原则应符合延迟性和及时熔断两者的折中选择。

熔断器是一次性装置,如果电源被错误地反接,则再次启动转换器前必须替换熔断器。大多数应用更倾向于熔断器具有容错功能、可重置故障预防装置,比如,高分子PTC熔断器,可以用来替代传统熔断器,该熔断器类似于具有正温度系数的电阻,阻值随着温度的上升而增大。在故障发生时,高分子PTC的温度迅速升高,内部颗粒结构融化,从而变成阻值较高的电阻。高分子PTC不仅具有限流功能,也具备转换器断开功能,还具备故障电压移除后的装置自恢复功能。

3.3 输入端过压故障预防设计

过电压保护应用于转换器输入端时,具有双重优点:一是预防转换器免受输入瞬态过压及电压波动的影响;一是确保转换器满足EMC稳压以及其他安全和性能标准。随着电力电子化器件的高比例使用,供电电路发生电气故障的频率不断上升,电器及线路的干扰程度与抗干扰能力,已成为衡量电气电路安全性能和电能质量的重要参考。本节开展转换器的抗干扰测试介绍,涵盖电压波动、瞬态过压、快速瞬态过压及静电放电(electro-static discharge,ESD)的测试,图3.5为典型的ESD抗干扰测试电路。

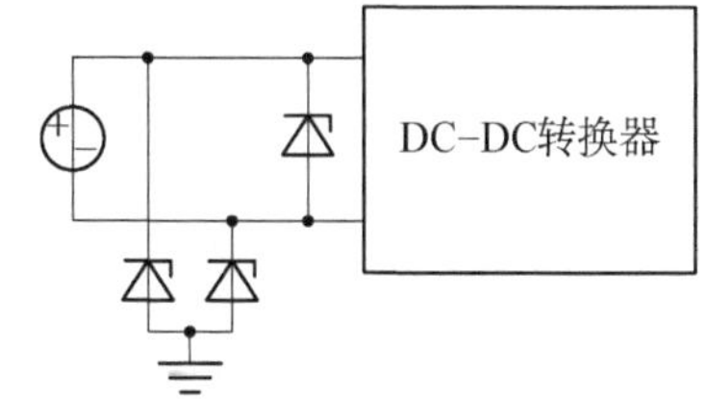

图3.5 ESD故障预防电路

所有DC-DC转换器均需要主电源,一般情况下,在输入端都配有滤波和过压故障预防装置,以抵御包括雷击引起的严重过压在内的各种高压波动。典型的高压波动故障预防装置通常由多种元件组成,如气体放电管、金属氧化物压敏电阻和火花间隙,它们的作用是将波动能量导向地面或分散至较长的时间段，以减轻电压峰值的影响。然而，浪涌抑制器在承受雷击后，其抑制能力会显著降低，因此需要设计为可替换的部件。

通常情况下，孤网系统的 DC - DC 转换器输入端不需要针对雷击电涌进行故障预防，除非光伏等分布式新能源电源，需具备抵御雷击产生的浪涌。同样，输出端在大多数应用中也不需要雷击故障预防，除非是由汇流排系统供电的工业环境，如炼油厂或者拥有长距离裸电缆的户外照明系统。然而，在并网系统中，如 DC - DC 转换器直接到主电源，它们将直接面对各类复杂运行状态的电压冲击，因此，并网系统中的转换器通常会配备多重过压故障预防措施。

本节将阐述过压故障预防的基本原理。故障预防措施需综合考虑源阻抗的影响，阻抗越低，过压尖峰释放的能量越大，实现转换器故障预防的难度越高。通常情况下存在两种基本的故障预防方法：过压故障预防和电压钳位。

3.3.1 可控硅整流器过压故障预防

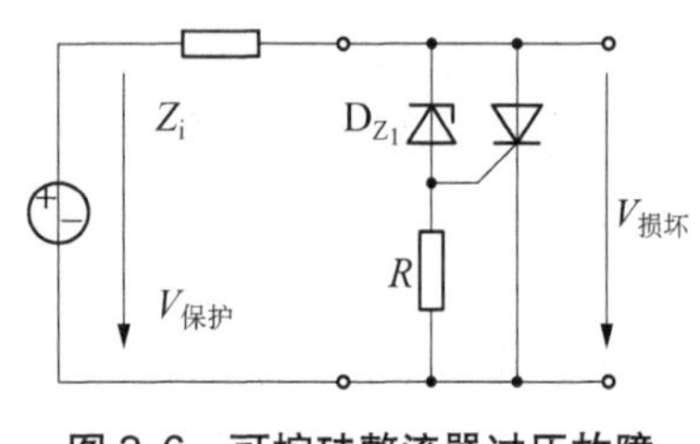

图 3.6 可控硅整流器过压故障预防电路

对于 DC - DC 转换器输入端，往往采用钳位电路使其免受电压尖峰和瞬态过压损害。钳位器在过载时将短接浪涌发生线路，通常采用可控硅整流器（silicon controlled rectifier，SCR）来实现这一功能。当阳极和阴极间电压超过特定的触发电压时，SCR 会保持导通状态，直到流经它的电流下降到维持电流以下。如图 3.6 所示，齐纳二极管 D_{Z_1} 设置了触发电压，Z_i 代表长导线的阻抗。

在 DC - DC 转换器短路故障预防中使用 SCR 钳位器的优点是，当输出短路时，SCR 将自动切断电流，并且 SCR 会被重置。然而，当 SCR 用于输入端时，存在一些不足：SCR 必须同时吸收初级电源短路电流和过压短路电流，由于 SCR 在触发后不能自行复位，因此需要配合使用输入熔断器或者高分子 PTC 装置来切断供电，以预防 SCR 和电源不受持续过载的影响。输入端的 SCR 电路与图 3.6 所示的电路图的不同之处在于熔断器替换了 Z_i。

3.3.2 钳位元件

钳位元件的电压达到一定值后，电流呈指数增长。与 SCR 不同，电压钳位无须重置，即不需要切断供电也可回到原先状态。

1) 压敏电阻

压敏电阻（voltage dependent resistor，VDR）阻值随电压不同而发生改变，分为不同类型，如，硒压敏电阻、碳化硅压敏电阻、金属氧化物压敏电阻（metal-oxide varistor，MOV）。MOV 是由多数氧化锌微粒压制后烧结而成的非线性电阻元件，晶界层在电场作用下产生隧道效应，使 MOV 电阻值随电压变化而变化。具体来说，VDR 的内部结构就好比由成百上千个“背靠背”（阴极-阴极/阳极-阳极）相接的二极管组成的串联或并联电路，上述二极管在低电压下呈现出高电阻，而在高电压下则因雪崩击穿和电子隧穿效应而导通，导致电阻急剧下降。如图 3.7 所示，压敏电阻的电流-电压关系显示非线性特性，其中在低电压区域电流变化较小，而在高电压区域电流急剧增大。

VDR 由大量的二极管结串联而成，击穿电压可以达到较高的值(几百伏)，因此 MOV 可以直接连接在主输入两端。又由于二极管“背靠背”连接，该效果是对称的，即 MOV 可以同时对正向和负向的过压进行故障预防。

图 3.7 所示的电流电压关系可以用下式表达：

$$I = kV^{\alpha} \tag{3.1}$$

其中，k 为与元件相关常数，α 表示拐点之后的曲率。典型故障预防器件 α 值如下：瞬态电压抑制二极管为 35，金属氧化物压敏电阻 α 为 25，硒压敏电阻 α 为 8，碳化硅压敏电阻 α 为 4。

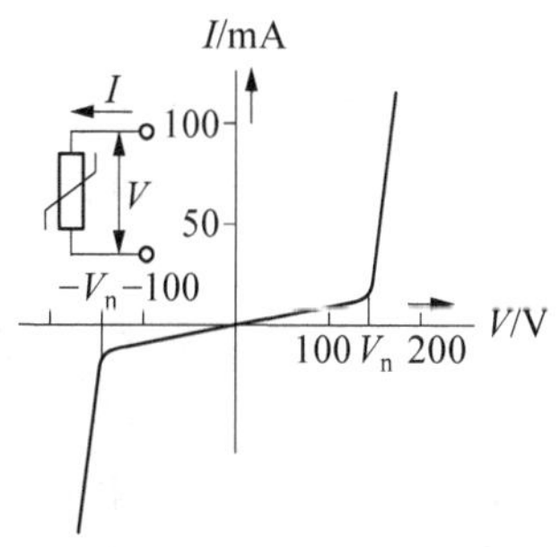

图 3.7 压敏电阻的电流-电压关系

压敏电阻的响应速度很快，所以既可抑制瞬态变化，也可抑制长时间浪涌，但对亚微秒时间内的静电放电过压抑制能力不佳。由于内部晶粒结构存在不均匀性，在反复过压脉冲过程中引起的局部发热都会导致压敏电阻性能逐渐退化，表现为漏电流数值随使用期间增加而上升。为克服这一问题，多层压敏电阻(multi-layer MOV，MLV)逐渐得到应用，该类器件可以减缓上述器件的退化，能承受更多次内部失效而不至于完全损坏。然而，如果内部功耗过高，所有的压敏电阻也将不可避免发生损坏。通常，压敏电阻和输入熔断器一起配合使用以防止器件损坏。额定能量反映了压敏电阻在反复的电压尖峰下的期望寿命，是元件选择时的重要参考因素。

2) 抑制二极管

抑制二极管故障预防功能由单个二极管实现，也被称为瞬态电压抑制器(transient voltage suppressor，TVS)、硅雪崩二极管(silicon avalanche diode，SAD)抑制器等。如图 3.8 所示，单极 V/I 特性和齐纳二极管类似，但抑制二极管的峰值功率与平均功率之比远高于齐纳二极管。

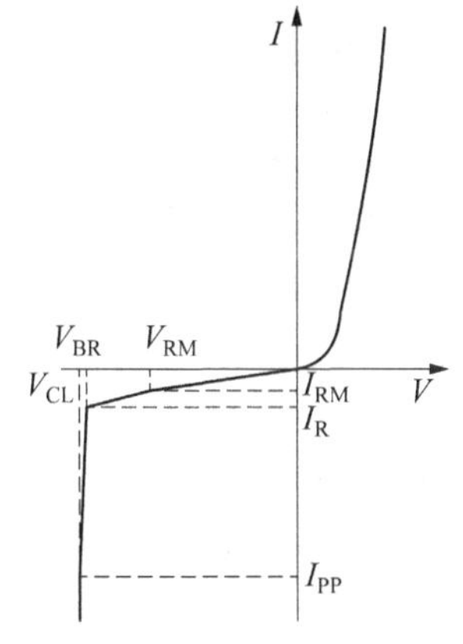

图 3.8 单极抑制二极管的 V/I 特性

如图 3.8 所示，抑制二极管正向导通时，$I-V$ 特性与普通二极管无异，然而，在反偏时，抑制二极管的表现和齐纳二极管反向表现相同，受限于三对参量：其一是反向电流为 I_{RM} 时的额定电压 V_{RM}(关态工作电压)，它代表漏电流带来的额外负担；其二是反向电流为 I_R 时的击穿电压 V_{BR}，此时特征曲线达到拐点，很小的电压变化会造成很大的电流；其三为最大允许电流 I_{PP} 时的钳位电压。选择抑制二极管时，应尽可能使工作电压接近 V_{BR}，此外，还需要限流电阻以防止电流超出 I_{PP}。抑制二极管是一种单极设备，它只能对正向过电压做出反应，因此，大多数 TVS 包含两个并联抑制二极管，以钳制正负尖峰。抑制二极管相对于 MOV 的优势在于，它们不会随着重复尖峰的重复而退化，并且具有较低的击穿电压和更精确的 V_{BR} 值。

3.3.3 多元件的过压故障预防电路

单个元件的抑制效果无法满足所有过压故障预防的要求，因此，通常将多个元件并联以获得整体所需的特性。一方面，如前面各节所示，压敏电阻或抑制二极管适用于许多 DC-DC 应

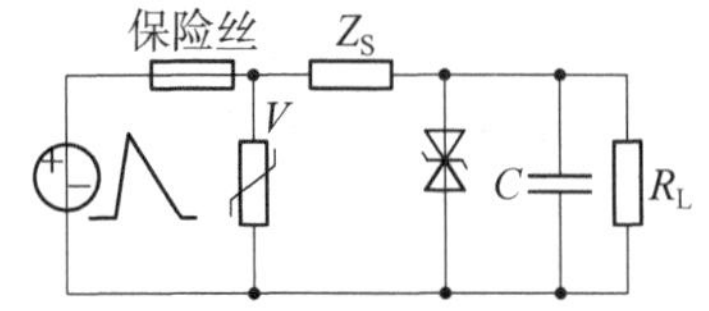

图 3.9 带有多个元件的过压故障预防电路和双极 TVS 符号

用中的过压故障预防，但有时为了预防 DC-DC 转换器的输入端受到损坏，两者需要并联使用。另一方面，TVS 二极管的切换速度达到纳秒级，且 V_{BR} 可以设定为较低的值，但单个 TVS 二极管能够承受的功率有限。通常情况下，元件的反应速度越快，它所能接受的功率就越小。如图 3.9 所示，过压故障预防系统要求故障预防机制必须按照一定的顺序安置，并且处理最大电流的元件必须放置在最前面。

图 3.9 是多级过电压保护电路，在该电路中，串联熔断器的作用是防止 MOV 在过热或失效时造成短路。压敏电阻会吸收大部分由输入过电压浪涌产生的能量。在 MOV 反应所需的时间内，TVS 元件会钳制输入电压，通过串联阻抗 Z_S 提供电流限制。最后，输入电容有助于吸收任何剩余的脉冲能量，如图 3.10 所示。

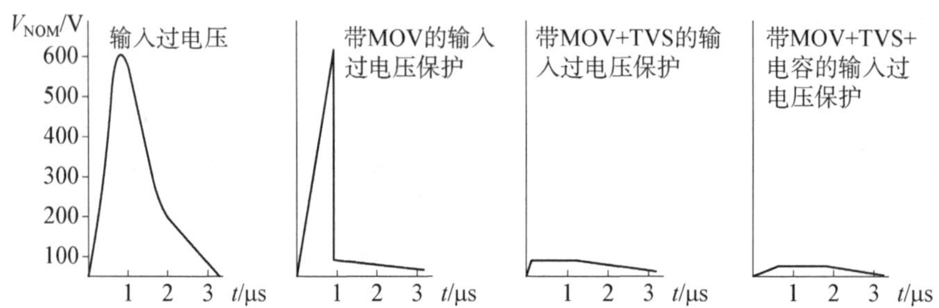

图 3.10 各种输入限制的过电压保护电路对应电压随时间变化关系对比图

如图 3.10 所示，各种输入限制的过电压保护电路对应电压随时间变化关系图，显示不同保护元件在输入过电压时的响应特性。如果输入尖峰能量较大，可以通过并联 TVS 元件来分流，以增强故障预防效果。然而，在设计过电压故障预防方案时，并联使用压敏电阻会增加整体完全失效的概率，通常不建议使用这种分流方式，选择更高额定功率的单个元件通常比简单地增加元件数量更为有效和可靠。为了实现更高的性价比，Z_S 可以选用普通的电阻，但需要注意的是，Z_S 串联于电路输入端，即使在正常工作状态下也会有电流通过，导致整体效率降低。为此，设计中的解决方案是使用扼流圈与大约 100 mΩ 的电阻串联，该方法能够在不过多影响效率的同时，提供更好的过电流故障预防效果。

3.3.4 过压故障预防标准分析

过电压保护电路的性能不能仅通过理论推导来确定，其有效性还受 DC-DC 转换器中元件的耐用性以及整个电路结构的影响。即使是电路板上微小的寄生电感和寄生阻抗也会对过电压保护电路的效果产生显著影响，因此，需要寄生测试来检测过电压保护电路的表现和性能。对随机出现的瞬态过电压浪涌进行测量是比较困难和较难现实的，在国内外的测量标准中，如，国际标准 IEC 61000-4-5 定义了浪涌测试的参数，它规定了浪涌波形的上升时间为 1.2 μs，且在 50 μs 内降至峰值的 50%。该浪涌波形能用源阻抗为 2 Ω(输入到输入)或者 12 Ω(输入到地)的高压脉冲发生器生成。不同产品类型，其脉冲峰值电压测试等级可根据表 3.2 进行选择。

表 3.2 IEC 61000-4-5 测试等级

级别	开路电压/kV	级别	开路电压/kV
1	±0.5	4	±4
2	±1	x	特殊
3	±2		

3.3.5 断开电源的过压故障预防

许多过电压保护电路测试是根据特定应用设计的，例如，EN50155 铁路标准要求在 1 秒内能够承受 140%的额定电压电涌。面对长时间的浪涌，只有通过消耗多余能量才能限制电压，解决方案是在过电压期间断开输入端，以预防 DC-DC 转换器发生损坏。如图 3.11 所示，定制 IC 控制器集成了过电压探测电路和场效应管栅极驱动器，即开关驱动器，能够在小于 1 μs 的时间内切断电源电压。

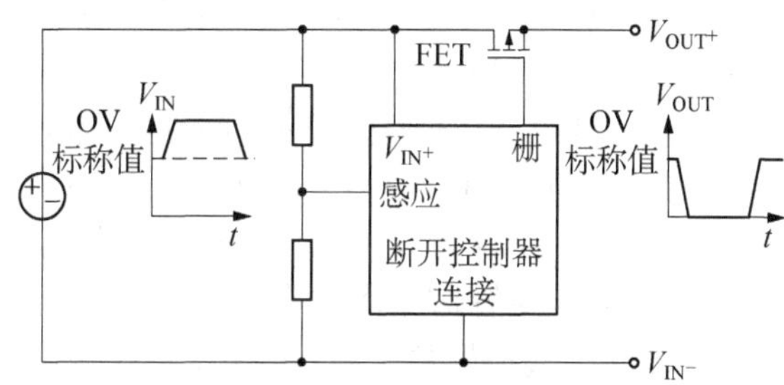

图 3.11 断开电源的过压故障预防电路

发生过电压时，断电源过压故障预防电路不仅适用于长时间过压预防，而且还是唯一可靠的低输入电压故障预防电路。如果 DC-DC 转换器的输入电压仅为 1.2 V，普通的过电压保护电路元件可能难以预防电路免受损坏，因为此时温度系数成为明显的误差源：在额定电压时抑制二极管就开始导通，或者钳位电压过高而失去效用。

断开电源的断路预防电路也有其缺点，即在过电压期间 DC-DC 转换器会失去供电，如果断开时间较短，DC-DC 转换器的输入电压可以通过输入端的大容量电容维持。然而，如果断开时间较长，可能需要备用电池或超级电容系统，从而增加了系统设计难度和成本。

3.4 输出端过压故障预防设计

在输出端过压故障预防设计中，过电压保护电路的作用是防止接入设备在稳压失效时受损。如图 3.12 所示，通常，DC-DC 转换器使用齐纳二极管来限制输出电压，以实现过压故障预防的功能，上述设计的难点是如何设定该电压限制。齐纳二极管在达到特定的击穿电压之前，具有较高的电阻以限制漏电流，但如果将电压限制设定得过高，齐纳二极管从高阻态变为低阻态，则起不到过压故障预防的作用，通常将该电压限制设定在比额定输出电压高出 10%的电压值。然而，齐纳二极管的吸收功率有限，因此如果稳压完全失效的话，齐纳二极管也会超出功率吸收上限而立即失效。

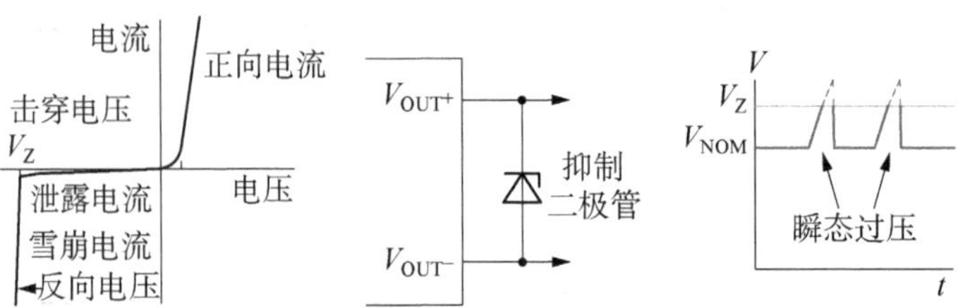

图 3.12　齐纳二极管作为电压钳位

3.5　电压暂降和中断

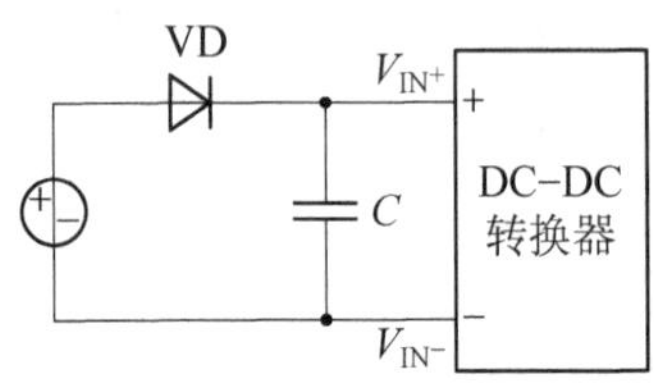

图 3.13　输入电压暂降和中断的桥接

在配电系统中，负载突然增加会导致明显的电压下降。短时间的电压暂降不能影响后续供电系统。如图 3.13 所示，为使转换器不受输入端电压暂降和中断的影响，一般会把能量储存在很大的电容中，以保证 DC - DC 转换器仍可工作。

在图 3.13 输入电压暂降和终端桥接电路中，包含去耦二极管 VD 和一个或多个电容 C。正常工作状态下，电容 C 充电至 $V_{IN}-V_{DIODE}$，当输入电压暂降和中断出现时，二极管阻断逆向电流，防止电容对电源放电，以确保电容 C 中的所有能量只供给 DC - DC 转换器。当电容对 DC - DC 转换器放电时，电压开始衰减，为维持恒定功率输出，输入电流会相应增加，该衰减关系计算成为复杂问题。

电容中储存的能量 E_C 的计算公式如下所示：

$$E_C=\frac{1}{2}CV_c^2 \tag{3.2}$$

如果 $t_0=0$ 时，输入电压被中断，电容上的电压呈指数下降，放电公式如下：

$$V_C(t)=V_C(t=0)\mathrm{e}^{-t/RC} \tag{3.3}$$

满电电容可持续放电直至 t_1 时刻，t_1 时电容电压 V_C 达到 DC - DC 转换器所要求的最低输入电压 $V_{IN,MIN}$。电容中的剩余电量为：

$$E_C(t_1)=\frac{1}{2}CV_{IN,MIN}^2 \tag{3.4}$$

t_0 到 t_1 期间输入端所需的能量为：

$$E_{BACK}=E_C(t_0)-E_C(t_1)=\frac{1}{2}C(V_{IN}^2-V_{IN,MIN}^2) \tag{3.5}$$

在储备能量的 t_{BACK} 时间段，电容需要重新储备能量，转换器在该段时间消耗的能量也是 E_{BACK}。输入功率可以通过输出功率和效率来计算：

$$t_{BACK}=\frac{E_{BACK}^{e}ta}{P_{OUT}}=\frac{C_{BACK}(V_{IN}^2-V_{IN,MIN}^2)\eta}{2P_{OUT}} \tag{3.6}$$

该公式变形后可得所需的储能电容：

$$C_{BACK}=\frac{2t_{BACK}P_{OUT}}{(V_{IN}^2-V_{IN,MIN}^2)\eta} \tag{3.7}$$

由上述公式可得，储能电容越大，储能时间越长，然而，电容越大，占用的电路板面积也越大，从而不利于功率密度的提升。上式还表达出电容所能储存的电量与 V_C^2 成正比，即 DC - DC 转换器的输入电压范围越大越好。因此，在选择 DC - DC 转换器时，工作输入电压 V_{IN} 应该尽可能地接近转换器的最大输入电压，以获得最大储能时间。此外，提高转换器的效率或降低负载也能增加储能时间。

图 3.13 展示的电路存在两个主要缺点：首先，二极管上的电压降会导致额外的能量损失，降低电路的工作效率；其次，当大电容开始充电时，可能会产生瞬时的冲击电流。为解决上述问题，可以采用断路控制器方案（下文介绍），该控制器不是在过电压时切断电源，而是在欠电压时切断电源，并且具备软启动功能，以减少启动时的冲击电流。

3.6 冲击电流限制设计

由于所有的 DC - DC 转换器都内置了滤波电路来减少传导干扰，因此冲击电流带来的影响往往不会受到太多关注。如图 3.14 所示，该滤波器至少包含输入电容，而更常见的做法是采用 RC 或 LC 低通滤波器或 π 型滤波器。良好滤波电容的等效串联电阻较小，当电源接通时，电容接近于短路状态。贴片电容的等效串联电阻可以小于 100 mΩ，冲击电流 I_{IR} 只在启动时发生，但电流峰值可能比工作输入电流高出几个数量级。当输入电容的等效串联电阻非常低，几乎等同于短路状态时，能够限制启动时冲击电流的主要因素就变成了导线电阻（Z_L）和电源的内阻（Z_{IS}）。

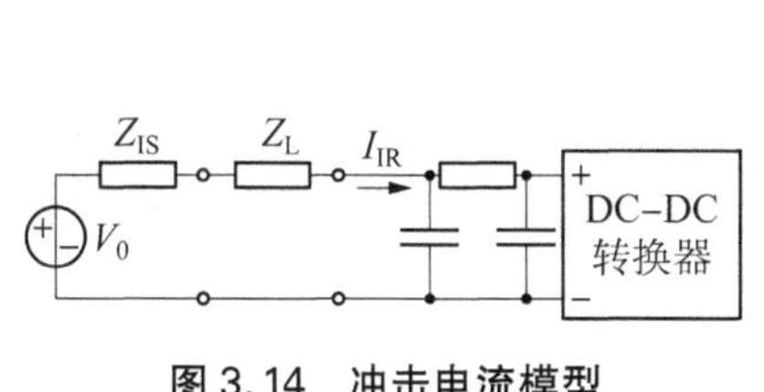

图 3.14 冲击电流模型

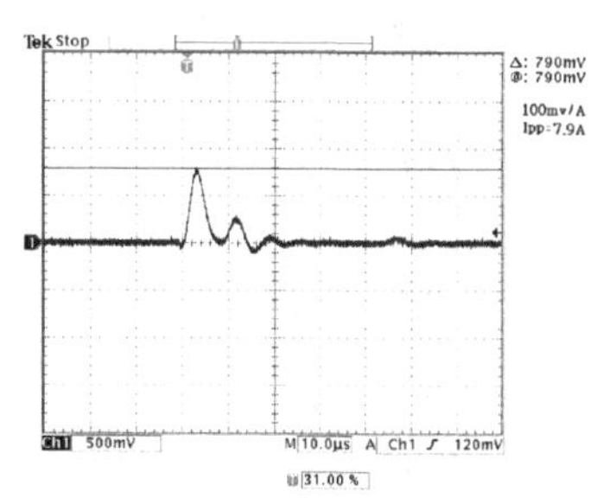

图 3.15 冲击电流实例

除输入电容可引起冲击电流外，DC - DC 转换器在启动过程中也会持续尝试建立稳定工作状态，变压器将不断储存能量，而负载电容也将持续充电。由于能量累积，加上电路中其他元件响应，会在输入电流达到稳定状态之前，导致冲击电流出现多波峰和多波谷。以图 3.15 为转换器启动冲击电流示意图，对于功率为 2 W、工作输入电流为 80 mA 的转换器，启动时冲击电流尖峰可能接近 8 A。尽管该冲击电流对于小功率转换器来说可能过高，但它的持续时间通常非常短，仅为 10 μs 左右。

在复杂的电源系统中，中间总线电源将为多个并联 DC - DC 转换器提供电力。因此，在

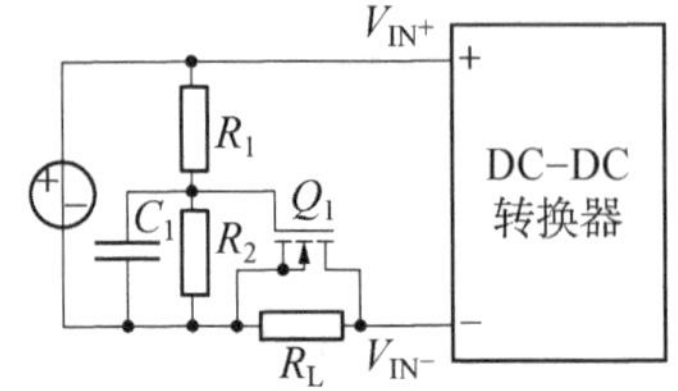

图 3.16 冲击电流限制电路（软启动）

输入端将并联多个具有较低等效串联电阻（ESR）的滤波电容，如果该电容处理不当，它们可能会引起较大的涌流电流。在复杂系统中，可以通过分阶段启动转换器来限制涌流电流，以减少对电源的瞬间冲击。图 3.16 所示是另一种控制冲击电流的方法。

冲击电流限制器工作原理是在输入电流稳定后，短接限流电阻 R_L。Q_1 是 N 沟道 MOSFET，由 R_1、R_2 和 C_1 组成 RC 电路。在电源接通时，C_1 完全放电，保证栅极电压保持在低水平状态，从而使 Q_1 处于截止状态。DC - DC 转换器的输入电容通过 R_L 缓慢充电，该冲击电流将大幅度减小。同时 C_1 通过 R_1 充电直到 Q_1 的栅极电压升高至 $V_{IN}\times R_2/(R_1+R_2)$，该电压值是 MOSFET 从截止状态转变为导通状态的阈值，从而允许电流流过 MOSFET，实现限流电阻 R_L 的短路，使电路进入正常工作状态。此时电压值足够启动场效应管，实现限流电阻 R_L 的短路。如果电容 C_1 小，栅极电容 C_G 对时序影响较大，时间常数可以通过等式计算 $\tau=(R_1 \parallel R_2)(C_1 \parallel C_G)$（$\parallel$ 代表并联）。MOSFET 的选择应当确保它可在不理想输入电流情况下，即最大输出负载和最小输入电压时，电路仍能正常工作。在选择 R_1 和 R_2 时，需要确保当 MOSFET 导通时，V_{GS} 高于阈值电压。

对于限流电阻 R_L 的选择，通常情况下，在不影响 DC - DC 转换器正常启动所需功率的情况下，几欧姆电阻就能将冲击电流降低到可接受水平。根据标准 ETSI - ETS300132 - 2 的规定，最大允许冲击电流可以达到额定输入电流的 48 倍。例如，在图 3.16 中，一个 6 Ω 的串联电阻足以使转换器符合 ETSI 标准。实际上由于转换器功率很低，正常工作时 R_L 的功耗只有 40 mW，图 3.16 所示的 R_L 短接电路就不再需要。

在特定的应用场景中，利用负温度系数热敏电阻（NTC）可以有效地限制启动时的冲击电流。NTC 热敏电阻在初始状态下具有较高电阻值，有助于限制启动电流。随设备运行温度上升，NTC 热敏电阻阻值随之降低，允许更大电流流过转换器。

3.7 负载限制设计

降低负载是转换器启动时降低冲击电流的有效方法，其核心思想是不减小输入滤波电容造成的冲击电流，但减小负载造成的冲击电流。有两种基本方法可以降低负载，分别是输出软启动和输出负载切换。

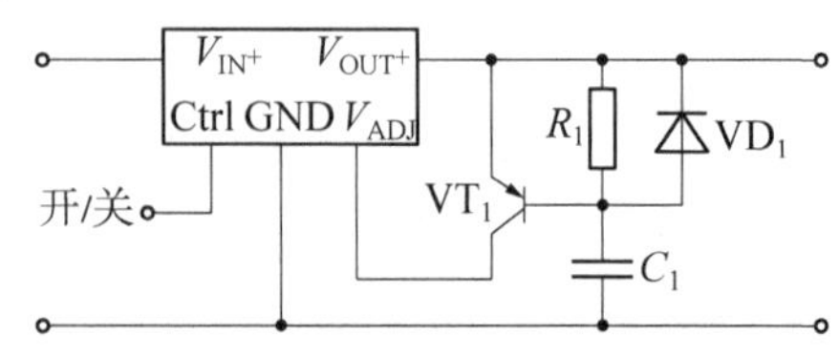

图 3.17 输出软启动示意图

输出软启动适用于带有输出电压调节功能的转换器，且其电路负载主要为阻性，这是由于输出电流与输出电压成正比，如果输出电压的初始值被设定得很低，则输出电流也将很低，因此冲击电流很小，此后，输出电压再爬升至工作电压，图 3.17 是某系列压降型转换器软启动电路，工作原理如下：在转换器启动时，电容 C_1 完全放电，导致晶体管完全导通，使得 V_{ADJ} 引脚的电压提升至 V_{OUT+}，此时，输出电压被设定在最小值。例如，对于额定输出电压为 12 V、输入电路为 1 A 的转换器，设定 275 mA 的电流对应的输出电压为 3.3 V，该电流值约为满载电流的四分之一，随着 C_1 充电，通过晶体管 VT_1 的电流逐渐减少，输出电压也随之增加至最大额定输出电压。二极管 VD_1 的作用是确保在转换器停止工作时，C_1 可以快速放电，为下一次软启动做好准备。

输出负载切换适用于任何转换器或负载。输出负载只在输出电压稳定后才开始加载，因此冲击电流有两个波峰，一个在启动时，另一个在负载加载时。该方法将整个冲击电流分散到较长的时间段上，从而减小了峰值。如图 3.18 所示，输出负载切换的电路工作原理为：Q_1 是 N 沟道 MOSFET，由 R_1、R_2、R_3 和 C_1 组成的 RC 电路控制。在电源接通时，C_1 完全放电，保证栅极电压为低，Q_1 处于截止状态，此后，C_1 通过 R_1 充电直到 Q_1 的栅极电压达到 $V_{RL} \times R_2/(R_1+R_2)$，该电压值应该足够启动场效应管。$R_3$ 为高阻值电阻，和电容 C_1 共同过滤接通负载时的电压突降。选择 R_1 和 R_2 时，要确保 FET 导通时的栅极电压高于导通阈值电压，二极管 VD_1 确保当转换器关闭时，C_1 迅速放电，为下一次开启周期做好准备。

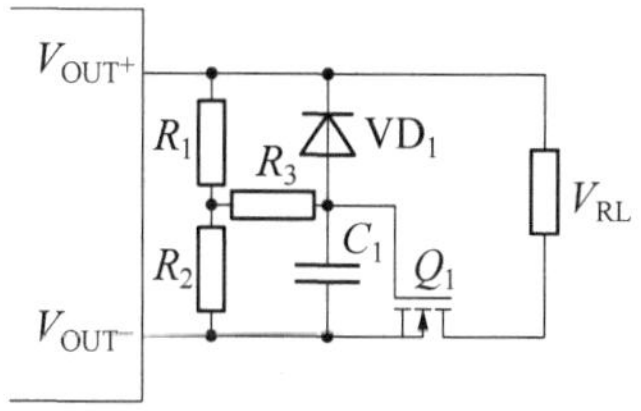

图 3.18 输出负载切换

3.8 欠压锁定功能设计

当输入电压过低时，输入电流将超过 DC - DC 转换器元件耐受极限，导致输入电压崩溃，因此，转换器中往往带有输入电压过低时关闭转换器的内部控制电路，称为欠压锁定（under voltage lockout，UVL）。如图 3.19 所示，欠压锁定功能示意图显示转换器在输入电压低于某个阈值时关闭，以防损坏。

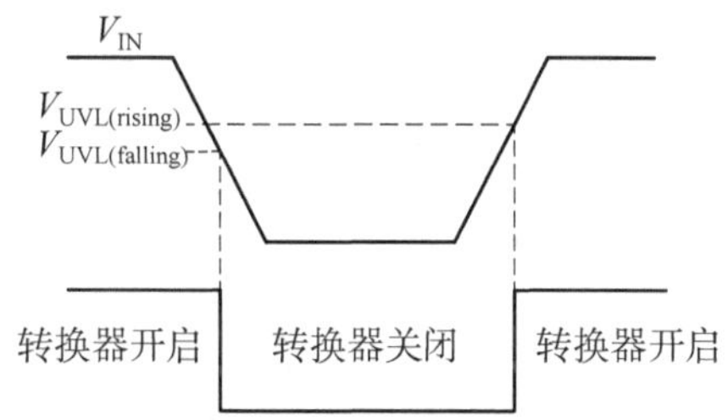

图 3.19 欠压锁定功能示意图

欠压锁定电路在 DC - DC 转换器中非常重要，例如，若应用需要 12 W 的输出功率且供电电压为 12 V，则在额定输入电压下匹配 1 A 以上电流即可满足需求，同时为防止线损降低输出功率，通常会选用 1.5 A 的电源以确保功率冗余。转换器输入电压范围一般为 9～18 V，所以与电源连通后，当输入电压超过 9 V，转换器开始工作，此时电流为 1.3 A。然而如果没有欠压锁定电路的话，转换器在 7 V 时就开始尝试启动，此时电流为 1.7 A。该电流已经高于电源的电流极限，输入电压会因此崩溃。电源和转换器在正常启动前的几个周期内是相互影响的。在此过程中，负载会出现几个不受控制的电压脉冲，进而损坏应用设备。

因此，欠压锁定不仅可以在过电流时预防 DC - DC 转换器遭到损坏，还可以使负载和电源免受过电流影响。如果 DC - DC 转换器没有内置欠压锁定功能，则可以使用如图 3.20 所示的外部电路，该电路使用带有内置参考电压的运算放大器（如 LM10）来稳定输入电压，以确保转换器在输入电压达到安全水平之前不会启动。

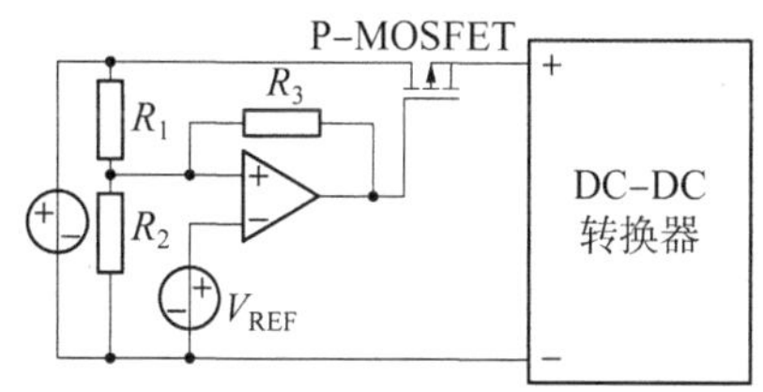

图 3.20 欠压故障预防电路的例子

在开关闭合时，欠压锁定的计算公式为：

$$V_{\mathrm{UVL}}=V_{\mathrm{REF}}\left[\frac{R_1(R_2+R_3)+R_2R_3}{R_2R_3}\right] \tag{3.8}$$

在开关断开时，欠压锁定的计算公式为：

$$V_{\mathrm{UVL}}=V_{\mathrm{REF}}\left[\frac{R_1(R_2+R_3)+R_2R_3}{R_2(R_2+R_3)}\right] \tag{3.9}$$

本章小结

本章介绍了反偏故障原理和预防方法，包括串联二极管、并联二极管和串联 MOS 管等技术。同时，探讨了输入熔断器的设计原理、输入端过压故障预防设计，还包括过电压保护电路的应用和多策略组合方法，以及免受瞬态过压和电压波动影响的转换器保护方法。本章还讨论了电压暂降和中断、冲击电流限制设计、负载限制设计以及欠压锁定功能设计。这些内容涵盖了 DC-DC 转换器在不同情况下的保护策略，确保了转换器及其外部电路的可靠性和安全性。通过这些故障预防措施，DC-DC 转换器能在各种异常情况下保持稳定运行，减少故障风险。

第4章

DC－DC转换器的输入输出滤波方法

输入输出滤波器的设计与实现对于确保DC－DC转换器的性能和稳定性至关重要。本章围绕输入输出滤波的基本概念、滤波方法、设计原则及其在实际应用中的重要性进行了深入探讨。通常在转换器中都配有基本的滤波元件，以确保转换器在大多数应用中输入和输出的纹波/噪声在可接受的范围内，若转换器不能满足精度要求，则可增加滤波元件来提高滤波性能，但通常转换器是小型封装设计，往往转换器中没有足够的空间增加电感和电容，若对转换器内部做出提升，成本将会大大提高。因此，通常采用外部滤波方法减小输入和输出干扰。

通常对输入和输出滤波目的并不相同，对输出滤波是使输出更平缓，而对输入滤波是减少干扰。由于干扰存在宽频范围内，且该干扰是非均匀的（差模，differential mode，DM）或均匀的（共模，common mode，CM）混合，如图4.1所示。因此，需选择恰当的滤波方法进行滤波。本章将介绍DC－DC转换器在外部的输出和输入滤波方法。

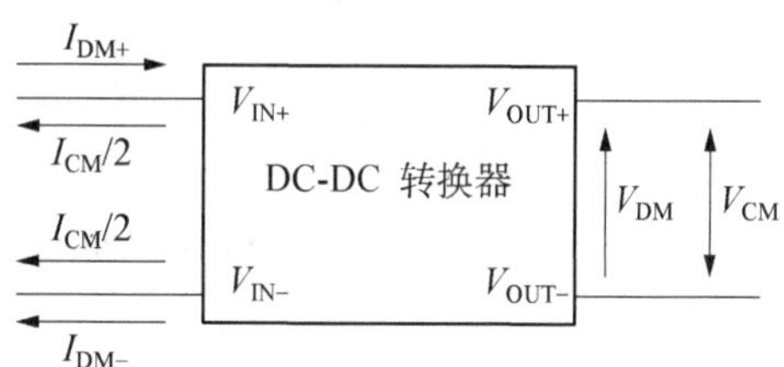

图4.1　DC－DC转换器产生的干扰

4.1　输入纹波的滤波方法

输入电流由两个分量组成：满足负载功率所需的直流分量、振荡器脉冲电流引起的反射纹波交流分量。开关尖峰所造成的电流干扰也将叠加在这两个分量组合上，频率更高但对幅值干扰较小。若电源能满足最大负载功率需求，提供稳定的输出电压，则直流分量将不会引起问题，但由于导线、走线、连接点中的寄生电感和电容影响，交流分量将在电路其他部分产生感应干扰。此外，由于输入导线自身具有电阻，输入电流将在输入导线上产生压降，因此电流的变化，将引起输入导线上压降的变化，此时输入导线表现为辐射天线性质，将对其他元件产生电磁干扰。

对于直流分量，由于设计的电源往往能够满足最大负载功率需求，并提供稳定输出电压，因此直流分量干扰基本可以忽视，此时，输入电流的干扰取决于振荡器脉冲电流引起的反射纹波电流。因此，对输入滤波的核心是对反射纹波电流进行过滤。

4.1.1　反射纹波电流的测量方法

采用数字万用表测量输入电流，将会得到输入电流的均方根值（root mean square，RMS）、峰值或平均值的读数，该测量方法会忽略反射纹波电流波形，因此，采用上述方法不能观测到反射纹波电流,即使采用示波器的电流钳位测量输入电流,由于输入电流的直流分量较大,致使示波器电流感应器磁芯材料饱和,交流纹波分量无法被检测和显示。正确的测量方法是采用带宽为 100 MHz、输入阻抗为 10 MΩ 的示波器来观测,使用分流电阻(shunt resistor,SR),通过测量分流电阻两端的电压来得到精确电流值。需要注意的是,部分低阻值电阻结构存在问题,该问题将增大等效串联电感,从而影响测量结果,所以采用分流电阻的等效串联电感值须小于 0.1 μH,通常金属薄膜电阻满足上述要求。

测量技术是测量过程中的关键,测量时应注意以下几点:首先,分流电阻必须是低阻值,以保证其不会过多地影响转换器的输入电压,若分流电阻为 0.1 Ω,典型的 5 mV/格的示波器只能分辨 50 mA 的电流。其次,示波器的探针连接线须尽量短,以避免外部的辐射干扰。如图 4.2 所示,分别为错误的和正确的测量方法所得的结果,表明测量技巧的不同会带来不同的测量效果。

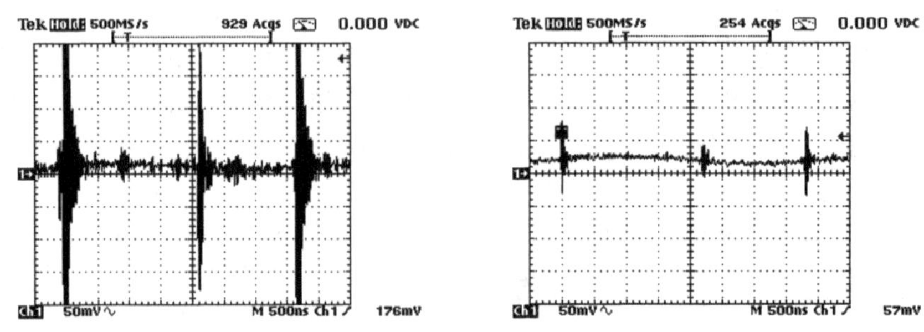

图 4.2 错误的(左图)和正确的(右图)反射纹波电流的测量结果

4.1.2 反射纹波电流的滤波方法

减小反射纹波电流最简单的方法,是在 DC - DC 转换器输入引脚之间增加低等效串联电阻的电解电容或钽质电容,此时脉冲纹波电流所需的能量是由该电容提供的,此时线路阻抗消耗的能量比由电源通过导线提供能量时低得多。采用上述方法后,输入电流的直流分量由电源提供,而输入电流的大部分交流分量将流向电容,因此,从电源流输出到 DC - DC 转换器的交流分量将显著减小,原理如图 4.3 所示。

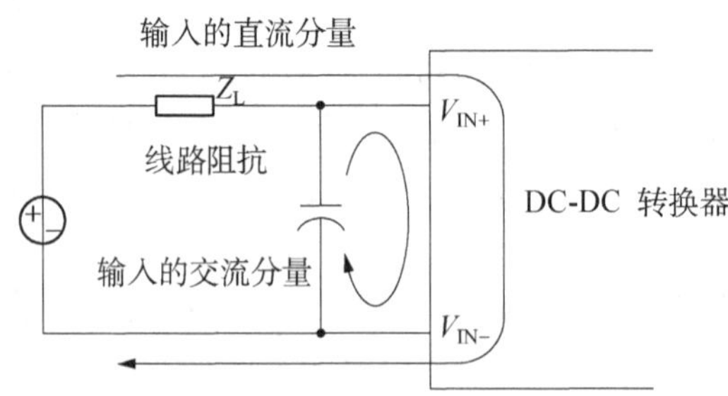

图 4.3 用输入端的电容来减小逆向纹波电流

如图 4.4 所示,示波器轨迹显示了增加输入电容的效果,为得到更大的示波器信号,这里采用 1 Ω 的分流电阻。

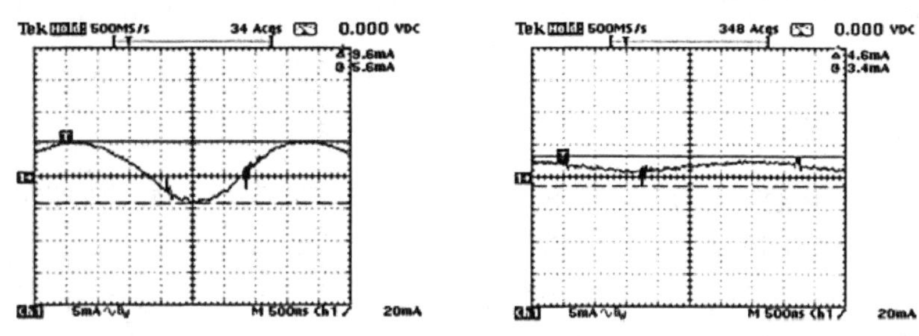

图 4.4 在 DC-DC 转换器的输入端前增加 47 μF 电容的效果

通过增加等效串联电阻为 400 mΩ@100 kHz 的 47 μF 的电容，反射纹波电流将减小一半，如果串联等效电阻为 35 mΩ 的电容，将会对波纹进行极大的抑制，通常认为剩下的干扰仅由开关噪声引起。

并联两个普通电容可以替代昂贵的低等效串联电阻的电容。例如，两个 22 μF 的普通电容可以代替一个高质量的 47 μF 电容，如果两个电容的串联电阻均为 230 mΩ，则并联后等效为一个串联等效电阻为 115 mΩ 的 44 μF 电容，如图 4.5 所示。

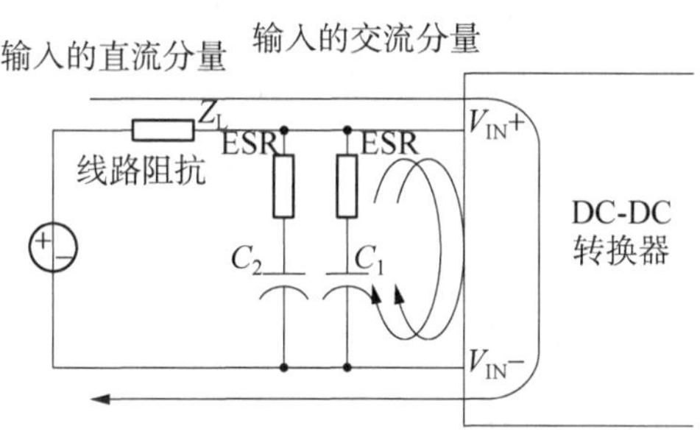

图 4.5 用两个并联的电容减小反射纹波电流

如图 4.6 所示，右图是用昂贵的超低等效串联电阻的电容的效果，左图是用两个低价格的电容来减小纹波电流的效果。

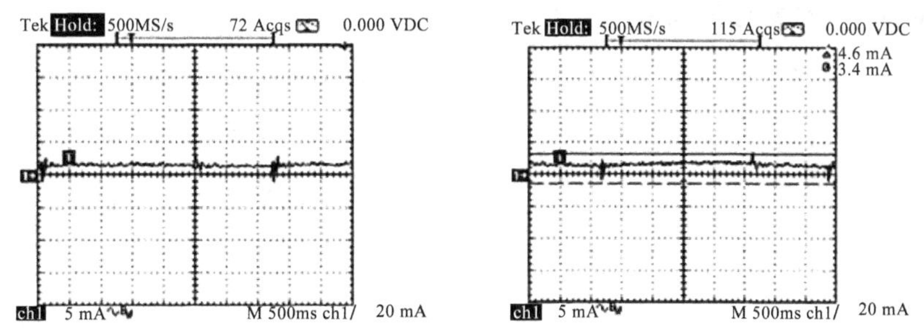

图 4.6 超低等效串联电阻(47 μF 电容)与两个普通电容(22 μF)的纹波电流比较

残留的高频电流尖峰通常由转换器开关噪声引起，该噪声同时出现于 V_{IN+} 和 V_{IN-} 引脚，因此输入端电容不能过滤该噪声，所以上述共模干扰只能通过共模输入扼流圈抑制。

若输出电压较低，则可采用贴片电容代替电解电容。贴片电容的等效串联电阻大约是 3 mΩ@100 kHz，适用于过滤反射纹波电流。然而，当输入电压超过贴片电容能承受的最大电压时，贴片电容将发生内部电弧击穿且完全失效。因此，贴片电容只适用于稳压电源或有过电压保护的电源。

4.1.3 滤波电容的选择

通常采用 47 μF 电容减小反射纹波电流，因为电容容量越大，为转换器供电的能量就越多，并且大容量的电容电极层之间内部表面积较大，等效串联电阻低，但电容越大，占用的空间也更大。综合考虑价格和性能，电容的选择范围为 22～220 μF，例如，在电路设计中经常会选择 47 μF 的电容。电容对纹波电流承受能力比电容值更重要，流经电容的纹波将产生热量，如果电容温度超过规定上限，则电容寿命将显著减少，极端情况下，电容将会损坏。

串联分流电阻会影响测量纹波电流结果，因此，直接测量电容中纹波电流十分困难。为实现纹波电流的测量，通常采用以下方法：先测试没有外部电容时的反射纹波电流，再测试带有外部电容的反射纹波电流，则两次测试的电流差为电容中的纹波电流。若已知电容的等效串联电阻和转换器的操作频率 f，则可以测量由导线阻抗 Z_L 引起的输入纹波电压，从而计算输入纹波电流，计算公式如下：

$$I_{\text{RIPPLE}}=\frac{V_{\text{RIPPLE}}}{\sqrt{\text{ESR}^2+\left(\frac{1}{2\pi fC}\right)^2}} \tag{4.1}$$

电容因纹波电流将产生额外功率消耗，计算公式如下：

$$P_{\text{C, DISS}}=I_{\text{RIPPLE}}^2\text{ESR} \tag{4.2}$$

电容的温度因额外功率消耗而提高，计算公式如下：

$$T_{\text{RISE}}=P_{\text{C, DISS}}kA \tag{4.3}$$

这里 kA 为热传导系数，它是热传导阻抗 k 与电容表面积 A 的乘积，热传导系数的单位是℃/W。上述公式的重要应用是通过测量电容温度推导出纹波电流，从而克服反射纹波电流直接测量的困难。

4.1.4 并联 DC－DC 转换器的输入电流滤波方法

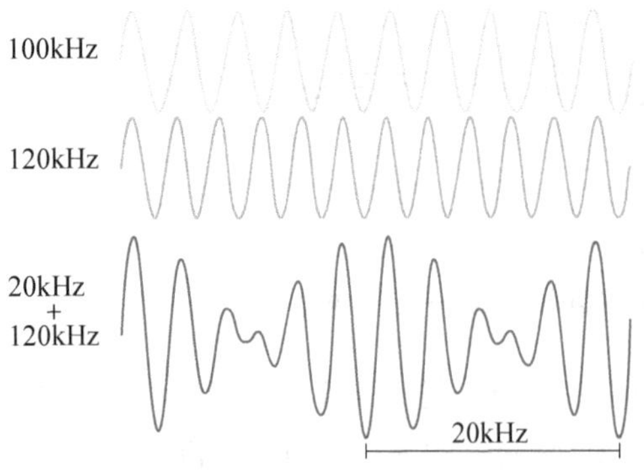

图 4.7 转换器不一致性误差导致的开关频率多样性

大功率电源多采用多个 DC－DC 转换器并联的方式，对于负载点（POL）和冗余电源（redundant powersupply，RP）系统，此时，DC－DC 转换器都将产生各自的纹波电流，该电流将叠加在总的电流负载上。多个转换器的不一致性误差会影响 DC－DC 转换器的开关频率，例如，若 2 个额定开关频率为 100 kHz 的转换器，由于不一致性误差的影响，实际开关频率可能为 100 kHz、120 kHz，由此产生 20 kHz 的差频，如图 4.7 所示，而对于该 20 kHz 差频，在电路设计中难以对其进行滤除。

为对差频干扰进行过滤，可通过将电容放置在 DC - DC 转换器输入电源两端之间的方式，如图 4.8 所示，其核心原理是 LC 组成的滤波器阻断了转换器之间的差频干扰。由于电感须承受高的直流电压，所以一般 L 的值较低，通常为 22～220 μH。LC 低通滤波器的滤波效果是双向的，采用 C_{MAIN} - L - C 组成的 π 型的滤波器可以进一步降低干扰。

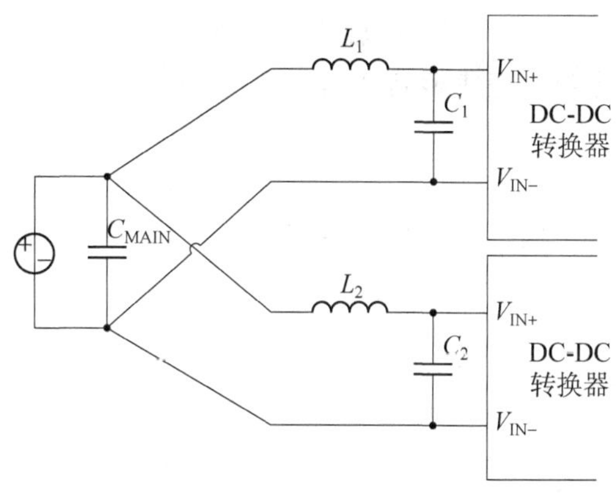

图 4.8 差频干扰的滤波

需要注意的是，电容和转换器之间的 PCB 走线长度，也会降低滤波的效率。为提高滤波效率，应使输入电容 C_1、C_2 阻抗小，且与转换器的输入引脚距离近；V_{IN-} 连接截面积大、阻抗低；将所有的连接点设置在初始电源端。上述措施有助于减少信号噪声干扰，避免进一步的差频干扰。

4.2 输出纹波的滤波方法

内部振荡器脉冲对输出电容进行持续充电和放电，导致所有的 DC - DC 转换器输出电压都会产生纹波。基于不同的拓扑，该输出纹波的频率通常为振荡频率或振荡频率的 2 倍，一般为 100～200 kHz，而叠加在纹波上开关电压的尖峰频率要高得多，通常在 10^6 Hz 左右的频段。

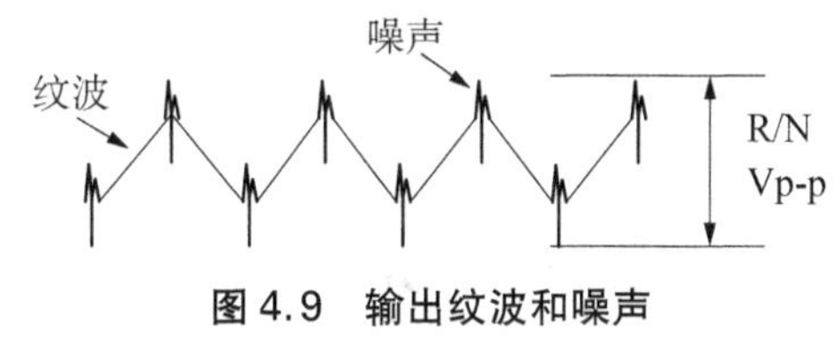

图 4.9 输出纹波和噪声

如图 4.9 所示，DC - DC 转换器输出干扰主要来源于纹波和噪声，纹波属于差模干扰、噪声属于共模干扰，所以通常采用两种完全不同的技术过滤输出纹波/噪声。

4.2.1 差模输出滤波方法

过滤输出纹波最简单的办法是，在输出端增加电容，如图 4.10 所示，外部电容 C_{EXT} 与内部电容 C_{OUT} 并联。

上述方法减小纹波 ($V_{RIPPLE,p\text{-}p}$) 的能力是由总电容、输出电流和操作频率共同决定的，计算公式如下：

$$V_{RIPPLE,\ p\text{-}p}=\frac{1\,000I_{OUT}}{2f_{OPER}(C_{OUT}+C_{EXT})} \tag{4.4}$$

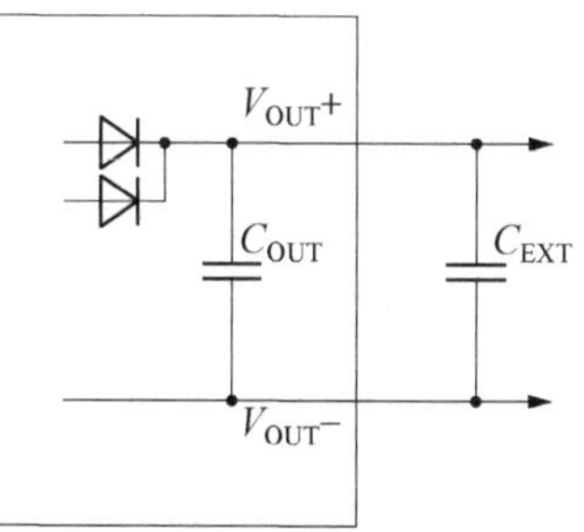

图 4.10 用外部电容过滤纹波

根据上述公式，通过增加外部电容来减小纹波电压的收益是递减的，例如，对于输出完全整流的转换器，若其输出电容为 22 μF、电流为 1 A，操作频率为 100 kHz，则在没有外部电容情况下，该转换器的输出纹波是 226 mVpp，在外部增加 22 μF 电容后，纹波减少到 112 mVpp。若所要求纹波是 56 mVpp，则需要 90 μF 的总电容，即需要额外增加 68 μF 外部电容，如果要求纹波减小到 20 mVpp，则需要 2 500 μF 左右的外部电容。因此，为了减小纹波，需要增加更多的外部电容。然而，输出电容过大，将造成 DC-DC 转换器启动问题、对输出负载快速变化的瞬态响应造成影响、使输出侧短路保护的恢复速度变慢等问题。

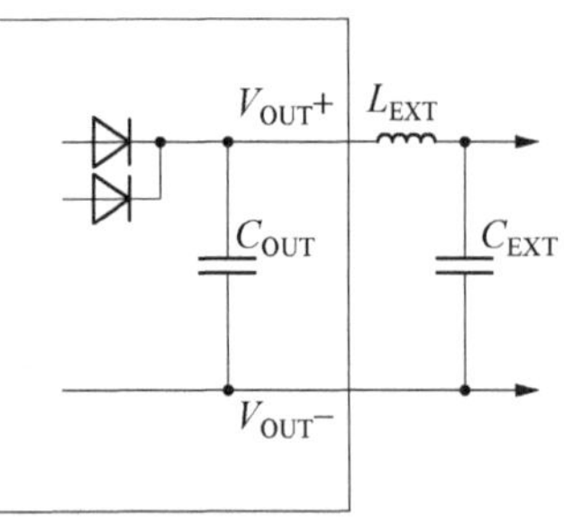

图 4.11 用外部 LC 滤波器过滤输出纹波

降低纹波输出并提高效率的解决方法是额外增加输出电感，使其与外部电容组成低通滤波器，如图 4.11 所示。

增加输出电感后，输出纹波的计算公式如下：

$$V_{RIPPLE,\ p\text{-}p}=\frac{1\,000I_{OUT}}{2}\frac{1\,000I_{OUT}}{f_{OPER}(C_{OUT}+\sqrt{L_{EXT}C_{EXT}})} \tag{4.5}$$

假设 $L_{EXT}=100\ \mu H$，则可以用 645 μF 的外部输出电容，得到 20 mVpp 的输出纹波电压，相比于仅在输出端增加电容的方法，在输出端额外增加电感的方法效果更显著，可以大幅度减小所需的电容值。若 DC-DC 转换器内部的电路和元件值未知，通常设定 LC 滤波器的角频率为操作频率的 1/10，该方法可以在不增加成本的前提下，有效地减小输出纹波电压，角频率计算公式如下：

$$f_C=f_{OPER}/10=\frac{1}{2\pi}\sqrt{\frac{1}{LC}} \tag{4.6}$$

衰减曲线中，截止频率 f_C 通常被定义为：干扰信号出现 3 dB 衰减的频率。由于 LC 滤波器是二次低通滤波器，衰减曲线系数大，抑制干扰信号效果良好，如图 4.12 所示。

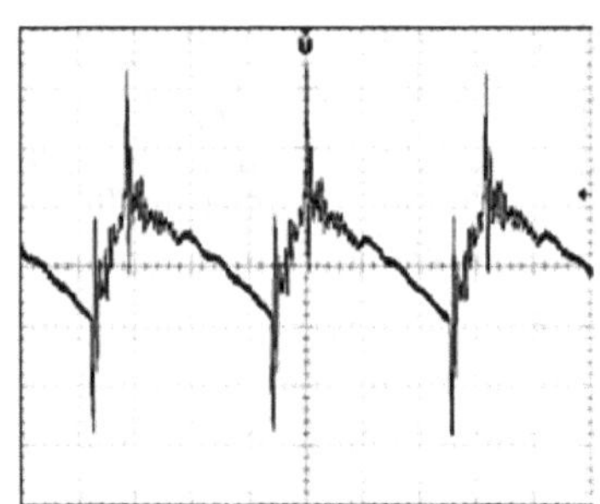
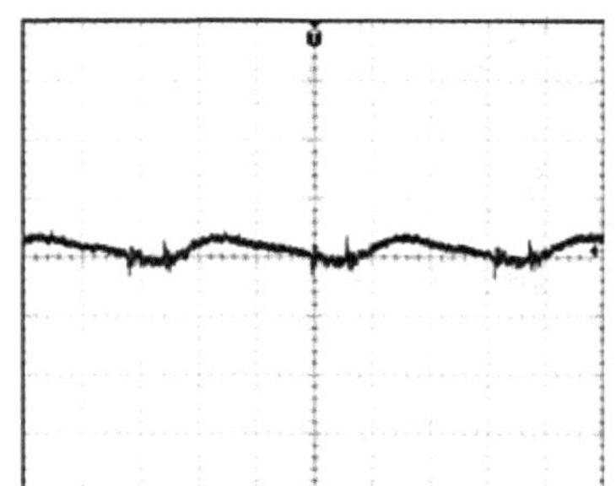

图 4.12 输出纹波电压过滤的前后对比

4.2.2 共模输出滤波方法

输出干扰中同时存在差模干扰、共模干扰两种干扰，纹波属于差模干扰而噪声属于共模干扰。由于噪声信号同时存在所有输出中，因此，输出电容不能过滤该噪声信号，即使增加输出 LC 滤波也不能减小噪声干扰。若负载是完全对称、线性和绝缘的，则共模噪声不会对其产生影响，然而，非线性的负载行为或与地线相接的电流路径中的非对称性，都会“整流”共模噪声并产生差模干扰，因此也需要抑制共模噪声。通常采用两种办法可以减小共模干扰：其一为将噪声通过低阻抗路径接地；其二为采用共模扼流圈。

如图 4.13 所示，一般共模输出噪声是由输入侧的开关尖峰通过变压器耦合电容传导到输出端，为减小该干扰，需要提供噪声返回输入端的回路。由于输出端是电隔离的，所以需要通过外接的电容形成返回回路，并且该电容必须在噪声频率上是低阻抗的。为在 MHz 的开关频率上提供低阻抗，一般共模电容在 1～2 nF 的范围内，并且由于共模电容跨接在绝缘壁垒上，因此需要满足高压测试要求，以便确保隔离的安全性。

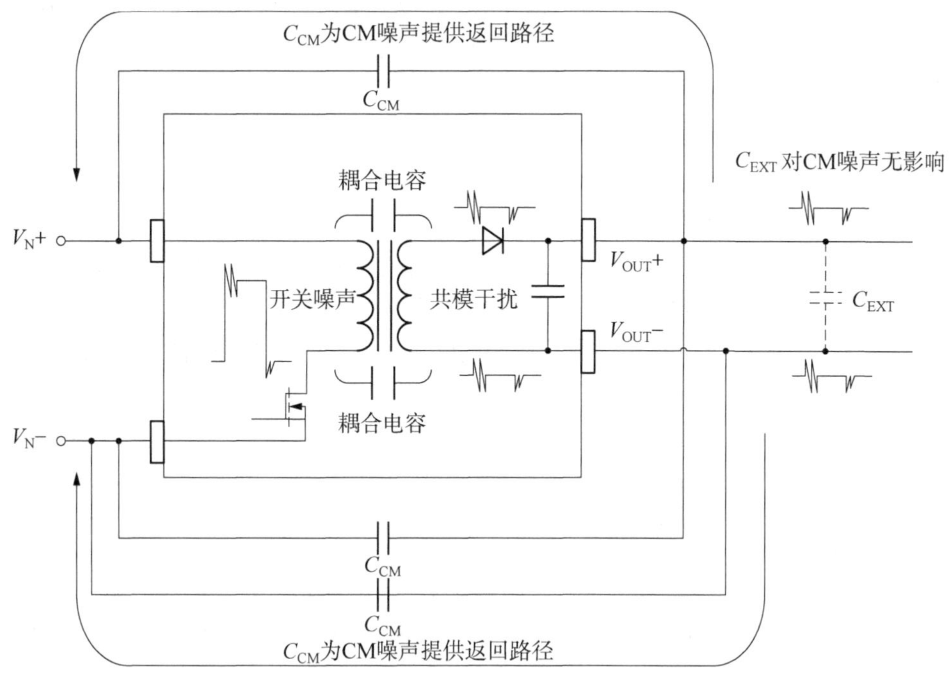

图 4.13 绝缘的 DC - DC 转换器中的共模噪声抑制电容

4.2.3 共模扼流圈

在部分应用中，并不希望在绝缘壁垒上使用共模电容，例如，医用设备对漏电流有很严格的限制，高频时，若绝缘壁垒上存在低阻抗通路，漏电流将会超过限制。为此，应使用共模扼流圈抑制，共模扼流圈由两个反向绕组线圈组成，如图 4.14 所示。

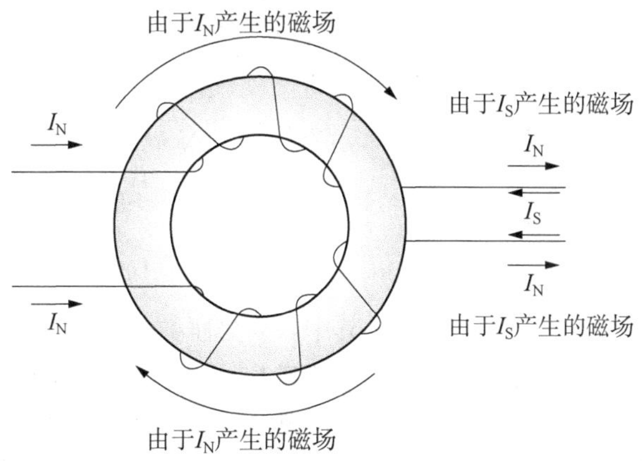

图 4.14 共模扼流圈原理

由于两个绕组线圈反向，则共模电流流向相同。又由于共模电流 I_S 将在磁芯中产生磁通，所以磁芯阻抗又将有效抑制共模电流。前向和返回电流 I_N 流向不同，产生的磁场相互抵消，因此它们也不被抑制。上述现象为共模扼流线圈的优点，因为即使差模电流较高，磁芯也不会饱和，因此，可以用高磁导率的电感作为共模噪声的滤波器，而不会因差模电流而导致过热。

DC－DC 转换器中的共模输出扼流圈如图 4.15 所示。一个绕组串联在 V_{OUT+} 输出端，另一绕组串联在 V_{OUT-} 返还端。由于磁芯材料具有高磁导率，因此，共模扼流圈可以在宽频率范围内抑制共模噪声信号。

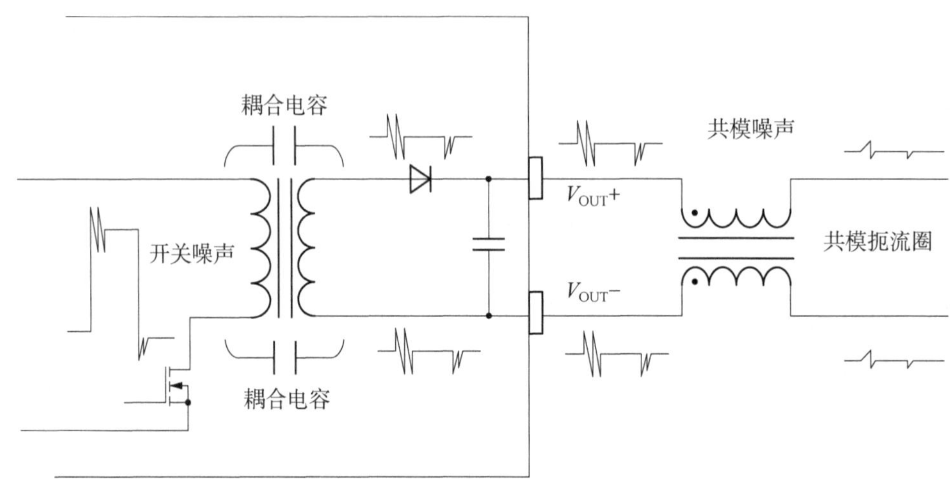

图 4.15　共模扼流圈作为 DC－DC 转换器的输出滤波器

共模扼流圈抑制共模信号原理可以扩展到双极输出转换器。通常共模噪声同时出现在三个输出引脚上，因此，仅有双绕组共模扼流圈难以过滤该噪声。通常解决的方法是采用三绕组的共模扼流圈，另外，三绕组共模扼流圈的优势还在于，如果增加两个额外电容将可以过滤差模噪声。

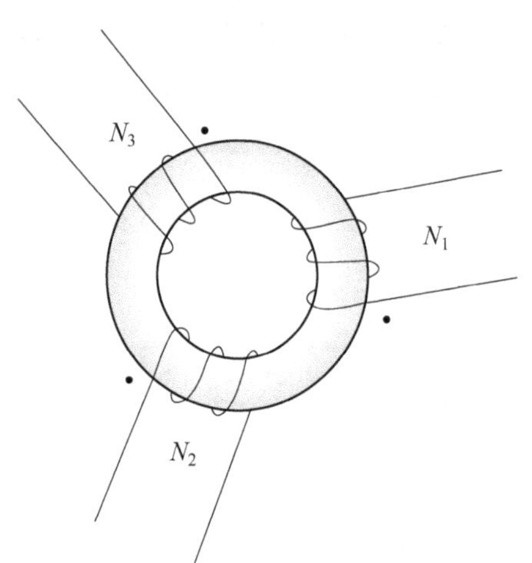

图 4.16　三个绕组的共模扼流圈

三个绕组独立缠绕在磁芯上，并保持一定的间距，以在绕组之间存在漏电感 L_S，如图 4.16 所示，该漏电感可以减少共模噪声的传导、增强电路的稳定性。当选择磁芯材料时，一般采用高磁导率材料，以便减少绕组的匝数，从而确保导线电阻相对小，可采用以下公式计算电感：

$$N = N_1 = N_2 = N_3 \tag{4.7}$$

$$L_C = L_1 = L_2 = L_3 \tag{4.8}$$

$$L_C = N^2 A_L \tag{4.9}$$

其中，N 为匝数、L_C 为电感。

电感系数 A_L 是每匝的电感值，单位是 nH/N^2，电感系数由磁芯的材料和电感的结构决定。一般绕组之间漏电感 L_S 为绕组电感 L_C 的 3%，若增加两个额外的电容，则可以过滤高频的差模干扰。

如图 4.17 所示，电容 C_1、C_3 为共模噪声提供了接地的低阻抗路径，通常 C_1、C_3 采用 1～10 nF 高压贴片电容。基于不同的 DC－DC 转换器结构，电容 C_1、C_3 可以舍去。电容 C_4、C_5 与绕组 L_1/L_2 和 L_2/L_3 之间的漏电感组成差模低通滤波器，通常 C_4、C_5 采用大于 1 μF 的高压瓷片电容。任何通过扼流圈绕组之间漏电容引入的共模噪声都可以通过电容 C_5、C_6 接地。扼流圈的绕组电感一般在几百微亨,因此差模滤波器的漏电感通常算作 5～10 μH。

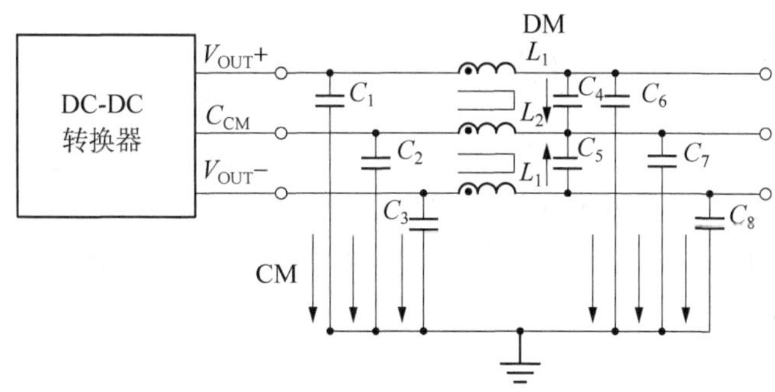

图 4.17 以三绕组扼流圈为 DC-DC 转换器的输出滤波器示意图

在差模低通滤波器中,$C_{DM}=C_4=C_5$,差模噪声频率计算公式为:

$$f_{r,DM}=\frac{1}{2\pi\sqrt{L_sC_{DM}}}=\frac{1}{2\pi\sqrt{0.03L_cC_{DM}}} \tag{4.10}$$

在共模情况中,$C_{CM}=C_1=C_2=C_3=C_6=C_7=C_8$,共模噪声频率计算公式为:

$$f_{r,CM}=\frac{1}{2\pi\sqrt{L_cC_{CM}}} \tag{4.11}$$

4.3 滤波 PCB 的布局设计

PCB 走线布局对提升输入和输出滤波的效率至关重要,如图 4.18 所示。高质量电容等效输入电阻可以在毫欧级进行测量,电容和转换器引脚之间连接阻抗也须在毫欧级,以此才能避免影响滤波效果。走线电阻的计算方式如下:

$$走线电阻=电阻率\frac{长度}{宽度\times厚度}\{1+[温度系数\times(温度-5)]\}$$

例如,PCB 铜层典型厚度为 35 μm 左右,铜电阻率为 1.7×10^{-6} Ω/cm,温度系数为 0.393%/℃,设 PCB 线宽 1 mm、长 1 cm,则 25 ℃时直流电阻为 5 mΩ 左右,在 85 ℃时上升至 6 mΩ。除直流电阻外,还应考虑 PCB 走线在交流信号下表现出的阻抗特性和容抗特性。PCB 走线位置如图 4.18 所示。

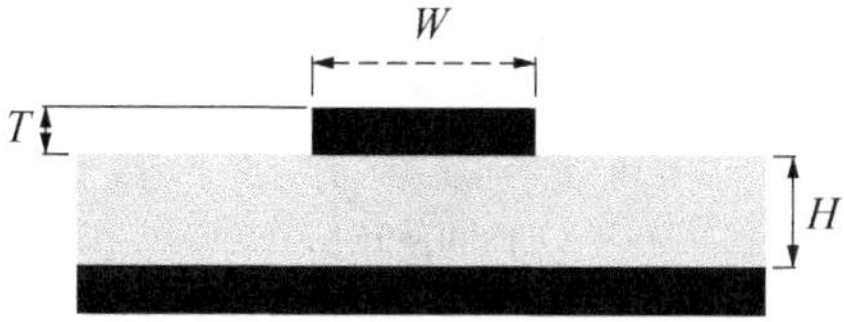

图 4.18 PCB 走线位置

由于 PCB 走线中既有电感又有走线或元件间的分布电容,所以干扰信号可在电路不同部分之间传导或泄露。例如,当走线在 PCB 顶部和底部时,两条走线间表现出的特性阻抗 Z_0 和容抗 C_0 计算公式为:

$$Z_0=\frac{87}{\sqrt{\varepsilon_r+1.41}}\ln\left(\frac{5.98H}{0.8W+T}\right)\ \Omega \tag{4.12}$$

$$C_0 = \frac{0.67(\varepsilon_r + 1.41)}{\left(\frac{5.98H}{0.8W + T}\right)} [\text{pF/inch}] \tag{4.13}$$

其中，$\varepsilon_r = 4$、$H = 30\ \text{mil}(0.76\ \text{mm})$、$T = 1.37\ \text{mil}(35\ \mu\text{m})$。

从上述分析可知，滤波电路中PCB走线间不能相交或者太靠近，理想情况下，应使用双层或多层PCB设计，该设计可以在滤波元件下方设计接地平面，以避免走线之间的干扰。如PCB为单层结构，则连接线应尽量保证短和宽，以减少寄生电感和电阻对滤波性能的影响。如图4.19所示，简单的A级滤波和PCB设计实例(RP-SF系列)展示了实际电路设计中滤波元件的布局和连接方式。

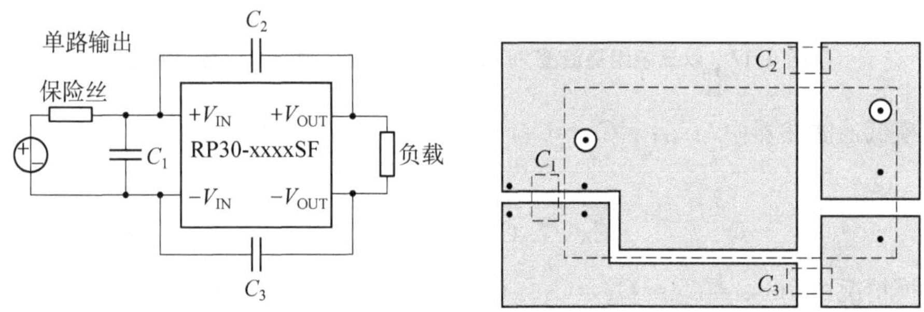

图4.19 简单的A级滤波和PCB设计实例(RP-SF系列)

在高频时，电容中的寄生电感或者电感中的寄生电容，将改变元件性质，因此，滤波元件不能视为理想元件。也可理解为，电容表现出感性、电感表现出容性、电阻表现为感性或容性。上述现象导致的结果是谐振频率发生动态变化。如图4.20展示了电容元件阻抗随频率改变的关系：一方面，随频率改变，电容阻抗值发生变化；另一方面，实测曲线与理想曲线将有不一致的表现。

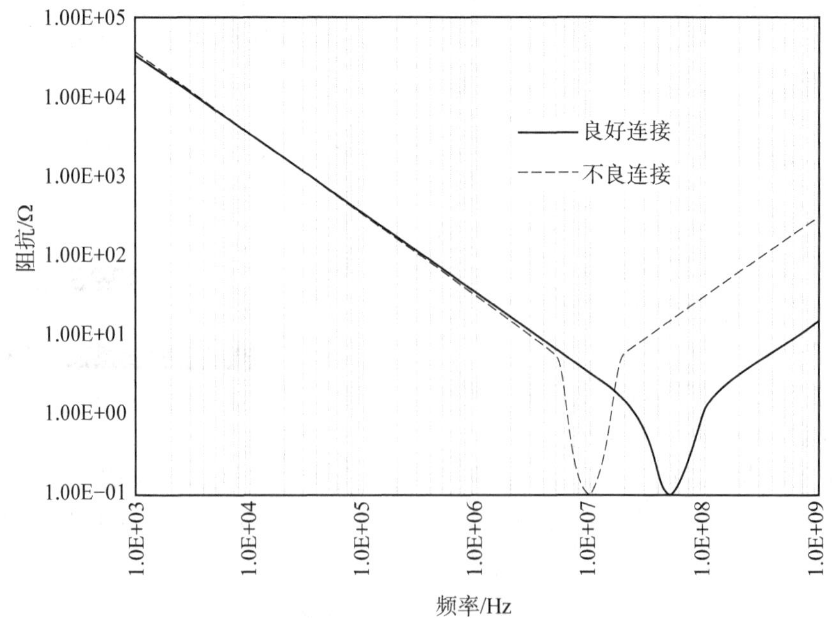

图4.20 电容的谐振频率

对于上述的不一致性，采用 4.7 nF 电容随频率变化关系为例作为说明，该电容的等效串联电阻为 0.01 Ω、等效串联电感为 2.5 nH，虚线模拟了不良连接情况，由于额外增加了 50 mΩ 的等效串联电阻和 50 nH 等效串联电感，不良连接导致谐振频率下降，良好的连接对于保障更高谐振频率非常重要。在 PCB 设计中，涉及电容与地相连处的处理中，为使等效串联电感尽可能低，往往采用多个埋孔与地相连的方式以减小直流阻抗和交流阻抗，如图 4.21 所示。

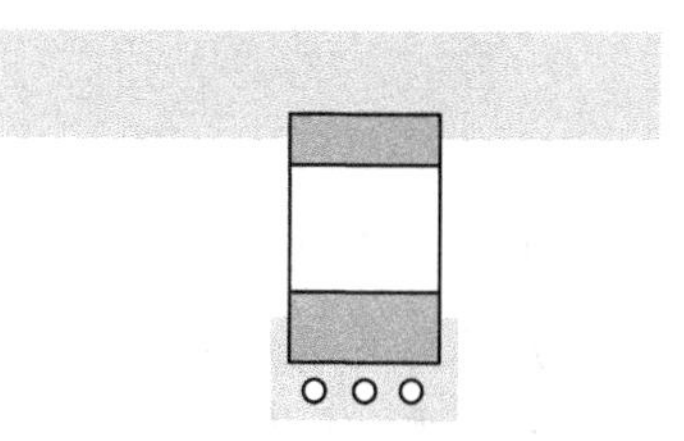

图 4.21 多埋孔的地端

回路电流产生电磁场，该电磁场将会在其他电路部分中引入噪声，为此，在 PCB 滤波功能设计中，应充分考虑电流成分。理想情况下，使用星形接地设计，将所有接地电流都流向单个点。如果回路不可避免，则应尽量减小回路面积。

4.4 完全滤波电路设计

考虑到电磁兼容性要求，需要同时实现差模及共模干扰滤波，DC - DC 转换器的完全滤波电路如图 4.22 所示。在实践工程中，图 4.22 的滤波元件应根据实际需要来确定，由于额外的元件会降低整体效率，所以在满足要求的情况下，元件的数量应该尽量减少，在部分应用中，只需要 C_3 和部分共模电容 C_{CM} 就可以满足电磁兼容性的要求。为减少电路设计成本，可以将共模扼流圈改变连接方式（$CMC_1 = L_1$、$CMC_2 = L_2$）用作差模电感，如果使用表面贴装扼流圈，上述方法尤其有效，如图 4.23 所示。

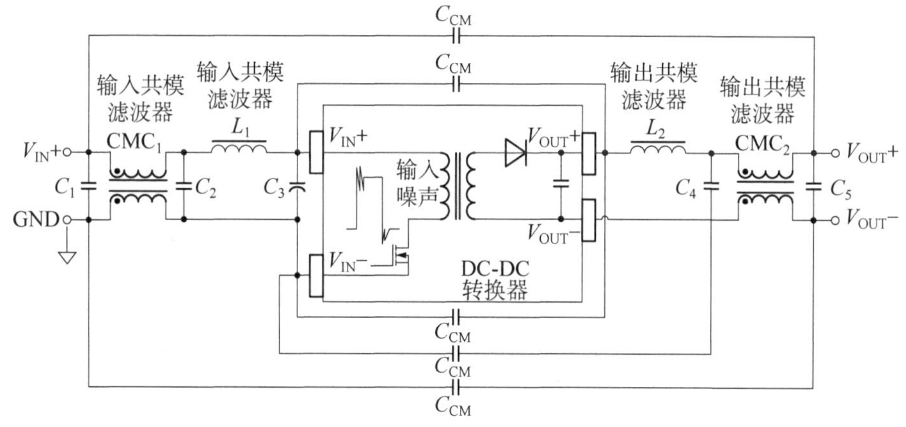

图 4.22 DC - DC 转换器的完整滤波

图 4.23 共模扼流圈作为差模电感

本章小结

本章主要详细介绍了输入输出的滤波方法、滤波器计算原理、滤波 PCB 的布局设计。输入滤波器的主要作用是平滑输入电流，减少来自电源的高频噪声及脉动。通过在输入端使用电容和电感，可以有效降低输入噪声对转换器性能的影响。其次，输出滤波器的设计同样重要，因为良好的设计可以确保转换器输出电压的稳定性，并降低输出纹波。同时，输出电感与电容的合理组合形成 LC 滤波器，增强了输出端的稳定性。输出滤波器设计中常使用的共模和差模滤波器，有助于降低电磁干扰，进一步提升系统的稳定性。本章还阐明了 PCB 布局对输入输出滤波器性能的影响。良好的 PCB 布局可以有效减少信号的干扰和噪声，提高电源管理能力。合理的元件布局和信号路径设计，能够降低电磁干扰和串扰，增强信号完整性，此外，通过对 PCB 布局的优化，可以进一步提高滤波效果，减少设计中的潜在问题。

输入输出滤波在 DC-DC 转换器中扮演着不可或缺的角色，其设计与实施直接影响到电源的稳定性和系统的整体性能。随着电子技术的发展，对滤波器设计的要求也日益提高，因此，需要不断更新知识，采用先进的设计工具和方法，以应对不断变化的技术挑战和市场需求。通过深入理解输入输出滤波器的原理和设计技巧，可以更好地为现代电子设备提供高效、稳定的电源解决方案。

第5章

DC－DC转换器的电磁原理与应用

DC－DC转换器中涉及大量电磁耦合等应用，对电磁耦合过程及机理的认知程度，决定了转换器中电磁效应的应用水平，在转换器性能日益强大的发展趋势下，提升电磁耦合的效率并减小设计成本，对于提升转换器的竞争力和应用广度与深度至关重要。本章将介绍电磁学的基本原理及其常规器件，并在后半部分详细介绍变压器中的电磁转换原理。

5.1 DC－DC转换器中的电磁转换原理

任何带电导体在通电时都会产生电场和磁场。磁场具有两个基本属性：磁场强度（H）和磁通密度（B）。对于单根导线或PCB走线，磁场强度仅与流经导体的电流、该导体的距离即磁场线的长度成比例，其单位为安培/米（A/m）。磁场强度与材料无关，因此无论导线或导体是铜、银还是金，其磁场强度都相同。如果将导体绕成线圈，则每增加一圈，磁场强度都会随之成比例增加。磁场强度与所使用的导电材料类型无关，并遵循以下关系：

$$H=\frac{\mu_0 NI}{I} \tag{5.1}$$

如图5.1所示，磁通量描述了螺线管线圈周围磁场强度相等的“等值线”。

磁通密度（B）的量纲是特斯拉，与磁场强度H和空气磁导率μ_0相关：

$$B=\mu_0 H \tag{5.2}$$

其中，$\mu_0=4\pi\times10^{-7}$ 牛顿/安培^2 或 $\mu_0=4\pi\times10^{-7}$ 韦伯/(安培·米)或者$\mu_0=4\pi\times10^{-7}$ 亨利/米。若线圈绕制在铁或铁氧体磁芯等磁性材料上，磁场将会产生扭曲并突变，进而导入磁性材料内部，如图5.2所示。

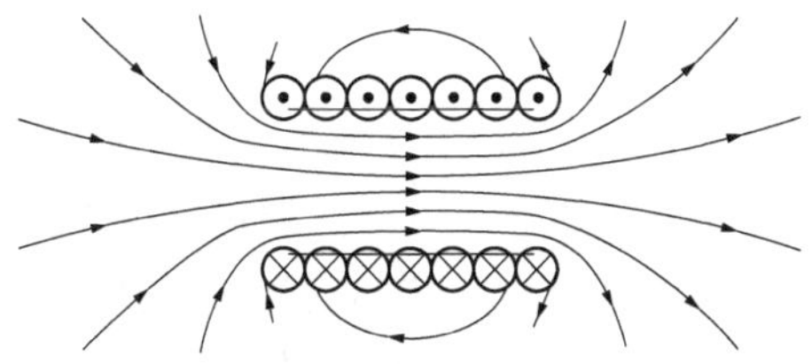

图5.1　显示等磁通量等值线的螺线管横截面

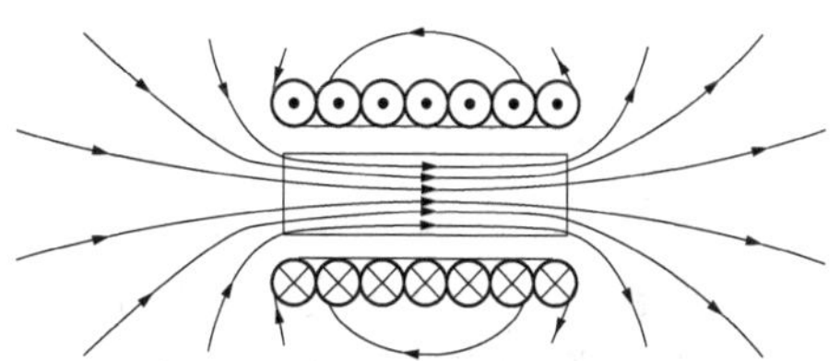

图5.2　显示等磁通量等值线集中的带磁芯螺线管的横截面

此时，相对于空气磁导率，磁性材料的磁芯磁导率变为 $\mu_0\mu_r$，虽然与空气线圈的总场强相同，但磁芯材料中的磁场将集中在更小的空间内，因此磁通密度增大：

$$B=\mu_0\mu_r H \tag{5.3}$$

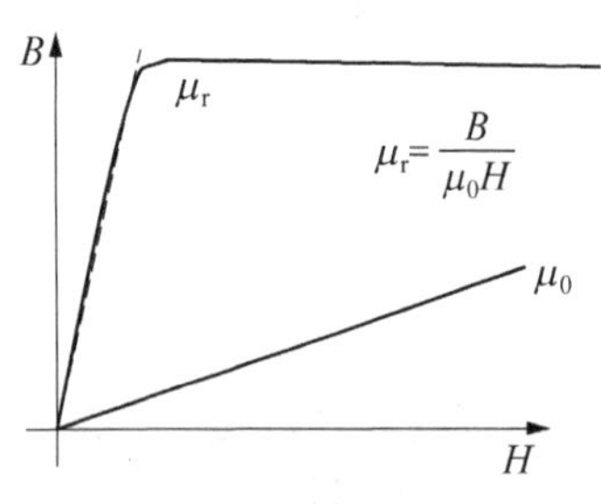

图 5.3 空气和铁磁芯的磁通密度 *B* 及磁场强度 *H* 的比较

其中，相对磁导率 μ_r 并非为常数，对于铁磁性材料来说，该物理量与磁场强度 H 呈非线性关系，在较高的磁场强度下，原本比例关系将不再适用。此外，相对磁导率 μ_r 还会随着温度和激励频率的变化而变化。因此，一般需在低磁场强度、固定频率（通常为 1 kHz）及 25 ℃的固定环境温度条件下测得最佳拟合近似值，如图 5.3 中的虚线所示。其中相对磁导率 μ_r 的典型值如下：铁锌（FeZn）磁芯约为 10^2，镍锌（NiZn）磁芯约为 10^3，而镁锌（MgZn）磁芯则可达到 10^4。

如果将磁芯制成圆形或环形，由于其磁导率远高于空气，因此，几乎所有磁场都将被限制在磁芯材料内。对于板载电感，此特性可以将产生的磁场限制在磁芯内部，不会向外辐射，从而避免对 PCB 上其他元件造成干扰。然而，磁芯所能吸收的磁通量是有限的，当材料内部所有磁畴均与外加磁场方向一致时，磁芯便会达到饱和状态。如图 5.4 中 $B-H$ 曲线尾部逐渐变窄的部分所示。

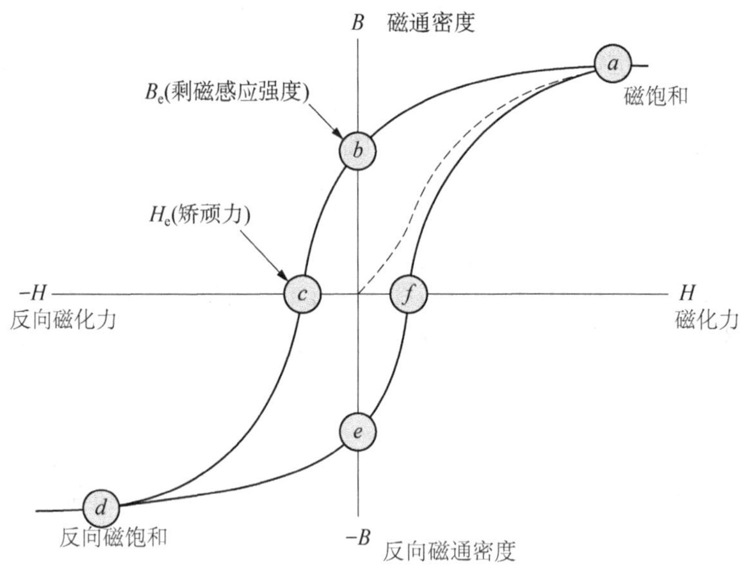

图 5.4 *B*-*H* 曲线，展现为尾部逐渐变窄饱和

其中，虚线表示磁场在磁芯内部建立时的初始状态，实线则表示交流电流流过线圈时产生振荡磁场下的 $B-H$ 关系。而 a 点和 d 点则表示磁性材料的饱和极限。超过这两个点之后，即使磁场强度增加，对磁通密度的影响也微乎其微；b 点和 e 点表示磁滞现象中的剩磁或残余磁性，即当外加磁场为零时磁芯内仍然保留的磁通；c 点和 f 点为矫顽力点，即反应磁场方向切换与磁通量反转之间的滞后关系。在这两个点上，即使外加磁场不为零，磁通密度却为零。磁性材料越“软”，这两点越接近原点，$B-H$ 曲线所围成的面积也越小。该面积表征每个周期内磁芯的磁损耗。$B-H$ 曲线的“细”或“软”表示材料具有低矫顽力、低磁滞和低磁芯损耗。$B-H$ 曲线的“粗”或“硬”表示材料具有高矫顽力、高磁滞和高磁芯损耗。总体来说，磁滞损耗取决于磁芯材料，并与频率成正比，与磁通密度成对数关系。

在实际应用中，设计良好的电感磁芯损耗会很低，因为在正常工作条件下，设计良好的电感磁芯将工作在 $B-H$ 曲线所围成的面积之内。理想的工作关系是一条直线，如图 5.5 所示，其表示磁化力与磁通密度之间的线性关系，几乎没有磁滞损耗。

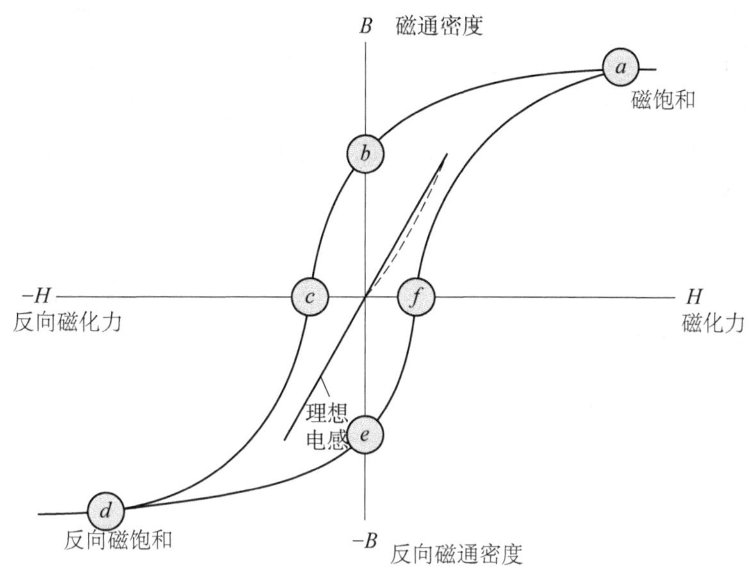

图 5.5 理想电感工作状态

5.1.1 磁芯饱和原理分析及临界点计算

确定磁芯饱和点的方法有多种，该饱和点在如图 5.4 所示的 $B-H$ 曲线上表现为曲线向直线过渡的区域，在这一区域中，磁场强度的增加不会影响磁通密度的任何变化。然而，由于变量众多，模拟计算相对复杂。在实际操作中，最佳的做法是优先确定大致饱和极限，并确保工作点远低于该极限。避免饱和的主要原因在于，磁芯一旦饱和，将不再表现出电感的特性。此时通过绕组的电流仅受绕组的直流电阻(DCR)限制，并且通过绕组的电流将达到 V/DCR 的峰值。如图 5.6 所示电流在磁芯完全饱和后发生了显著变化。

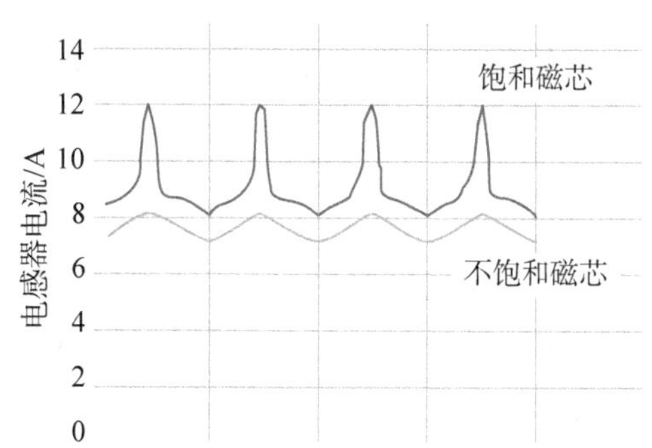

图 5.6 磁芯达到/未达到硬饱和的电感电流

磁芯饱和的临界点取决于磁芯材料、磁通密度和激励频率。不同磁芯材料的磁带损耗、最大磁通量密度和最大频率比较如表 5.1 所示。

表 5.1 不同磁芯材料比较

磁芯	磁滞损耗	最大磁通量密度(Bsat)/T	最大频率/MHz
标准铁氧体	低	0.5	8
高性能铁氧体	低	1.0	3.5
铁合金	中	1.2	1
铁粉	高	1.5	0.3

当磁芯饱和时，不仅会失去电感的特性，还会导致绕组功耗增加，使磁芯温度上升。如果电感严重过载，磁芯的温度将持续升高，直至居里点，即铁磁性完全消失，此时磁芯的磁导率几乎为零。磁导率的急剧变化是由于高温严重破坏了磁畴结构，使其无法与外加磁场方向保持一致。如图 5.7 显示了随温度升高而发生的急剧变化。

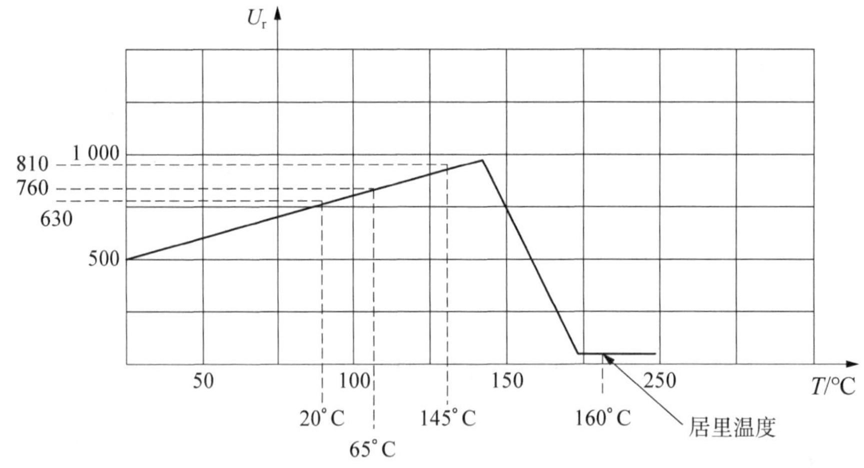

图 5.7 显示居里点的磁导率与磁芯温度

为避免磁芯发生意外的饱和现象，需在设计上进行细致考虑。例如，在连续模式下工作的 DC - DC 降压转换器电感中，交流电流的三角波形会叠加在直流偏置上。而磁芯中的电流永远不会降为零，这种持续的电流会“偏置”磁芯，从而导致 $B-H$ 曲线失真，使其在正周期更容易达到饱和。其中一种解决方法是使用不易发生突然饱和的铁粉芯或铁合金磁芯的电感。另一种避免饱和效应的方法是在磁芯中加入永磁体以抵消偏置电流的影响，如图 5.8 所示。这种采用磁偏置电感的解决方案过去常用于老式电视机中，如今在专业大功率扼流圈中仍有应用。然而，现代设计倾向于使用更小、更经济的铁氧体电感，并在性能规格中考虑饱和效应。

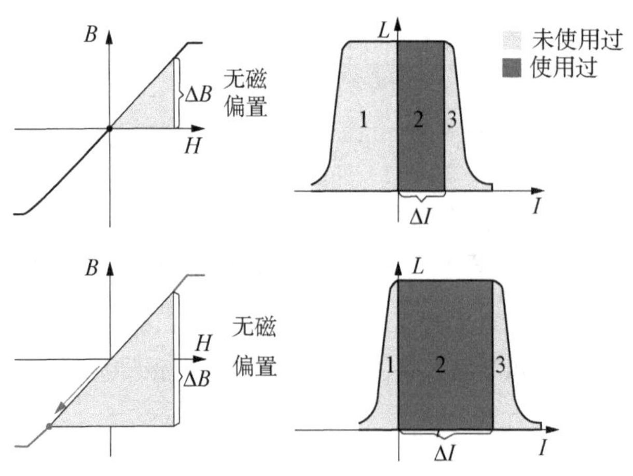

图 5.8 增加永磁体以偏置磁芯的效果

5.1.2 气隙电感原理分析及类型

控制磁芯饱和的一种有效方法是在磁芯中引入空气间隙，如图 5.9(a)所示，具体做法是将电感的磁芯切开，形成小间隙。

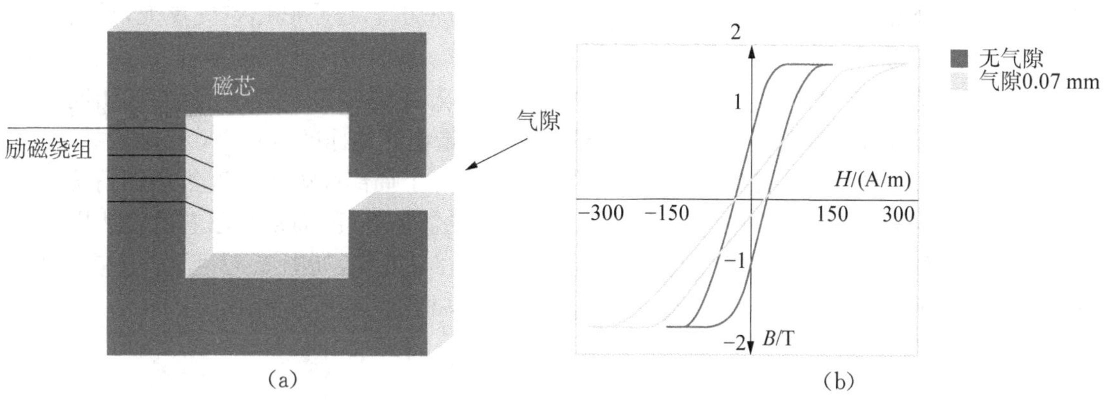

图 5.9 气隙电感磁芯和由此产生的 $B-H$ 曲线变化

当磁通穿过具有低磁阻的磁路时，气隙相当于是"高磁阻"。这就导致有效磁导率降低，进而使 $B-H$ 曲线变得更加平缓，从而允许磁芯在达到饱和状态之前提高磁场强度，如图 5.9(b)所示。有效磁导率计算公式如下：

$$\mu_{\mathrm{EFF}} = \frac{\mu_{\mathrm{CORE}}}{\dfrac{l_{\mathrm{GAP}}}{l_{\mathrm{CORE}}}\mu_{\mathrm{CORE}} + 1} \tag{5.4}$$

气隙的优点是可以使用矫顽力较高的磁芯材料来获得较低的磁芯损耗，而不必过于担心饱和问题，这是因为可以通过调整气隙来微调在高磁场下的磁导率，同时也不会影响良好的矫顽力值。此外，气隙磁芯在不同的温度和频率下性能更为稳定，这是由于大部分磁场能量集中在具有线性 $B-H$ 关系的较小气隙中。

气隙电感的另一优点是将磁场能量集中到极小的区域中，从而大幅减少绕组周围磁场的扩散。虽然称气隙电感为"屏蔽"电感，如图 5.10 所示，但实际上并非真正屏蔽，因为磁性材料只能集中磁场，而不能完全隔离。然而，通过将磁场集中在较小的气隙之中，可以显著减少漏磁通量，但需要注意的是，靠近气隙的磁场强度可能非常强，因此在"屏蔽"电感的气隙附近不应放置其他导体或元件。该气隙中局部强化的磁场特性可以适用于一些特定场合，例如，磁带录音机和硬盘驱动器的磁头，可以利用气隙两侧的高边缘通量对记录介质上的磁畴，进行局部磁化或消磁。

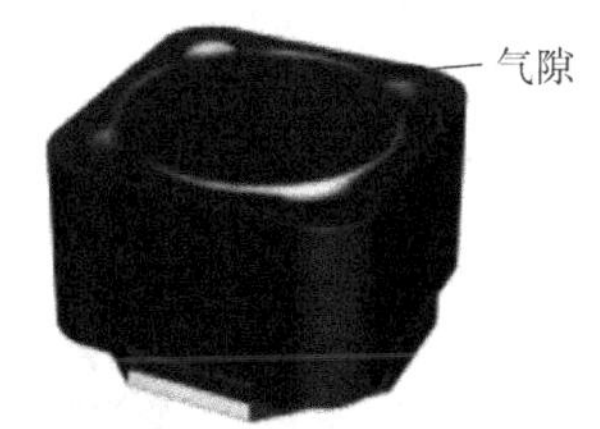

图 5.10 屏蔽式电感

气隙磁芯的主要缺点在于，除非气隙设计为锥形或采用机械分布设计，否则磁芯过渡到饱和状态的过程可能非常突然，即发生急剧饱和。此外，有效磁导率也会随之降低，有时甚至降低至原先的 1/20。因此需要更多的绕组匝数才能达到与无气隙磁芯相同的电感量：

$$L=\mu_{EFF}N^2\frac{A_{EFF}}{l_{EFF}} \tag{5.5}$$

其中，A_{EFF}是磁芯的有效横截面积，l_{EFF}是磁芯的有效路径长度，N是绕组匝数。增加气隙会降低μ_{EFF}[参见式(5.3)]，因此，为获得相同的电感值L，必须增加绕组匝数N。

实际上，气隙并不一定是切开磁芯上实际形成的物理切口，也不必用空气填充，任何非磁性材料(如塑料)组成的复合磁芯都可以起到同样的效果。复合磁芯采用非磁性黏合剂将磁性颗粒结合在一起，这样气隙便在磁芯材料中均匀分布，从而表现出与实际气隙磁芯相同的特性。通过调整颗粒尺寸和黏合剂比例，复合磁芯可以制造出高达标准磁芯200倍的磁导率。

复合材料磁芯的另一优点是间隙分布均匀，从而避免了局部高磁通密度集中的情况。实际气隙产生的高漏磁通可能会在邻近绕组中引发显著的涡流损耗，而复合磁芯的绕线则更为便捷。此外，复合材料磁芯中磁性颗粒之间的间隙自然存在变化，如图5.11所示，这使得$B-H$曲线进入饱和状态时更能平滑过渡，相比等效的气隙磁芯表现得更为圆滑。

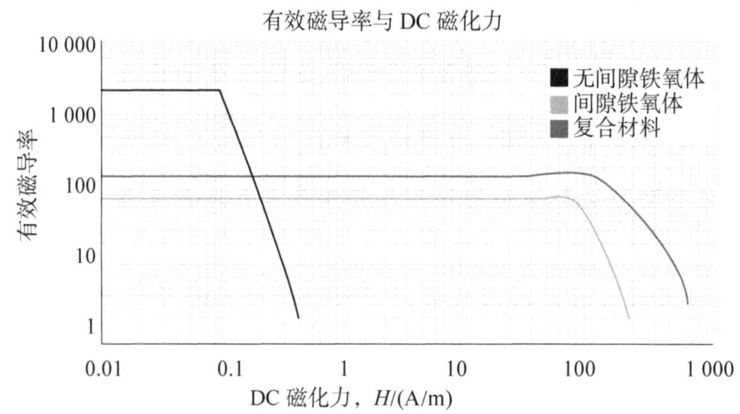

图5.11 无气隙铁氧体、有气隙及复合材料铁氧体磁芯的性能比较

5.1.3 磁芯形状设计原理及分类

磁芯是捕获和传递磁通量的关键部件，通常要求捕获磁通比例越大越好。任意形状的磁芯均可对磁通进行捕获，但效果均有差异，如表5.2所示，是一些常见的标准磁芯形状。

表5.2 常见标准磁芯比较

类别	示意图	性质	特点及应用
EE形磁芯		由两个对称的E形磁芯组成	高磁导率磁芯，可以在中心柱上轻松加入气隙
EI形磁芯		由不对称的E形和I形磁芯组成	适用于较大电流的绕组，可以在磁芯的中柱或外柱上设置气隙

（续表）

类别	示意图	性质	特点及应用
EP 形磁芯		磁芯采用节省空间的圆弧形结构	适用于无气隙和有气隙的设计结构。对任何接触面错位的敏感度都极低，通常运用于低功耗设计中
RM 形磁芯		为扁平而紧凑的方形或圆角方形，中央有一个圆柱形的中心柱	可以在最小的电路板空间内提供最大的电感值，可以在中心柱或外侧支柱上轻松加入气隙
T 形磁芯		环形结构，其可以是圆形或矩形	此类形状适用于需要高效率的微型磁芯低功耗设计。通常不加入气隙，但可以根据需求增加切口。
P 形磁芯		壶形磁芯，可提供相对较大的绕组面积	适用于高功率设计，可在中心柱中增加气隙。壶形磁芯通常带有中心孔，用作安装辅助
ER 形磁芯		EE 磁芯的一种变体，具有超薄设计和平坦宽阔的绕线区	适用于平面绕组，其中心柱或中心柱销可加入气隙

5.1.4 磁芯损耗分析与计算

1）互感损耗计算

理想电感不会随时间的推移储存任何能量，所有流入能量均应再次流出。在许多情况下，绕组之间需要进行磁耦合，例如变压器初级和次级绕组间，但非必要耦合电感会导致能量从输入和输出中耗散，从而导致功率损耗。在变压器中，这些损耗被称为励磁损耗或漏损耗，而在电感中则被称为互感损耗，但事实上，这两种损耗都是由同一机制造成的。互感 L_M 的定义式如式(5.6)所示：

$$L_M = K\sqrt{L_1 + L_2} \tag{5.6}$$

其中 K 是任意两个耦合电感 L_1 和 L_2（例如，变压器的初级和次级绕组或两个相邻电感）之间的耦合系数。

由于互感引起的损耗与电流的平方成正比，因此可以通过以下关系根据峰值电流推导出峰值损耗：

$$\mathrm{Loss}_{L_M} = \frac{L_M I_{\mathrm{PEAK}}^2}{2} \tag{5.7}$$

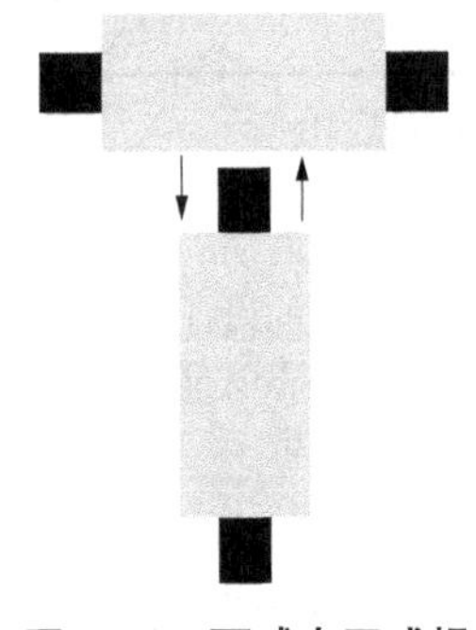

图 5.12 可减少互感损耗的电感放置方式

在电路板上放置两个电感时，切勿将电路板上的两个电感放置得太近以避免意外耦合。如果必须将两个电感放在同一区域，如图 5.12 所示，则应将它们以直角相对摆放，以减少互感损耗，此时耦合系数 K 将会显著降低。

2）涡流损耗计算

所有磁芯均导磁，根据楞次定律，如产生感应电流，其方向总是与引起感应电流的方向相反，磁芯内任何变化的磁场都会产生感应电流（涡流）的流动，从而抵消磁通量的变化。涡流的作用表现为两个方面，其均对磁芯产生不利影响：一方面，涡流限制了磁通量进入磁芯；另一方面，涡流增加了磁芯中的功率损耗。涡流功率损耗与 $I^2(t)R$ 成正比，因此功率损耗随着磁场激励频率的平方增加而增加。总损耗可使用 Steinmetz 方程进行近似值估算：

$$总损耗 = K_E f^2 B^2 V_{CORE} \tag{5.8}$$

其中 K_E 是依赖于磁芯材料（例如铁、铁粉、铁氧体等）的常数，f 是磁通量变化的频率，B 是最大磁感应强度，V_{CORE} 是磁芯体积。如图 5.13 所示，在固定频率下，每立方厘米磁芯材料的涡流功率损耗的平方与磁通量的平方呈线性关系。

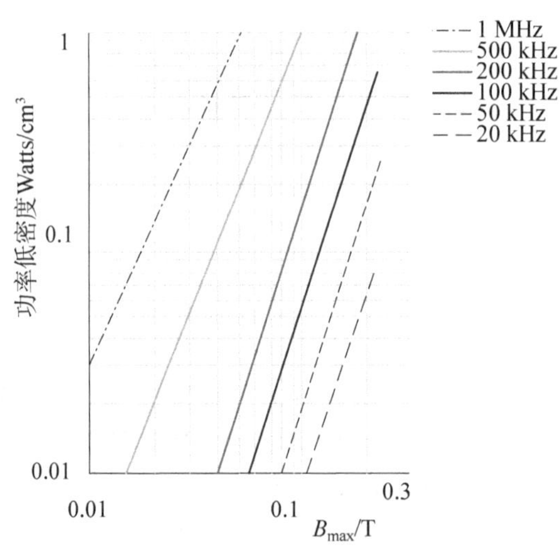

图 5.13 根据 Steinmetz 方法计算的铁氧体磁芯材料总功率损耗

由于频率、磁芯材料和最大磁通量主要由其他设计因素决定，因此只能通过缩小磁芯的有效尺寸来降低涡流损耗，这里可以选择使用由金属薄片制成的叠片磁芯，或使用由小颗粒磁性材料烧结而成的铁粉、铁氧体磁芯来实现。

在实际应用中，通过 Steinmetz 方程得到的损耗关系并非一条完美直线而是一条十分平缓的曲线，如果离初始起点太远，该式得出的结果就会失去准确性。误差也取决于占空比和信号的波形（Steinmetz 方程假设磁通变化是正弦波），但作为初步近似计算，该方程在估算涡流损耗时仍是一个有用的工具。如图 5.14 所示，在此模型中，涡流损耗可看作磁芯中流动的电流所产生的额外损耗。

另一种计算涡流损耗的方法是将其视为与磁芯电感并联的电阻器。电阻器中消耗的功率取决于施加电压的平方。但是，绕组两端的电压，以及并联的等效涡流电阻 R_{EDDY} 是经过 PWM 调制的，因此平均功率损耗取决于占空比（δ）。在固定工作频率下，涡流损耗为：

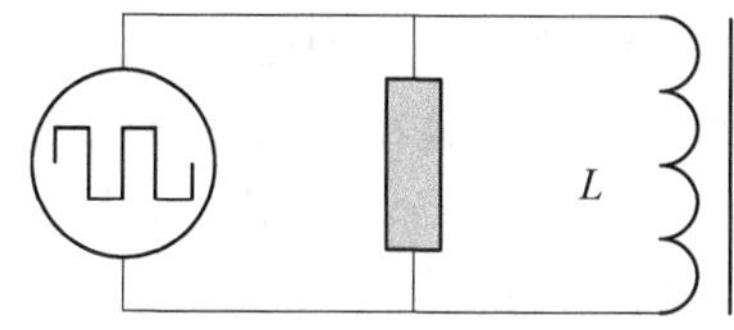

图 5.14　等效涡流示意图

$$\text{涡流损耗} = \delta \frac{V_{IN}^2}{R_{EDDY}} \tag{5.9}$$

在 PWM 调节中，如果输入电压翻倍，占空比将减半，以补偿维持磁芯的磁通摆幅波动。但是，由于 V_{IN}^2 因素，总涡流损耗仍将翻倍。解决此问题的一种方案是随着电压变化调整频率，具体实施过程为：如果输入电压加倍，则频率减半。这样，涡流损耗在输入电压发生变化时仍保持稳定。然而，变频可能会引发效率和电磁兼容性方面的其他问题。

3）趋肤效应分析

涡流也间接导致了另一种功率损耗，即铜绕组中电流流动的表皮效应。趋肤效应是指交流电流倾向于仅在导体的外层流动，而不是在整个横截面积上均匀分布的现象。这一效应是由导体内的涡流引起的，这些涡流会抵消中心部分的电流流动，同时增强了导体外部的电流流动。因此，如图 5.15 所示大部分电流沿导体表面流动，而导体中心部分几乎没有电流通过。

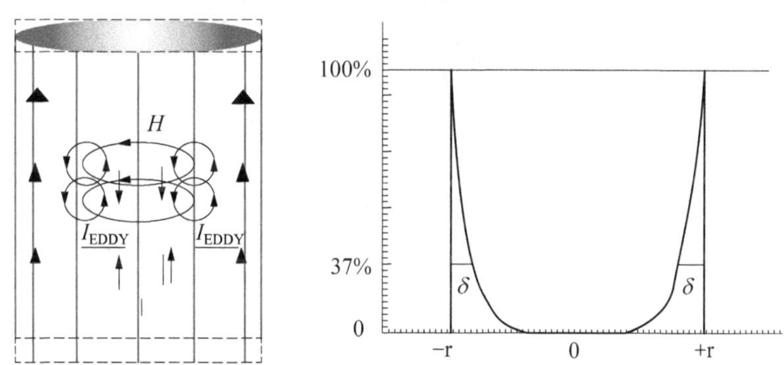

图 5.15　显示导体横截面上电流分布的趋肤效应

电流的有效穿透深度，即当电流衰减至总电流的 1/e 或 37%时，可通过以下公式表示：

$$\delta = \sqrt{\frac{2\rho}{2\pi f \mu_0 \mu_r}} \tag{5.10}$$

其中，ρ 是导体的体电阻率，f 是频率，μ_0 和 μ_r 分别是真空和导体的磁导率。对于 20 ℃ 的铜磁线，$\rho = 16.8 \times 10^{-9}\ \Omega \cdot \text{m}$，则等式(5.10)可简化为：

$$\delta_{COPPER} = \frac{66}{\sqrt{f}}\ \text{mm} \tag{5.11}$$

或简化为：

$$\delta_{COPPER} = \frac{2\,598}{\sqrt{f}}\ \text{mils} \tag{5.12}$$

从等式(5.10)还可以看出，对于给定的导线特性，趋肤深度与电流频率的平方根成反比，而与电流的大小无关。对于 20℃的铜磁线，趋肤深度在 60 Hz 时为 8.52 mm，但在 10 kHz 时仅为 0.66 mm，100 kHz 时则进一步减小至 0.21 mm，因此，即使采用低电流设计也可能受到趋肤效应的影响。

实用提示

趋肤效应的影响主要体现在以下两方面：首先，对于承载高电流的电感，趋肤效应会阻止整个导线横截面的有效载流，因此通过增加线规来减少铜损耗可能不如欧姆定律所预期的那样有效；其次，趋肤效应会阻碍高频信号和开关尖峰在任何导体上的远距离传播。尽管 PCB 走线在直流下的电阻可能较低，但在高频下阻抗会大幅增加。因此，需在噪声源处过滤高频噪声，并尽量缩短走线的长度。在理解了趋肤效应后，更容易理解为什么相对较粗的铜走线无法有效传导高频噪声。

为减少电感中趋肤效应的损耗，如图 5.16 所示，可使用多股编织导线或扁平导线代替圆形导线，以增加表面积与体积的比例。

图 5.16 扁平导线和利兹编织导线绕组

在一些低输出电压的电感和变压器设计中，可能只需要一匝或几匝绕组。在这种情况下，通常使用箔片绕组代替圆导线或扁平导线。相比于磁线，箔片绕组有多个实用的优点：首先，其厚度可以同趋肤深度一样薄，并且由于宽度较大，仍可保持较低的直流电阻，从而节省空间；其次，箔片绕组为下一层绕组提供了平整的表面，可以让后续的绕组层均匀地叠加在上面，避免了因线绕绕组所导致的表面不平整；最后，箔片绕组可以轻松实现层间交错。

此外由于箔片导体的表面积比具有相同横截面积的圆导线高出 20%，如图 5.17 所示，因此，当高频信号因趋肤效应迁移到导体表面时，箔状或扁平导体能提供更好的性能。这意味着它们在高频应用中能有效地减少电阻损耗，提高导电效率。

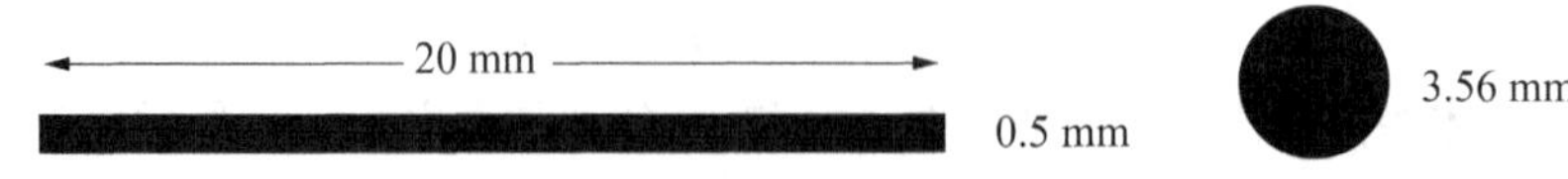

图 5.17 箔片与圆导线的比较

箔片和圆导线相比，具有相同的横截面积（10 mm^2）且具有相同的直流电阻，但箔片的表面积是圆导线的 1.2 倍，因此交流电阻阻值更低。

此外，不同的磁芯形状有不同的窗口比例和利用率。例如，如图 5.18 所示，与 EP 形磁芯相比，EE 形磁芯的窗口面积更大。宽且扁平的窗口意味着所需的绕组高度更小且各层之间浪费的空间更少。

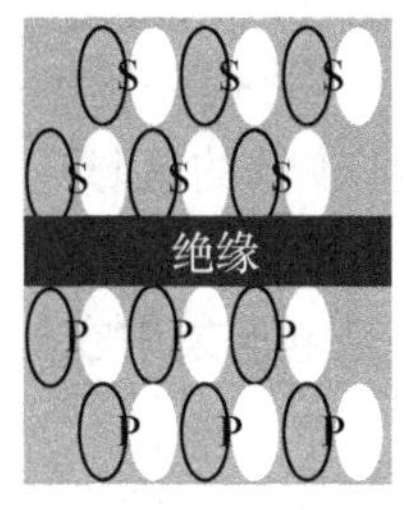

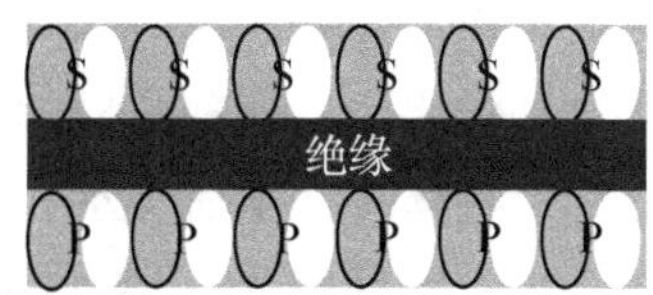

图 5.18 高绕组窗口与扁平绕组配置的比较

上述两个示例均有六根初级导线和六根次级导线，中间由绝缘胶带分隔。图中浅色阴影区域代表浪费的空间。显然可以看出，扁平结构更能有效利用可用的窗口面积。

如果使用圆导线，窗口利用率(可用面积/铜面积)通常约为 70%～75%，具体取决于窗口比例。对于使用绞合线，这一利用率会进一步降低，因为绞合线中各股线之间的间隙也会造成空间浪费。一般来说，利兹线每层会损失 25%的面积。因此，一根中心线加两层包裹层的结构仅能利用约 0.75×0.75＝56%的横截面积。另一方面，箔片绕组几乎没有间隙或空间浪费，利用率可以达到 80%～90%，这具体取决于所需绝缘层的厚度。

4) 邻近效应分析

邻近效应是趋肤效应的另一种表现形式。其表现为当流经相邻导体外层的电流彼此过于接近时，它们的磁场会发生重叠。这种重叠会扭曲电流的分布，并将大部分电流推向导体的另一侧，进一步增加局部的峰值电流密度，进而增加铜损耗。如图 5.19(a)所示，趋肤电流呈现出不对称的分布。

如果相邻导体中的电流流向相反，则邻近效应会导致大部分电流流向彼此最靠近的表面，并减少导体另一侧的电流分布，如图 5.19(b)所示的镜像效果。

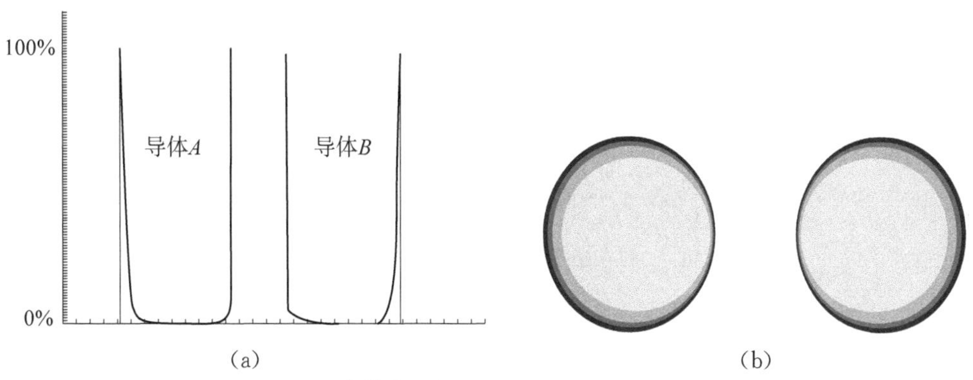

图 5.19 两个携载同向交流电流相邻导体的邻近效应

这意味着无论两个导体中的电流流向如何，邻近效应都会在相邻导体之间发生。邻近效应还表明，即使没有外部电流流入相邻导体中，也会在其中感应出电流，因此用于固定磁芯的金属夹在即使没有电气连接的情况下也会干扰电流。

对于多层绕组，邻近效应会在两个维度上对电流流动产生干扰。不仅相邻的导体之间会出现电流密度的不平衡，相邻层之间也会相互影响。

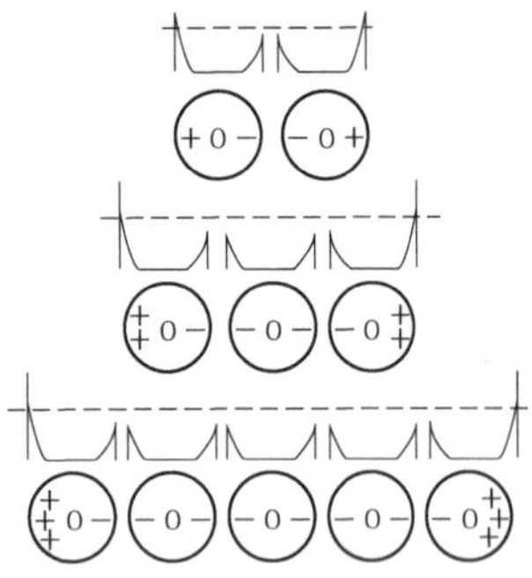

如图 5.20 所示，其表达了单层绕组中两个、三个和五个相邻导体的邻近效应。图中，“+”号代表比等效直流电流密度更高的区域，“−”号代表电流密度较低的区域(其中虚线表示等效直流电流流动)。邻近效应的影响是累积的(以“+”“++”“+++”等表示)，这种效应的结果是电流集中在外层表面，并抑制了中心导体中的电流流动。

图 5.20　导体之间的邻近效应(电流方向相同)

如图 5.21 所示，邻近效应同样会发生在不同的绕组层之间，其结果是将电流集中在最外层上。

n 层绕组的峰值电流密度可以通过以下公式计算：

$$I_{MAX} = I_{NOM} + 2(n-1)/I_{NOM} \tag{5.13}$$

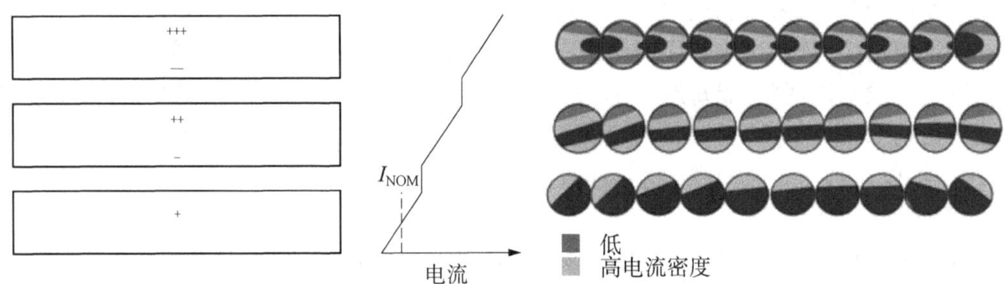

图 5.21　邻近效应导致相邻层之间的电流分布

因此，对于 3 层绕组，最外层的电流密度是标称电流的 5 倍，而对于 4 层绕组，是标称电流的 7 倍。在这两种情况下，靠近磁芯的最内层表面上电流密度几乎为零。

1966 年，P. L. Dowell 解决了邻近效应引起的损耗计算问题，当时他撰写了一篇开创性的论文，求解电感各层的麦克斯韦方程组，得出了如图 5.22 所示的电阻系数(R_{AC}/R_{DC})与频率和层数的关系曲线。

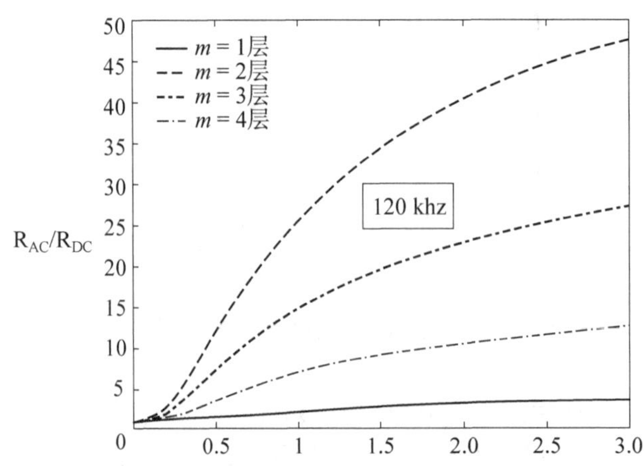

图 5.22　电阻系数与频率和层数关系的 Dowell 曲线

对于工作频率约为 120 kHz 的 DC - DC 转换器，四层绕组的邻近效应将使得交流电阻比直流电阻增加约30倍。因此，在多层绕组中，邻近效应损耗通常会超出趋肤效应损耗。

通过绕组交错，可减少变压器中绕组邻近诱发的电流集中分布问题。如图5.23所示，以1∶1变压器为例，初级绕组和次级绕组各有两层，其载流量为1 A。如果次级绕组简单地绕在初级绕组之上，其排列为初级-初级-次级-次级，通过式(5.13)可知，流经初级侧最外层和次级侧最内层的峰值电流为3 A，然而，如果将绕组按初级-次级-次级-初级重新排列，则消除了绕组间的邻近趋肤效应，峰值电流将稳定在标称电流1 A。

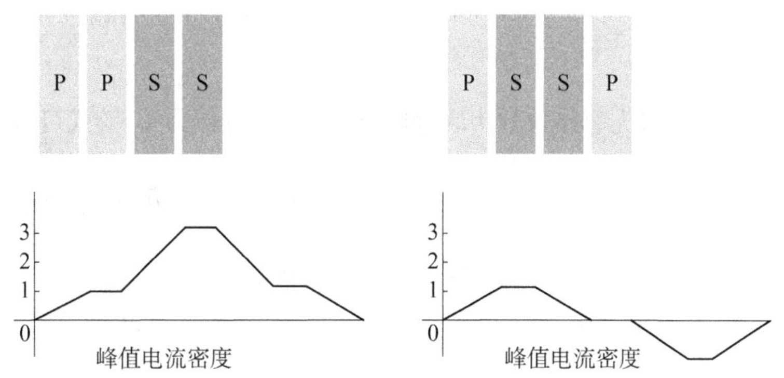

图5.23 交错式布局对邻近效应产生的峰值电流密度的影响

5.2 降压转换器设计应用实例

本节将通过一个降压转换器设计实例以更好地说明如何为特定应用选择合适的电感。在此实例中，目标是设计一块降压稳压器，以用于通过12 V电池提供5 V稳压输出。所需的性能规格如表5.3所示。

表5.3 降压稳压器的性能规格

输入电压	9～14 VDC	输出电压纹波	100 mVpp
输出电压	5 VDC	开关频率	120 kHz
输出电流	1 A	工作温度	0 ℃～+85 ℃环境温度

首先，需要计算极限情况下的占空比，该值通常在最大输入电压下出现：

$$\delta = \frac{V_{\mathrm{OUT}}}{V_{\mathrm{IN,\ MAX}}} = \frac{5}{14} = 0.36 \tag{5.14}$$

其次，确定可用的输出纹波电流，通常选择20%～40%的范围，因此假设最大纹波电流为30%。计算得出电感值为：

$$L = \frac{\delta(V_{\mathrm{IN,\ MAX}} - V_{\mathrm{OUT}})}{I_{\mathrm{RIPPLE}} I_{\mathrm{OUT}} f} = \frac{0.35(14-5)}{0.3 \times 1 \times 120\,000} = 87.5\ \mu\mathrm{H} \tag{5.15}$$

通常，大多数功率电感的公差为±20%，因此需要选择100 μH的电感来达到设计要求。这里设负载电流为1 A，由于电感峰值电流可能高出15%，因此需要选择饱和电流至少大于或等于 1.15 的功率电感。

额定电流通常指电感在工作时导致其核心温度比环境温度上升 40 ℃的电流值。对于环境温度为+85 ℃的情况，这可能导致磁芯温度升高至 125 ℃的绝对极限，因此在设计中选用额定电流远高于 1 A 的电感更为合理。对于降压转换器而言，电感的额定电流一般应至少为负载电流的 1.5 倍。

最后，需要选择输出滤波电容，即可以得出所需的电容值：

$$V_{\mathrm{RIPPLE}} = I_{\mathrm{RIPPLE}}\sqrt{ESR^2 + \left(\frac{1}{2}\pi f C\right)^2} \tag{5.16}$$

为了简化计算，可以首先忽略等效串联电阻 ESR，将其近似为零，等式可以简化为：

$$C = \frac{I_{\mathrm{RIPPLE}}}{V_{\mathrm{RIPPLE}}2\pi f} = \frac{0.3}{0.1 \times 2\pi \times 12\,000} = 4\ \mu\mathrm{F} \tag{5.17}$$

考虑到±20%的公差，选择 4.7 μF 的多层陶瓷电容(MLCC)作为输出电容是比较合适的。简化后的最终设计如图 5.24 所示：

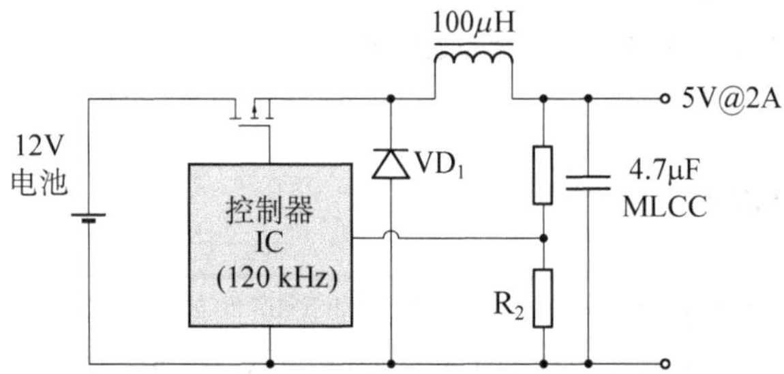

图 5.24 提供 5 V/A 输出计算元件值的简化降压转换器

5.2.1 降压转换器的损耗评估

在上述所示的降压转换器设计中，功率损耗主要源于三个关键元件的损耗，分别为：电感中的导通损耗、MOSFET 中的开关和导通损耗、二极管中的导通损耗。

1) 电感损耗评估

电感中的电流波形通常如图 5.25 所示：

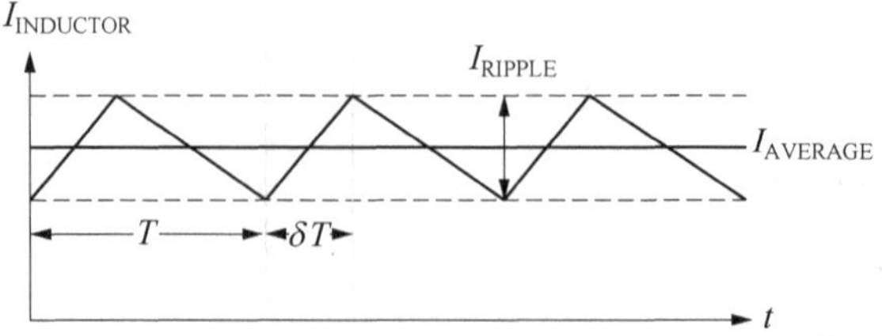

图 5.25 降压转换器电感电流

电感的平均功耗由以下等式得出：

$$P^2_{\text{DISS-L}} = L_{\text{RMS-L}} R_{\text{DCR-L}} \tag{5.18}$$

$$I^2_{\text{RMS-L}} = I^2_{\text{AVERAGE}} + \frac{I^2_{\text{RIPPLE}}}{12} \tag{5.19}$$

由于纹波电流，等式(5.19)可以简化为：$I^2_{\text{RMS-L}} = 1.003\,75 \times I^2_{\text{AVERAGE}}$。误差范围仅为0.375%，因此可以安全地认为有效输出电流等于平均输出电流。

流动电感的峰值电流由以下等式得出：

$$I_{\text{Peak-L}} = I_{\text{AVERAGE}} + \frac{I_{\text{RIPPLE}}}{2} \tag{5.20}$$

这意味着，尽管电感有效电流主要取决于平均输出电流，且输出纹波可以被忽略，但由于纹波电流影响，导致电感的峰值电流将高出15%。

在这之后，须计算出电感的阻抗 R_L。在100 μH的表面贴装功率电感中，绕组导线的长度通常只有约70厘米，因此邻近效应在很大程度上可以被忽略，然而，趋肤效应会减少有效横截面积，该面积取决于降压转换器纹波电流频率的平方。

但是，电感的数据表只列出了直流电阻(DCR)值，而并未列出交流频率下的有效值 R_L。对于此问题，需要交流电流能在导线的整个横截面上流动，即趋肤深度不小于导线半径。因为此时交流电阻与直流电阻将相同，可以在计算中直接使用数据表中的DCR值。要判断趋肤效应在设计中是否重要，只需考虑绕组的交流电阻与直流电阻之比等于1时，即当渗透深度等于导线半径时。其中 δ 为穿透深度，r 为导线半径。

$$\frac{\text{ACR}}{\text{DCR}} = \frac{r^2}{2r\delta - \delta^2} \tag{5.21}$$

显然，如果 $r = \delta$，则等式结果将简化为1，这意味着导线的整个横截面承载着全部的交流电流。对于120 kHz的开关频率，趋肤效应深度大致相当于AWG26的导线，因此只要绕组的导线规格达到或更细于AWG26，就可以完全忽略趋肤效应。如表5.4所示，当ACR等于DCR时，不同AWG下的相关数值是不同的。

表5.4 导线尺寸和ACR/DCR=1时的频率

AWG	线径/mm	横截面积/mm²	直流电阻/(Ω/m@20℃)	ACR=DCR时的频率/kHz
18	0.510	0.823	0.0210	21
20	0.406	0.518	0.0333	34
22	0.322	0.326	0.0530	55
24	0.255	0.205	0.0842	88
26	0.202	0.129	0.134	140
28	0.160	0.081	0.213	220
30	0.127	0.051	0.339	350

结合式(5.10)和式(5.21)可计算出给定直流电阻DCR、圆铜线直径和频率下的交流电阻(ACR)：

$$\mathrm{ACR}=\frac{\rho l}{A_{\mathrm{EFF}}}=\frac{\rho l}{\pi r^{2}-\pi(r-\delta)^{2}} \tag{5.22}$$

其中，ρ 是直流电阻(DCR)，单位为 $\Omega \cdot \mathrm{m}^{-1}$，$l$ 是导线长度，A_{EFF} 是有效面积，即穿透深度的横截面积。

为确定 DCR 和趋肤效应对功耗的影响，如表 5.5 所示，假设可以选择两个表面上看似相同的 100 μH 的电感，用于设计在 330 kHz 下工作的降压转换器。

表 5.5　两种功率电感规格比较

规格	SMD 电感 1	SMD 电感 2
电感	100 μH	100 μH
尺寸	10 mm×10 mm×5 mm	10 mm×10 mm×5 mm
额定电流	1.5 A	1.5 A
饱和电流	1.8 A	1.8 A
线规	1×AWG24(0.205 mm²)	4×AWG30(总计 0.204 mm²)
DCR(线长 1.5 m)	0.126 Ω	0.127 Ω
ACR(330 kHz 时)	0.170 Ω	0.127 Ω

若比较直流电流额定值，会发现两个电感没有差别，但在 330 kHz 时，电感 1 的交流损耗比电感 2 的高出 34%。

实用提示

选择功率电感时，要关注电感的交流电阻和直流电阻。若电感需要适应任何高频纹波，则可能需要使用利兹线或扁平导线设计。一般来说，应选择额定值至少为平均输出电流 1.5 倍的电感，以降低磁芯温度，适应生产公差，并考虑高温下磁性能的降低。

2) MOSFET 损耗计算

开关 FET 中的功耗由以下等式得出：

$$P_{\mathrm{DISS\text{-}FET}}=\frac{V_{\mathrm{OUT}}}{V_{\mathrm{IN}}} I_{\mathrm{MS}}^{2} R_{\mathrm{DS\text{-}ON}} \tag{5.23}$$

最大功耗将在 V_{IN} 最低时或满载时出现。

对于 $R_{\mathrm{DS\text{-}ON}}$ 为 0.026 Ω 的电阻，其典型功率场效应晶体管(FET)的功率计算如下式所示：

$$P_{\mathrm{DISS\text{-}FET}}=\frac{5}{9} \times 1 \times 0.026=0.014\ \mathrm{W}$$

3) 二极管损耗计算

二极管中的功耗可通过以下公式计算得出：

$$P_{\mathrm{DISS\text{-}DIODE}}=\left(1-\frac{V_{\mathrm{OUT}}}{V_{\mathrm{IN}}}\right) I_{\mathrm{MS}} V_{\mathrm{F}} \tag{5.24}$$

对于续流二极管 VD_1，最大功率损耗发生在最大输入电压和满载情况下，对于正向压降

V_F 为 0.5 V 的典型功率二极管，有：

$$P_{DISS\text{-}DIODE}=\left(1-\frac{5}{14}\right)\times 1\times 0.5=0.321\ \mathrm{W}$$

5.2.2 升压转换器设计原理

如果设计要求改为升压转换器，则需要修改上述等式。式(5.11)中给出的占空比计算结果为：

$$\delta=1-\frac{V_{IN,\ MIN}}{V_{OUT,\ MAX}} \tag{5.25}$$

随后所需电感的计算可改为：

$$L=\frac{(1-\delta)^2(V_{OUT,\ MAX}-V_{IN,\ MIN})}{I_{RIPPLE}I_{OUT}f} \tag{5.26}$$

电感中平均电流不再仅仅是最大输出电流，而是等于 $I_{OUT}/(1-\delta)$。对于50%的占空比，电感的电流为输出电流的2倍。实际上，这意味着需要选择额定电流为最大输出电流4倍的电感，以确保在85℃的环境温度下安全运行。较粗的绕组意味着趋肤效应通常不会对电感的功耗产生影响。

输出滤波电容的大小计算与降压转换器相同，因此对于等式(5.17)仍然适用。

5.3 变压器电磁耦合原理

上述所描述的关系适用于电感中的直流和交流磁场，然而交流磁场的作用在于其能够在任何导体或线圈中产生感应电流，而感应电流又能产生相应的磁场。换言之，交流磁场可以被用来制造变压器。

“真正的”变压器并不储存能量，所有输入到初级绕组的能量都会立即转移到输出。最常见的示例就是推挽式或前馈转换器。变压器中由于漏电感和互感(也称为磁化电感)而储存的任何能量存储都被视为损耗。另一方面，反激式变压器可以将能量储存在气隙磁芯中，该能量随后在开关周期的后半部分转移到输出。因此，反激式变压器实际上是由两个耦合电感构成的，而非“真正的”变压器。

“真正的变压器”与“耦合电感变压器”之间的差异并非仅仅是理论上的细微差别，它们的损耗及其产生损耗的机制各不相同，并且这些差异会受到不同工作条件的影响。因此，了解这些信息对于优化变压器的设计至关重要。

5.3.1 Royer 推挽式自激振荡变压器

Royer 推挽式变压器是一种“真正的变压器”设计，也是最古老的电源拓扑结构之一。该设计于1954年获得专利，距双极型晶体管的发明不到十年。尽管该拓扑结构简单，但其工作复杂性超出了许多工程师的预期。特别是为了使电路振荡，磁芯必须进入饱和状态，这有悖于电源磁性设计的一条基本规则，即尽可能避免磁芯饱和。

其中，箭头代表初级绕组和反馈绕组之间的磁耦合。如图 5.26 所示，当 VT_1 开始导通时，初级绕组 T_{1ap} 的电流开始上升，并通过变压器作用在反向绕组的反馈绕组 T_{1af} 上产生正电压。这会使 VT_1 的基极大幅导通（正反馈）。与此同时，同样通过变压器作用，相同极性的反馈绕组 T_{1bf} 产生负电压，从而确保 VT_2 保持关断状态。

这种状态会持续到磁芯进入饱和状态。此时，VT_1 中的电流会突然飙升，并且初级和次级绕组之间的磁耦合消失，即磁芯不再作为电感，这反过来会导致 VT_1 的驱动电压骤降，从而使 T_{1ap} 两端的激励电压消失。当初级绕组 T_{1ap} 两端电压突然骤降时，通过空气耦合（也可以称为漏感耦合）传递给反馈绕组，从而使其极性迅速反转。此时，VT_1 关闭，磁芯脱离饱和状态，但现在的情况正好相反；T_{1bf} 的正反馈推动 VT_2 导通，而反馈绕组 T_{1af} 产生的负电压使 VT_1 保持关断状态。这种状态将保持稳定，直到磁芯进入负饱和状态，循环则再次反转，如图 5.27 所示。

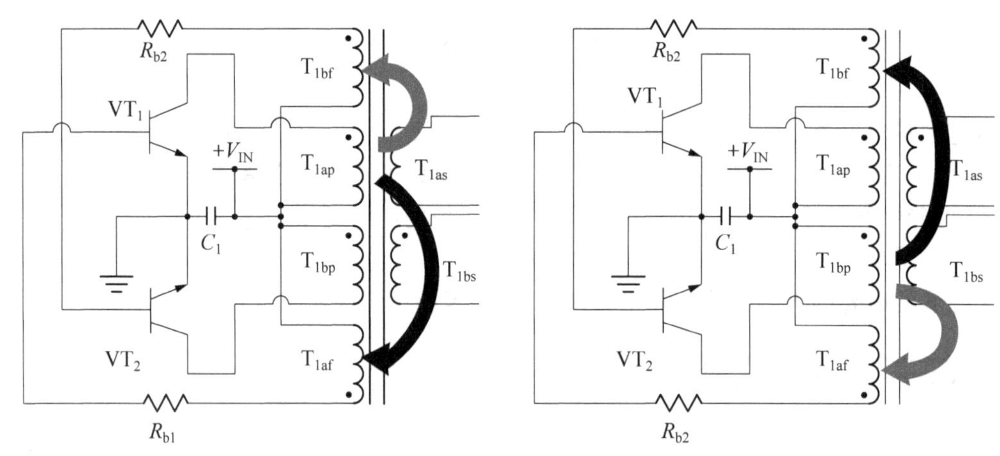

图 5.26　Royer 推挽式振荡器 1　　**图 5.27　Royer 推挽式振荡器 2**

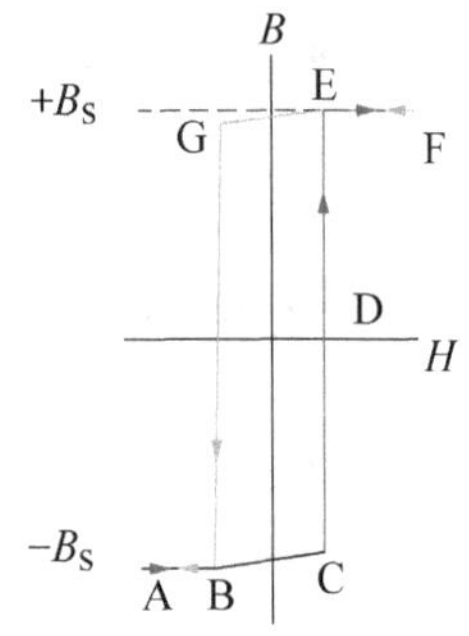

图 5.28　$B-H$ 磁滞曲线

如图 5.28 所示，为磁芯中磁场的 $B-H$ 磁滞曲线，在循环 E－F－E 和 B－A－B 部分，磁芯处于饱和状态，在此过程中磁芯要么完全饱和，要么处于饱和点之间的转换状态，因此曲线呈现出明显的矩形形状。E－F－E 这一段表示磁芯在一个方向上达到饱和并开始反向去磁的过程。曲线从 E 点开始，经过 F 点后再返回 E 点，代表磁芯从饱和状态开始逐步恢复到非饱和状态。类似的，B－A－B：这一段表示磁芯在相反方向上达到饱和并再次去磁的过程。曲线从 B 点到 A 点，再返回 B 点，意味着磁芯从另一方向的饱和状态返回非饱和状态。

示波器波形如图 5.29 所示，其显示了开关转换的迅速程度。其中，通道 1（点划线）是 VT_1 的集电极-发射极电压（V_{CE}），通道 2（实线）是 VT_1 的基极-发射极电压（V_{BE}），通道 3（虚线）是 VT_1 的集电极电流（I_{CE}），相同的波形也可以在 VT_2 上观察到，但与 VT_1 的波形相位相反。该示例中的振荡频率约为 85 kHz（对应占空比为 12 μs）。而正反馈将通用型、低成本的晶体管开关速度提高到惊人的 100 ns。

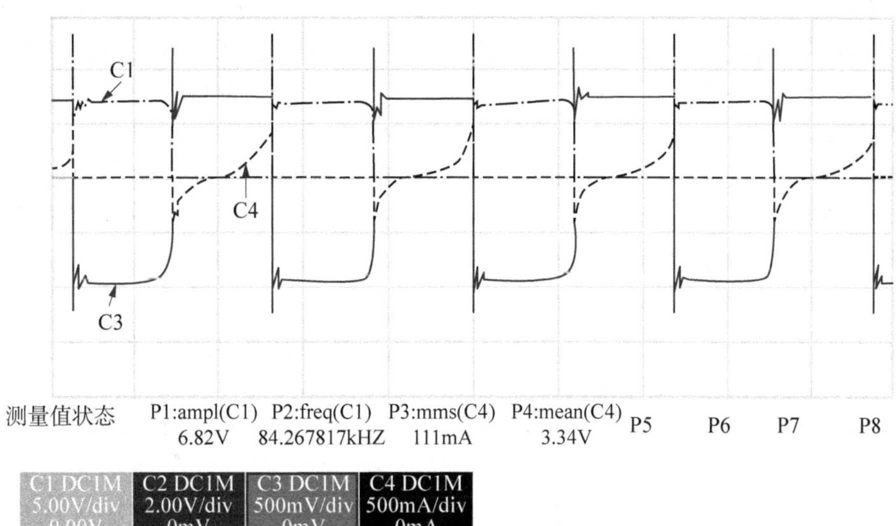

图 5.29 TR_1 示波器波形

5.3.2 Royer 推挽自激振荡电路设计

为确保电路能够正常工作，磁芯必须能够达到明显的饱和状态，因此选择铁氧体磁芯是最合适的。另外，反馈绕组必须与初级绕组紧密耦合，以便在磁芯仍处于饱和状态时，利用气隙耦合漏感迅速反转反馈绕组的极性，从而维持正反馈过程。利用以下关系式，可以选择初级绕组匝数，以得到合理的工作频率 f：

$$N_p = \frac{V_{\mathrm{SUPPLY}} \times 10^6}{2B_s A_e 2f} \tag{5.27}$$

对于一个 1∶1 的 DC－DC 转换器，假设工作电压为 5 V（跨越晶体管的电压测得为 4.7 V），采用锰锌铁氧体环形磁芯，饱和磁通密度 B_s 为 300 mT，有效截面积 A_s 为 5 mm²，工作频率为 120 kHz。那么可以通过下式计算初级绕组的匝数：

$$N_P = \frac{V_{\mathrm{SUPPLY}} \times 10^6}{2B_s A_e 2f} = \frac{5 \times 10^6}{0.6 \times 5 \times 2 \times 120 \times 10^3} \approx 7 \text{ 匝}$$

由于初级绕组采用中心抽头式，因此绕组布局为 7+7 匝。反馈绕组需要产生约 1 V 的电压以正确驱动晶体管基极，因此 2 匝即可满足需求（2 t/7 t×5 V=1.4 V）。对于 1∶1 的变压器次级绕组的匝数与输入绕组相同（5 V 输入，5 V 输出），但还需考虑额外整流器的 0.7 V 压降。如果使用中心抽头的次级绕组，那 8+8 匝即可满足需求。

Royer 拓扑的主要优点在于实现简单、匝数少，而且由于磁芯在四个象限中均被充分利用，因此相同磁芯尺寸下的功率传输能力是单端拓扑的 2 倍。

实用提示

VT_1 和 VT_2 这两个晶体管可以是任何通用的 NPN 双极型晶体管。它们不应过度匹配，否则完全对称的电路在启动时可能会出现问题，因此，建议避免使用同封装的双晶体管类型。

此外，尽管每当磁芯进入饱和状态时出现的电流尖峰 I_{CE} 非常短暂(大约几微秒)，但持续的周期性过载可能会导致安全工作区域(SOAR)发生功耗问题。晶体管的 V_{CE} 额定值必须至少是最大输入电压加上过冲电压的 2 倍。在设计中，安全系数通常是输入电压的 3～4 倍。

在 Royer 自激振荡电路中，饱和尖峰引起的高变化率会耦合到输出端，导致出现类似的输出电压尖峰。通常这并不是大问题，因为尖峰时间很短且包含的能量低，但在空载条件下，输出电容会逐渐充电，从而使输出电压升高。对于简单的 1∶1 转换器，在空载条件下，输出电压最高可升高 25%。其解决方案是在输出端永久性地接入虚拟负载(通常为其额定满载的 10%)，以吸收多余的能量。或者，采用稳压二极管或精密并联稳压器来钳制输出电压，确保在空载条件下输出电压在可接受范围内。

Royer 自激振荡电路的另一个缺点在于其输出没有短路保护机制。在发生故障的情况下，由于缺少反馈机制来限制电流或停止振荡器的工作，输出端的短路可能会导致开关晶体管过载，并迅速升温，最终导致故障。虽然可以采用一些绕组技术使晶体管在输出短路条件下保持在 SOAR 状态，但是很难为 Royer 电路增加短路(SC)保护。

5.3.3 变压器设计注意事项

如图 5.30 所示，该流程图仅是变压器设计的建议流程图；实际过程中往往需要反复迭代，才能找到一个可接受的折中方案。首次尝试即成功的可能性很小，通常需要制作 15 到 20 个变压器原型，才能优化所有变压器特性。

5.3.4 正激转换器原理

1) 正激转换器原理

正激转换器拓扑结构包括单端、推挽(类似于 Royer 拓扑，但由外部振荡器提供时钟信号)、全桥和半桥转换器。与间歇性将能量储存在气隙中的反激耦合电感不同，正激转换器通过直接的变压器作用连续传输能量，即只要初级侧有电流流动，次级侧也会有电流。因此，正激转换器的变压器通常不需要留有气隙。尽管如此，有些设计会采用非常薄的气隙(例如 100 微米)，以结合利用反激式和正激式拓扑的一些优点。

正激转换器的主要优势在于，可以充分利用磁芯的性能，使用高激磁电感来降低绕组中的峰值电流。正激转换器特别适合大电流输出的应用，因为其铜损耗低于等效的反激转换器。

而正激转换器的主要缺点，一方面在于需要输出电感和续流二极管来维持整个周期的输出电压，这会导致元件成本增加。另一方面，输出电感会对输出纹波进行大量滤波，因此需要小型输出电容。此外，正激转换器还需要最小负载以保持正常的连续导通模式(CCM)工作。

正激转换器直接通过变压器作用传输能量，因此每个周期都必须使磁芯完全复位，否则磁场将逐渐在磁芯内积累，直至磁芯饱和状态。对于全桥、半桥和推挽式正激转换器会反转初级绕组两端的电压极性，并强制磁芯在四个象限中工作来实现磁芯的复位。

而对于仅在第一象限工作的单端设计，则必须采用消磁绕组来复位磁芯。复位绕组通常与初级绕组具有相同的匝数，并应紧密耦合，以减少由杂散漏感引起的电压过冲。因此，两者通常绕制成双股绕组，即两根绝缘电线缠绕在一起作为一根导线，复位绕组的相位与初级绕组相反，如图 5.31 所示。

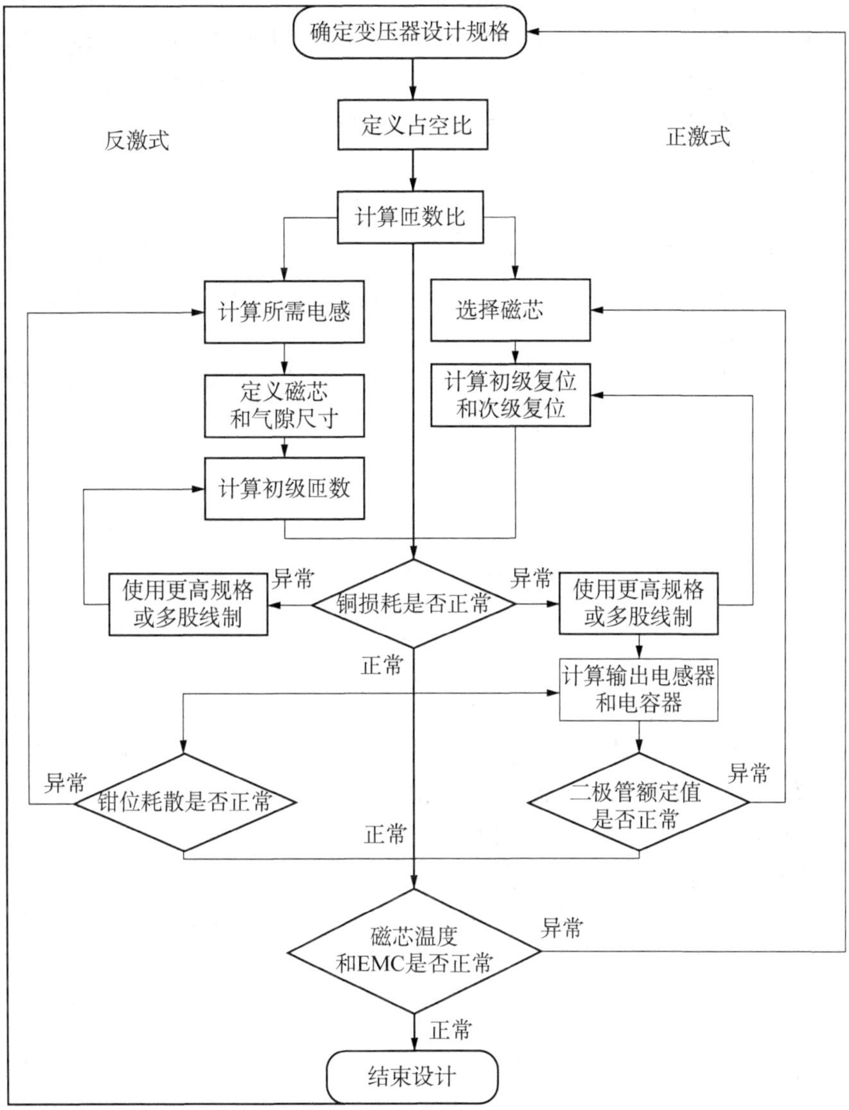

确定变压器设计规格
定义占空比
反激式
正激式
计算匝数比
计算所需电感
选择磁芯
定义磁芯
和气隙尺寸
计算初级复位
和次级复位
计算初级匝数
异常
异常
使用更高规格
或多股线制
铜损耗是否正常
使用更高规格
或多股线制
正常
计算输出电感器
和电容器
异常
钳位耗散是否正常
二极管额定值
是否正常
异常
正常
磁芯温度
和EMC是否正常
异常
正常
结束设计

图 5.30　变压器设计流程图

磁芯
VD
S_1
VD_1
L_{OUT}
VD_2
C_{OUT}
R_L

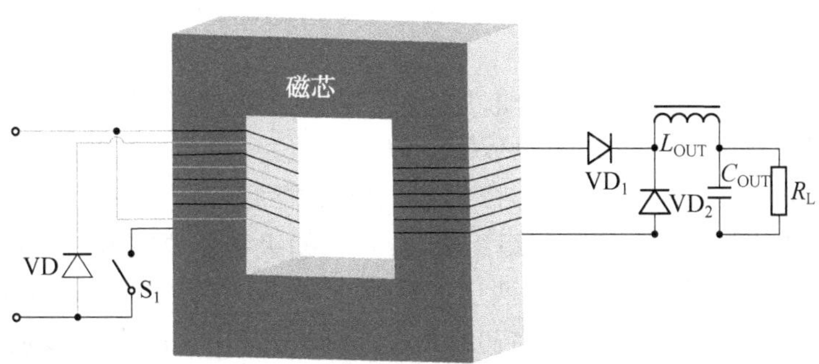

图 5.31　正激转换器变压器

单端正激转换器的优势在于其制造成本更低，因为其只需要单一供电电压和少量额外元件。此外，当去磁绕组与一次侧绕组的匝数比为 1：1 时，只要占空比保持在 50%以下，磁芯就不会饱和，即不会出现磁通漂移问题。然而，缺点是 MOSFET 的峰值电压将至少是输入电压的 2 倍，因此需要使用高性能晶体管来承受这一高电压。

2）正激转换器设计原理

单端正激转换器设计的第一步是定义占空比。由于磁芯每个周期都必须消磁，且磁化时间不能超过复位时间，因此占空比的最大限值为 50%。实际上，必须考虑到公差以及输入电压和负载的突然变化，在最差情况下，最大占空比约为 45%，从而导致在最小输入电压 V_{IN} 下正常工作时的限制约为 40%。

对于连续导通模式的操作，可使用与降压转换器相同的占空比计算，其只需修改变压器的匝数比：

$$\delta=\frac{V_{OUT}}{V_{IN,\,MAX}}\times\frac{n_{PRI}}{n_{SEC}} \tag{5.28}$$

初级绕组匝数可以由以下关系式得出：

$$n_{PRI}=\frac{V_{IN,\,MAX}\delta_{MAX}}{B_{SAT}A_e f} \tag{5.29}$$

大多数 10 W 功率铁氧体磁芯的饱和磁通密度 B_{SAT} 值为 200～500 mT。假设准备最大磁通密度约为 0.4 T 的磁芯，如果在整个温度范围内的工作磁通密度变化为 0.3 T，则该磁芯不会达到饱和状态。然而，有效的横截面积 A_e 取决于磁芯的几何形状，因此需要确定初级绕组匝数与磁芯几何形状两者之间的参数。为满足低功耗设计，需要包含初级、复位和次级三绕组，在尺寸上选择大绕组面积的小型磁芯。

选择合适磁芯之后，可将这些值代入到式(5.30)以确认初级、复位和次级匝数：

$$n_{PRI}=\frac{V_{IN,\,MAX}\delta_{MAX}}{fA_e\Delta B}=\frac{9\times0.45}{120\times10^3\times10.1\times10^{-6}\times0.3}\geqslant 11.1\text{ 匝} \tag{5.30}$$

上述公式的计算值，是工程选择的最小匝数，一般可以选择在初级绕组上绕制 12 匝，复位绕组匝数也同样选择 12 匝，然而，由于复位绕组不需承载开关电流，因此线规可以小 3～4 规格。次级绕组的匝数可从以下关系式计算得出：

$$n_{SEC}=\frac{n_{PRI}(V_{OUT}+V_{DIODEDROP}+V_L)}{\delta_{MAX}V_{IN,\,MIN}}=\frac{12(5+0.5+0.5)}{0.45\times9}\geqslant 17.7\text{ 匝} \tag{5.31}$$

同样地，这也是最小匝数，为了安全起见，次级绕组的匝数可以选择更多，推荐使用 20 匝。对于初级和次级绕组，我们可以使用 AWG26 规格的线材，以避免 120 kHz 时的趋肤效应。AWG26 线材的直径为 0.202 mm，因此 12 匝可以单层排列。

因此，初级绕组由两层六匝双绞绕组组成，分别为初级和复位绕组(分别使用 AWG26 和 AWG30 规格的线材)，而次级绕组则由两层十匝的 AWG26 线材构成。四层线圈的总高度大约为 0.8 mm，因此我们有足够的空间在初级和次级绕组之间添加几层绝缘胶带，以增强绝缘效果。

此时，平均初级绕组电流将为：

$$I=\frac{P_{\text{IN}}}{\delta V_{\text{IN}}} \tag{5.32}$$

如果效率为90%，那么输入功率将为5.5 V×1 A/0.9=6.1 W。初级侧最大平均电流将出现在最低输入电压$V_{\text{IN, MIN}}$下，从而得出：

$$I_{\text{PRI, AVG, MAX}}=\frac{6.1}{0.45\times 9}=1.5\ \text{A}$$

由于每匝线圈的周长为18.9 mm，因此可以使用式(5.33)计算每匝电阻的初步近似值：

$$R_{\text{DC}}=\frac{\rho l}{A} \tag{5.33}$$

式中，铜的电阻率$\rho=1.678\times 10^{-8}\ \Omega/\text{m}$，$l$是导线长度(m)，$A$是导线的横截面积($\pi r^2$)，单位为$\text{m}^2$。

在示例中，AWG26导线的直流电阻为134 Ω/m，即每匝2.5 mΩ。根据，I^2R法则，铜损耗在初级侧67.5 mW，而在次级侧仅为5 mW，输出电流设定为1 A。

因此，总铜损耗总计为72.5 mW，约占变压器总功率的1.5%，结果可行。

输出电感应允许30%的交流纹波通过输出电容。对于高电流设计，最好配备较大的电感和较小的电容，以减少电容上的交流纹波应力，因此可以选择10%～20%的纹波。

最坏情况下，最大纹波出现在最大占空比时，因此输出电感至少需满足：

$$L_{\text{OUT}}=\frac{V_{\text{SEC}}}{4f\Delta I_{\text{OUT, RIPPLE}}}=\frac{6}{4\times 120\times 10^3\times 30\%}=42\ \mu\text{H} \tag{5.34}$$

对于降压转换器，可以使用与等式(5.17)相同的关系式来选择输出电容：

$$C=\frac{I_{\text{RIPPLE}}}{V_{\text{RIPPLE}}2\pi f}=\frac{0.3}{0.1\times 2\pi\times 12\,000}=4\ \mu\text{F} \tag{5.35}$$

正激转换器设计中使用了三个二极管：复位绕组、二极管和两个用于输出的整流二极管。在占空比为50%时，每个次级侧二极管在导通后轮流承载输出电流。每个次级二极管中的等效连续电流是输出电流除以2的平方根，在所举的示例中，该值约为0.7 A。

实用提示

每个次级二极管的额定值都必须足以携载等效RMS输出电流，这也取决于其占空比，换句话说，不要假设每个二极管只携载平均输出电流的50%。更好的设计规则是假设两个二极管都携载全部输出电流。为了降低高输出电流时的输出二极管损耗，可以使用肖特基二极管或同步整流。

此外，输出二极管还必须能够承受峰值反向电压：

$$V_{\text{D, RESET}}=1.5\frac{n_{\text{SEC}}}{n_{\text{PRI}}}V_{\text{IN, MAX}}=1.5\times\frac{18}{12}\times 14=31.5\ \text{V} \tag{5.36}$$

式中，系数1.5考虑到了出现电压振铃和一些公差情况。

用于复位绕组的二极管功耗通常并不显著，但它必须能够应对至少是最大输入电压2倍峰值的反向电压。

重置绕组的二极管应选择具有低正向压降和足够反向电压额定值的功率二极管，通常为最大输入电压的 2.5～3 倍，而反向恢复速度并不是特别重要。

5.3.5 反激转换器设计原理

反激转换器利用储存在气隙中的脉冲能量通过变压器(实际上是两个耦合的电感)进行功率传输，如图 5.32 所示，变压器实际上是由两个耦合的电感组成的。在许多方面，反激转换器可以视为变压器隔离型降压/升压转换器，其优点在于可以利用匝比来升高或降低输入电压，同时保持 PWM 占空比接近 50%。因此，反激转换器在需要将数百伏的整流交流输入电压降低到低直流输出电压的 AC/DC 电源设计中非常受欢迎。

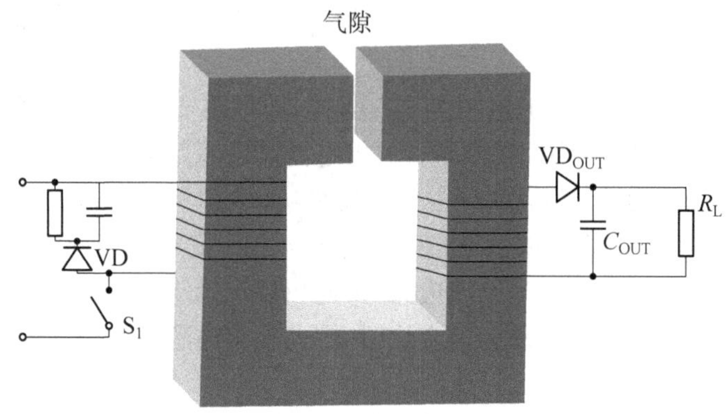

图 5.32　反激转换器变压器

除了拓扑结构本身的简单性之外，反激转换器另一优点是不需要输出电感，从而节省成本并缩小电源尺寸。

首先需要定义占空比和匝比，这两个参数是相互关联的。在采用电流模式控制的反激式设计中，最差情况即最小输入电压时的最大占空比为 50%。

实用提示

50%的占空比是理论上的最大值，但在实际应用中，需要在开关周期之间预留一定的死区时间。这样做的目的是防止由于斜坡补偿而产生的直通短路和不必要的振荡问题。因此，一般选择 40%的占空比为更安全的选择。

占空比、输入电压、有效输出电压和匝数比之间的关系由下面的等式得出：

$$\frac{n_p}{n_s}=\frac{\delta_{MAX}}{1-\delta_{MAX}}\times\frac{V_{IN,\,MIN}}{V_{OUT}+V_{DIODEDROP}} \tag{5.37}$$

所举示例中，计算出的匝数比：

$$\frac{n_p}{n_s}=\frac{0.4}{1-0.4}\times\frac{9}{5+0.5}=1.09$$

通常情况下，匝数比并非整数，因此必须使用最接近的整数匝数比。其中，重要的是比率，而非匝数的绝对值。例如，如果计算出的匝数比为 1.5，那么最佳解决方案不是使用 1∶1 或 1∶2 的变压器，而是使用 2∶3 的匝数比。应将最接近的实际匝数比代入到式(5.28)中，以检查占空比是否仍然安全。等式(5.30)与等式(5.29)相同，可以重新排列以得出占空比：

$$\delta_{MAX} = \frac{n_p/n_s}{n_p/n_s + V_{IN,\ MIN}/V_{OUT} + V_{DIODE}} \tag{5.38}$$

所得出的 1∶1 解决方案非常接近计算得出的 1∶1.09，因此最大占空比将为 0.38。流程图的下一步是计算电感。首先，需计算占空比最大时的平均次级绕组电流：

$$I_{AVG,\ SEC} = \frac{I_{OUT}}{1-\delta_{MAX}} = \frac{1}{1-0.38} = 1.63\ \mathrm{A} \tag{5.39}$$

如果已知振荡频率并假设一个可接受的最大纹波即可以推导出次级电感。与降压稳压器示例相同，将采用 120 kHz 和 30%的纹波电流：

$$L_{SEC} = \frac{(V_{OUT} + V_{DIODEDROP})(1-\delta_{MAX})}{I_{RIPPLE} I_{AVG,\ SECF}} = \frac{(5+0.5)(1-0.38)}{0.3 \times 1.63 \times 120 \times 10^3} = 58\ \mu\mathrm{H} \tag{5.40}$$

其中匝数比提供了初级电感：

$$L_{PRI} = L_{SEC}(n_{PRI}/n_{SEC})^2 \tag{5.41}$$

在式(5.40)中也给出了 58 μH 的初级电感，与 1∶1 变压器的预期结果一致。

如果已知磁芯特性和所需电感，即可计算出所需匝数。在此设计阶段，需要选择合适的变压器磁芯。

对于 120 kHz 的变压器，最佳的材料选择是磁导率约为 2000 的功率铁氧体。根据功率和拓扑结构可以得到适用的磁芯。由于磁芯采用低功耗设计，因此选用 EP10 磁芯会比较适合，如图 5.33 所示，其在 120 kHz 时的额定功率为 10 W。

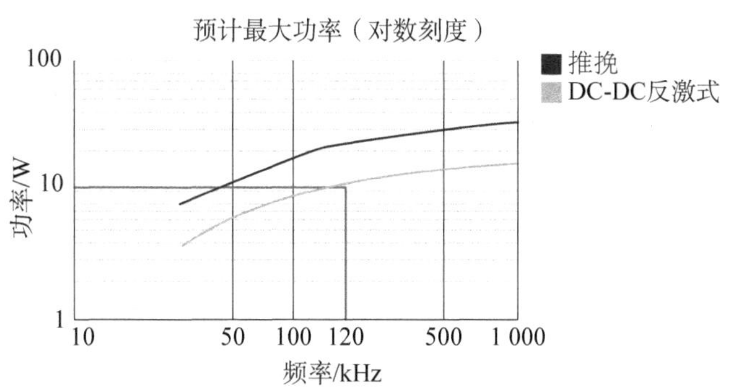

图 5.33　EP10 磁芯的额定功率值

最小匝数由最大饱和磁通密度和磁芯面积决定：

$$n_{PRI,\ MIN} = \frac{L_{PRI} I_{PRI}}{B_{SAT} A_{CORE}} \tag{5.42}$$

如已知输出电流数值，但尚未确定初级电流，在继续下一步之前，有必要估算初级绕组的电流。为此，必须先了解变压器的效率 η。可以采用 90%的典型值来进行计算：

$$L_{\text{LAVG, PRI}}=\frac{I_{\text{OUT}}(V_{\text{OUT}}+V_{\text{DIODEDROP}})}{\eta V_{\text{IN, MIN}}\delta_{\text{MAX}}}=\frac{5.5}{0.9\times 9\times 0.38}=1.78\text{ A} \tag{5.43}$$

对于 EP10，磁芯面积为 11.30 mm²，而铁氧体磁芯材料在 100 ℃时的最大磁通密度为 360 mT。由于使用电流模式调节，因此可以使用最大磁通密度值。对于电压模式稳压，则需要一些余量进行调节。

因此，最小匝数为：

$$n_{\text{PRI, MIN}}=\frac{L_{\text{PRI}}I_{\text{PRI}}}{B_{\text{SAT}}A_{\text{e}}}=\frac{58\,\mu\text{H}\times 1.78}{0.36\times 11.3\times 10^{-6}}=25\text{ 匝}$$

这是绝对的最小匝数。如有需要，可以选择绕制更多匝数以获得更大的安全裕量。通常建议额外增加约 10%的匝数，所以在本示例中，选择 28 匝较为合适。由于该变压器的匝数比为 1∶1，也可以得知次级匝数。

1∶1 变压器是最简单的绕制方式，但如果匝数比不同，例如 3∶2，那么选择一个能被 3 和 2 整除的匝数比会更为合适，比如 30∶20 匝。而对最大匝数的限制因素主要在于铜损耗和骨架上的可用物理空间。并且磁芯损耗是由磁通量变化引起的，这取决于磁芯的特性、纹波电流和匝数(匝数越多，通量摆幅越小)：

$$\Delta B=\frac{L_{\text{PRI}}I_{\text{RIPPLE, PRI}}}{n_{\text{PRI}}A_{\text{CORE}}}=\frac{58\,\mu\text{H}\times 1.78\text{ A}\times 0.3}{28\text{ t}\times 11.3\times 10^{-6}}=98\text{ mT} \tag{5.44}$$

其中，纹波电流通常选择为平均电流的 30%。

等式(5.44)给出了磁芯的满通量摆幅，为计算特定的磁芯损耗，需要使用该值的一半，即 49 mT，如图 5.34 所示。该图显示在 120 kHz 和 49 mT 时的相对磁芯损耗约为 10 kW/m³。

如图 5.34 所示为工作频率与磁芯损耗的关系，由于工作频率较低，磁芯损耗约为 2 mW，相对较低。例如，如果工作频率提高到 200 kHz，磁芯损耗将增加到 60 mW。

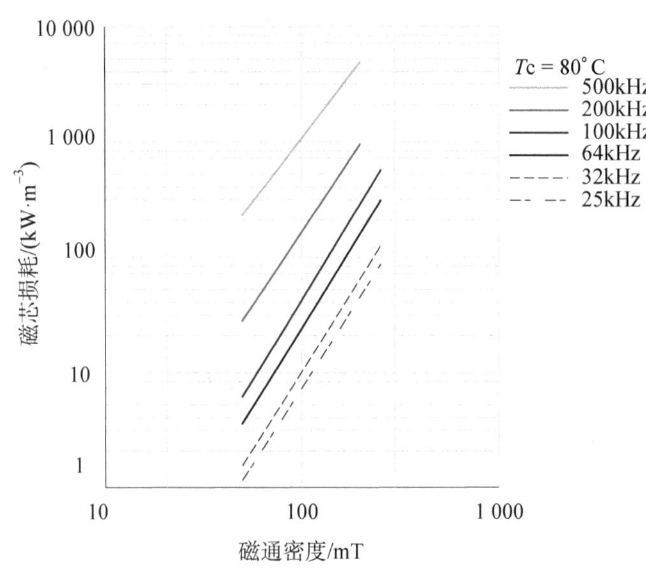

图 5.34 磁芯损耗与磁通密度和频率

所需的气隙(l_g)可通过以下关系式计算得出：

$$l_g = 1\,000 \frac{n_{PRI}}{L_{PRI}} \mu_0 A_{EFF} \tag{5.45}$$

A_{EFF} 是带缺口的铁芯腿的有效横截面积，如图 5.35 所示。对于方形支柱，其几何面积是宽度×深度，而对于圆柱形支柱，则是 πr^2。 边缘通量会影响该值，使该有效横截面积 A_{EFF} 比几何横截面积高出 110%到 125%。

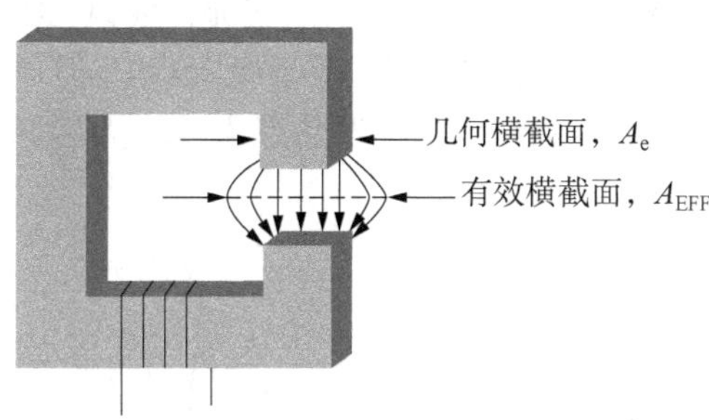

图 5.35　由气隙磁芯中边缘通量产生的有效横截面积 A_{EFF}

对于 EP10 磁芯，中央圆柱形支柱的直径为 3.45 mm。由于这是一种低功耗设计，边缘通量不会非常大，因此可以将几何横截面积作为初步近似值，然后得出所需的间隙长度大致为：

$$l_g = 1\,000 \frac{25^2}{58\,\mu\text{H}} 4\pi \times 10^{-7} \times 9.35 \times 10^{-6} = 0.126\,\text{mm}$$

铜损耗可以使用欧姆定律($P_{LOSS} = I_{RMS}^2 R$)计算得到。

流经次级侧和初级侧的 RMS 电流是初级侧导通状态和次级侧关断状态期间流动电流的平均值：

$$I_{MS,\,SEC} = \frac{I_{OUT}}{\sqrt{1-\delta_{MAX}}} = \frac{1}{\sqrt{1-0.38}} = 1.27\,\text{A} \tag{5.46}$$

$$L_{MNS,\,PRI} = \frac{I_{OUT}(V_{OUT} + V_{DIODEDROP})}{\eta V_{IN,\,MIN}\sqrt{\delta_{MAX}}} = \frac{5.5}{0.8 \times 9 \times \sqrt{0.38}} = 1.24\,\text{A} \tag{5.47}$$

在所举示例中，初级和次级绕组的线规和匝数比非常相似。这在简单的 DC - DC 转换器中十分常见，但在许多其他应用中，主绕组和副绕组使用不同的导线规格是更合理的选择。

1) 反激钳位电路及其相关损耗计算

典型的反激电路与第 1 章中给出的描述，忽略了一种十分常见的修改方式，即钳位电路。由于漏电感与输入绕组电容相互作用产生的附加电压应力，开关 FET 上的两端电压可能远高于简单的输入电压加上反射输出电压 (V_{OUT} 乘以匝数比 N)，这会导致额外的电压应力。

简化等式：

$$V_{PEAK} = V_{IN} + NV_{OUT} \tag{5.48}$$

实际等式：

$$V_{PEAK}=V_{IN}+NV_{OUT}+I_{PEAK}\sqrt{L_{LEAKAGE,PRI}/(C_{PRI,WINDING}+C_{FET,OSS})} \quad (5.49)$$

在所举的示例中，根据简化计算，FET 两端的峰值电压尖峰在最差情况下为 19 V，但如果组合寄生电容为 100 pF，寄生电感为 10 nH，那么实际峰值电压将更接近 32 V。因此，即使最大输入电压仅为 14 V，额定值为 30 V 的 FET 在实际操作中也无法持续很长时间。该问题的解决方案是在主电路中并联一个缓冲网络，以减少漏电感感应电压的影响。此缓冲或“钳位”网络可以消耗寄生漏电感中储存的能量，并减少开关 FET 的应力。

如图 5.36 所示，钳位电路可以吸收开关电压中的部分能量，但并不能阻止其产生。能量必须在某处耗散，无论是在钳位电路、开关 FET 还是变压器中，但通常很难实现最佳平衡。如果钳位电路中消耗的能量过多，二极管 VD_1 会发热严重。增大串联电阻 R_1 只会将散热位置从二极管转移到电阻器。

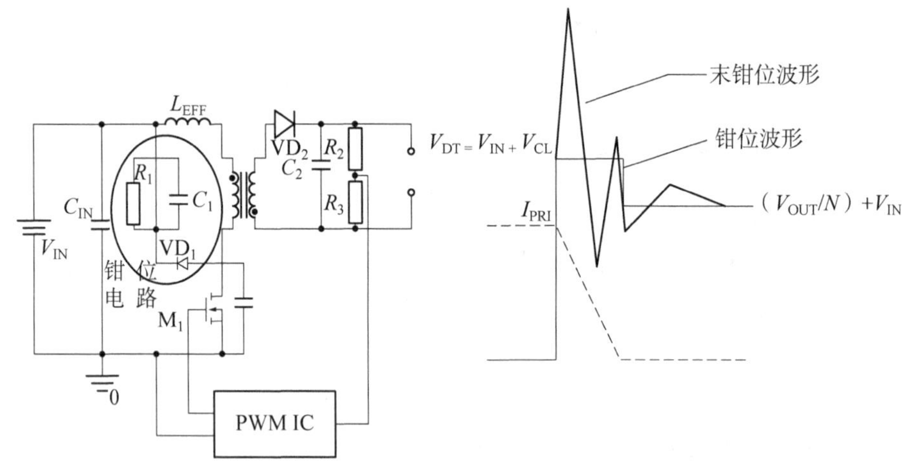

图 5.36 钳位电路及其对开关波形的影响

若钳位电路保持最小化且使用电压等级较高的 FET，则电磁干扰可能会增加。未阻尼的开关尖峰可能会在设计中引发严重的电磁兼容性问题，包括传导和辐射的射频(RF)辐射。此外，高电压的开关尖峰会导致变压器内部产生更高的电流耗散，从而提高核心温度，导致效率降低或变压器过热。通常来说，即便 FET 能够承受峰值电压，钳位电路也始终是必不可少的。因为在提高效率和降低 EMI 方面所带来的好处，往往超过了钳位组件的额外成本。

钳位电路元件必须尽可能地靠近变压器。开关尖峰会导致高峰值电流流过由初级绕组、R_1、C_1 和 VD_1 形成的回路，因此回路包围的面积越小，辐射的电磁干扰就越低。

钳位二极管应选用超快恢复功率二极管，以降低能耗。电阻通常使用薄膜功率电阻器(应避免使用线绕电阻器，因为其固有的高电感可能会产生不良影响)，在选用电阻器时，不仅要验证其直流功率在额定值，还要确保峰值功率也满足要求。钳位电阻器和二极管在工作时通常会发热，应调整相关元件的参数，确保这两个元件都在各自的工作温度额定范围内。

PCB 走线应设计得既粗又厚，以将阻抗降至最低。同时必须注意防止钳位元件产生的热量(温度可能达到约 100 ℃)沿着铜线传导回变压器。为解决该问题，如图 5.37 所示，可改用通孔式二极管，并在安装时用垫圈将其与 PCB 隔开，同时采用多个并联的功率电阻器来分散热量。

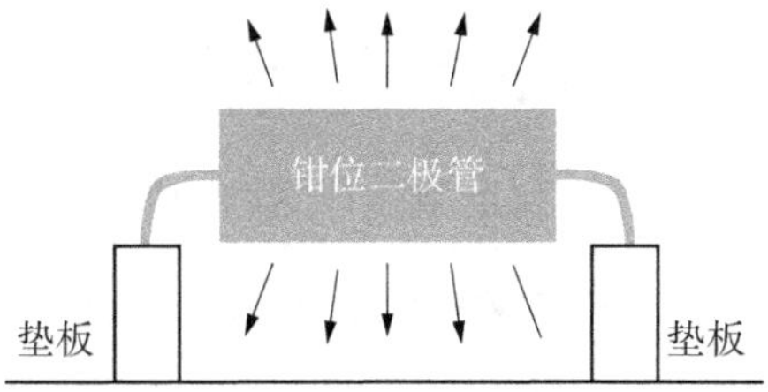

图 5.37　将钳位二极管安装在远离 PCB 的位置以帮助散热

2）准谐振反激模式的变压器设计原理

标准反激拓扑的一个常见变体是采用准谐振开关技术。如图 5.38 所示，在这种配置中，初级开关持续导通，直至输出变为非连续（DCM）模式，此时变压器中残余的能量会因初级电感和寄生电容之间的相互作用而开始谐振（即发生振铃现象）。然而，一旦达到谐振波形的第一个低谷值，初级开关便会立刻断开，使谐振在第一个低谷之后得到控制并停止。

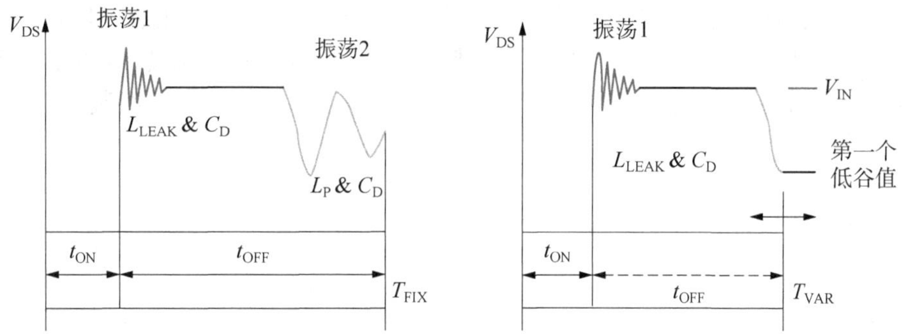

图 5.38　谐振和准谐振开关波形

由于匝数比决定了反激电压波形，因此这会对变压器的设计产生影响。如果反激电压等于输入电压，那么在第一个谷值时将出现零电压开关条件，从而使得开关损耗极低。理想情况下，匝数比应使反激电压等于或稍低于最小输入电压。

由于关断时间 t_{OFF} 与负载相关，因此准谐振拓扑具有可变的工作频率。此外，许多准谐振控制器还可以通过调节主电流峰值来提高效率。等式(5.34)中给出的简单初级电感关系式完全基于输出电感和匝数比，这在可变频率条件下已不再适用，使初级电感计算变得更加复杂：

$$L_{PRI,\ MAX}=\frac{N_{RATIO}^2V_{OUT}^2V_{IN}^2Eff}{2f_PP_{OUT}[N_{RATIO}^2V_{OUT}^2+2N_{RATIO}V_{OUT}(V_{IN}+V_{IN}^2)]} \tag{5.50}$$

其中，

$$N_{RATIO}=\frac{N_{PRI}}{N_{SEC}} \tag{5.51}$$

如果初级电感过低，电源将在过大的负载范围内运行于临界导通模式（DCM），从而导致效率降低。如果初级电感过高，开关频率可能会降到准谐振控制器集成电路的最低限制以下，从而可能过早进入脉冲跳过模式。因此，理想的变压器主电感应等于或略低于这个计算值的 10%。

可以使用反激变压器设计部分给出的相同关系式来计算绕组中的 I^2R 损耗。变压器中的峰值磁化电流与电感成反比，因此较高的主电感是有利的：

$$I_{PKMAG}=\frac{V_{IN,\ MAX}\delta_{MAX}}{L_{PN}f} \tag{5.52}$$

如表 5.6 所示,比较采用等效反激和正激拓扑的两种变压器设计。

表 5.6 反激与正激变压器设计比较

值	反激式	正激式
磁芯尺寸	EP10	P9/5
初级绕组	28 匝	12 匝
次级绕组	28 匝	20 匝
复位绕组	无	12 匝
总计	56 匝	44 匝

尽管正激转换器设计需要的匝数较少,但仍需要三个独立的绕组,组装更耗时。这就是为什么在低功耗设计中,反激拓扑通常优于正激拓扑。但是,对于高电流设计,相比于反激拓扑的脉冲传输,正激转换器为连续能量传输,所以即使变压器设计需要额外组装工作,这样的投入也是值得的。

5.4 整数匝数和分数匝数计算

对于具有单一输出的变压器设计,匝数比可以很容易地选择为主绕组和副绕组的整数。然而,对于多输出变压器,匝数比的计算可能会变得复杂。

例如,如果选择单个 5 V 输出的反激式设计,并且期望增加 1.5 V 的辅助输出,那么额外的绕组匝数将如下计算:

$$N_{AUX}=N_{SEC}\frac{V_{AUX}+V_{DIODEDROP}}{V_{OUT}+V_{DIODEDROP}}=29\times\frac{1.5+0.5}{5.0+0.5}=10.5\ \text{匝} \tag{5.53}$$

但如何绕制半匝呢?技巧在于使用 EE 形磁芯绕磁芯的一个支柱而非中心增加整匝绕组。由于磁通量在磁芯中对称分布,半数磁通会通过一条支柱,而另一半则通过另一个支柱,因此绕制一个支柱的完整匝数相当于半个匝数,如图 5.39 所示。这种方法同样适用于具有四个支柱的 RM 形或 X 形磁芯,以实现四分之一匝的绕制。

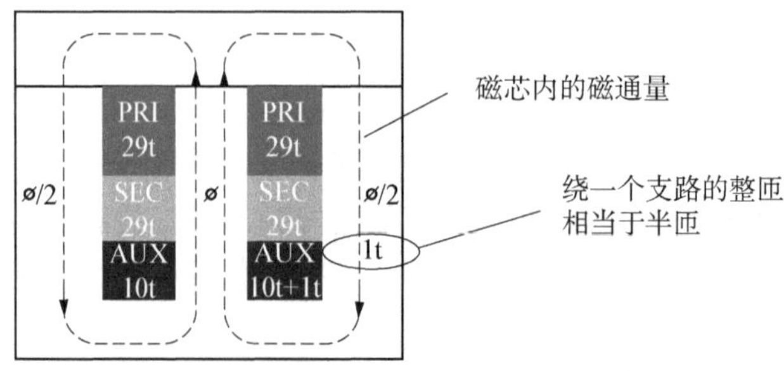

图 5.39 在一个支柱绕制增加整匝 EE 形磁芯等同于半匝

5.4.1 变压器漏电感和耦合电容分析

事实上，漏电感和绕组层间的电容会引起电压尖峰，而这些尖峰会随着所需的开关能量一起被传输到输出端。额外的输出电压尖峰会被次级二极管整流，随后叠加到输出电压上。对于任何变压器设计，这种额外的电压量是恒定的。因此，在低负载或空载时影响更为明显，而在高负载下，高负载电流有助于快速释放多余能量。

并且，初级侧的电流或电压尖峰同样会引发问题，其会增加磁芯和绕组的损耗，并对开关晶体管和钳位元件施加应力。如图 5.40 所示，该图显示了漏电感和绕组电容对初级侧开关波形的影响。

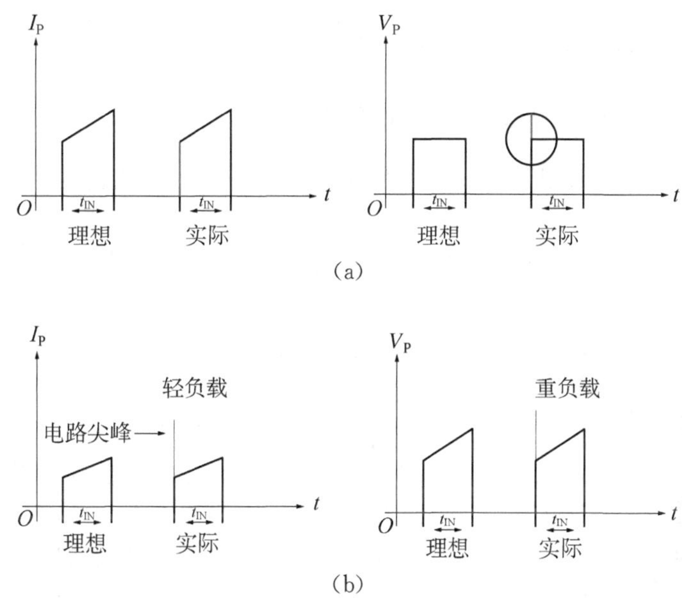

图 5.40 漏电感和绕组电容对初级侧开关波形的影响

(a) 漏电感对初级侧开关波形的影响；(b) 侧漏电容对初级侧开关波形的影响

减少漏电感的最佳方法是将绕组交错排列，此方法可以减少邻近效应，使连续的绕组层抵消层间的漏电感效应。但是，由于交错排列会增加绕组层间电容，漏电感和绕组层间电容成反比。此外，高绕组电容会引起谐振效应(前沿振铃)、过大的电流尖峰会导致初级侧损耗过高，以及磁芯和绕组之间的静电耦合问题。

5.4.2 变压器漏电感减少方法

图 5.41 展示了不同绕组模式对漏电感的影响。对于分段式绕组，其有效绕组宽度，即当初级绕组和次级绕组平行时的长度是常规绕组模式的 2 倍。而对于交错式绕组，初级和次级绕组均为分段设计，其有效绕组宽度则是其长度的 3 倍。

对于传统变压器，低绕组电容、高漏电感的近似计算：

$$L_{\text{LEAKAGE, PRI}} = \frac{4\pi MLT \times N_{\text{PRI}}^2}{W}\left(T + \frac{B_1 + B_2}{3}\right) \times 10^9 \tag{5.54}$$

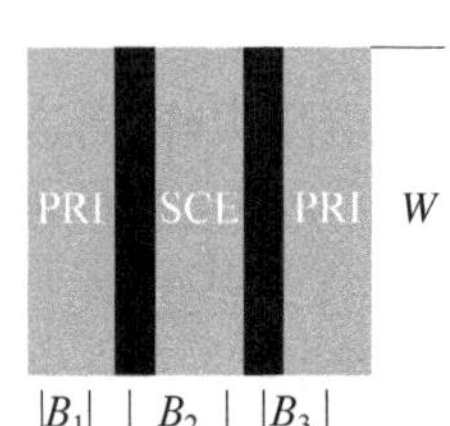

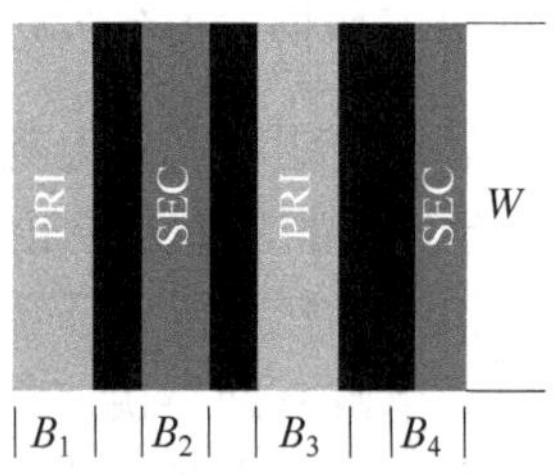

图 5.41 传统变压器、分裂初级绕组模式、交错绕组模式

对于分裂初级绕组模式，中等绕组电容、中等漏电感的近似计算：

$$L_{\text{LEAKAGE, PRI}}=\frac{4\pi MLT\times N_{\text{PRI}}^{2}}{2W}\left(2T+\frac{B_1+B_2+B_3}{3}\right)\times 10^{9} \tag{5.55}$$

对于交错绕组模式，高绕组电容、低漏电感的近似计算：

$$L_{\text{LEAKAGE, PRI}}=\frac{4\pi MLT\times N_{\text{PRI}}^{2}}{3W}\left(3+\frac{B_1+B_2+B_3+B_4}{3}\right)\times 10^{9} \tag{5.56}$$

图 5.42 使用宽且扁平的绕组以减少漏电感

初级漏电感 $L_{\text{LEAKAGE, PRI}}$（单位为亨利）取决于初级匝数 N_{PRI}、匝数的平均长度 MLT 和总外形高度（B_1、B_2 加上绝缘厚度 T），以及与绕组宽度 W 的反比关系。分段式或交错式绕组会增加有效绕组宽度，从而减少漏电感。然而，分段式或交错式绕组的缺点是初级与次级之间的绝缘厚度（T）增加了 1 倍或 3 倍。为满足安全规定，绕组之间需要留出最小爬电距离/间隙，并且所有相邻绕组之间都必须保持该距离。对于较小的变压器，增加绝缘屏障厚度将影响其稳定，因为增加总体外形高度会进一步增加漏电感。为解决此问题，如图 5.42 所示，可以采用宽且扁平的变压器磁芯，而不是紧凑且较厚的磁芯，并且需要按照传统方式进行绕线，无须分段绕组。

上述两个绕组示例具有相同的匝数，但左侧形状具有一般的漏感，但耦合电容将会加倍。除了漏电容充放电所需的额外开关电流之外，较高的层间电容还可能导致意外的谐振行为。开关波形中出现的前沿振铃是漏电感与层间电容相互作用的结果。这种效应不应与准谐振拓扑相混淆，后者需要低频谐振。寄生谐振频率将会非常高，可达数十兆赫，因此滤除产生的电磁干扰可能极其困难。图 5.43 所示为绝缘胶带“绷带”绕组，因胶带重叠导致爬电距离增加，确保电气安全。谐振频率计算公式如下：

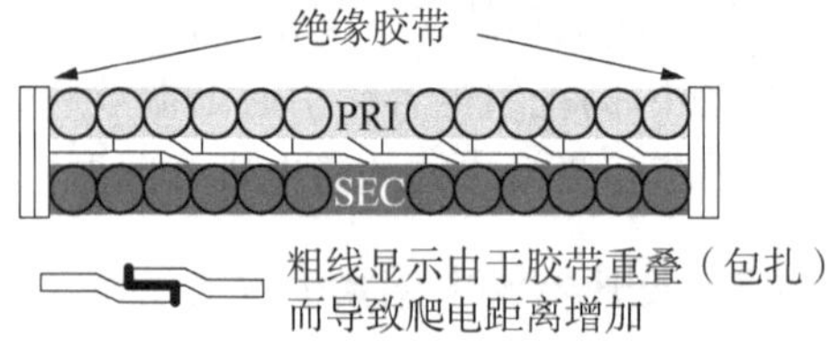

图 5.43 绝缘胶带“绷带”绕组

$$f_{\text{共振}}=\frac{1}{2\pi\sqrt{LC}} \tag{5.57}$$

5.4.3 减少变压器侧漏电容的方法

典型的降低绕组电容方法是回折绕组，如图 5.44 所示，在每一层的末端，导线直接返回到起始点，并在上一层之上按相同方向绕制下一层。这样可以减少相邻层之间的电压差，从而降低绕组电容。

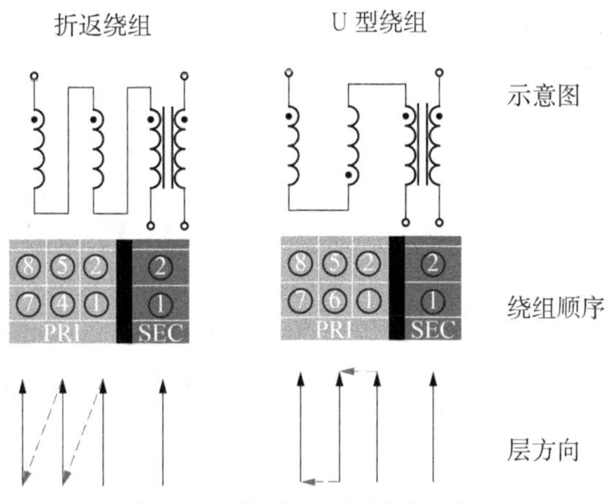

图 5.44 折返型与 U 型绕组模式

相同的回绕技术也可以用于环形变压器，以降低绕组电容。如图 5.45 所示，累进式绕组由几圈并排连续绕制而成，然后将相同数量的圈以回绕方式作为第二层，再在第三层继续前绕（这与上述的 U 型绕组序列相同），然后在环形变压器上再重复这一序列，直到达到所需的总圈数。通过将传统的连续绕组分解成较小的回绕部分，可以减小整体的绕组电容。

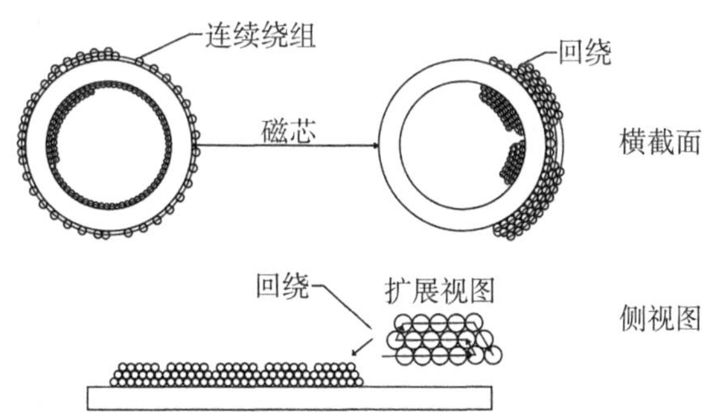

图 5.45 累进式绕组模式（常与环形磁芯一起使用）

5.5 变压器磁芯温度分析

在绕制变压器绕组之前，可以通过将热电偶安装到绕组骨架上来测量磁芯温度，该方法可以十分准确地测量磁芯核心温度，但绕组内的电压梯度可能导致最热点并不一定在骨架的中心位置。

由于绕组内产生的电压非常高，电容效应会在绕组内产生高电位，而高 dV/dt（电压变化率）的尖峰电压则会通过绝缘层耦合至热电偶传感器，尽管传感器已经与绕组隔离。由于热电偶传感器放大器相对低阻抗，容易成为尖峰和放电能量的接地点，因此极易受到损坏。解决方案是仅使用隔离式热电偶放大器来测量变压器铁芯温度。

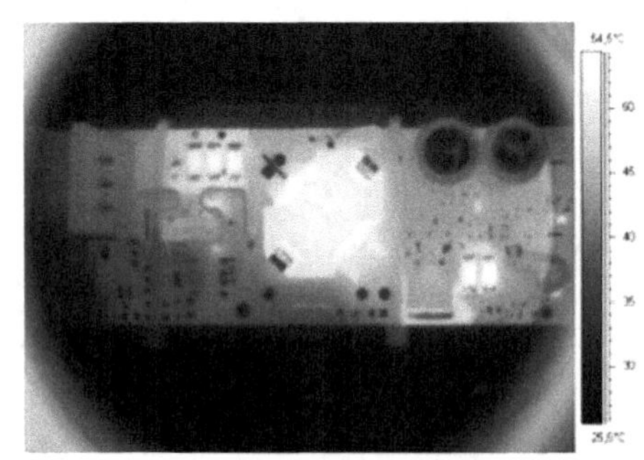

图 5.46 热像仪图像

另一种测量变压器温度的方法是使用热成像相机。高质量的红外相机还支持拍摄视频，这是一个非常实用的功能。如图 5.46 所示，使用该功能，可以在室温下开启应用，并在温差平衡至最终工作温度之前，轻松检测到局部热点。

在监测变压器磁芯温度时，通常采用提高环境温度的方法，在环境温度升高过程中，过温（环境温度与磁芯温度之间的差值）应保持恒定。例如，如果在环境温度为 25 ℃时，磁芯温度为 85 ℃，则当升温到 40 ℃时，其磁芯温度不应高于 100 ℃。一旦温差开始出现偏差并升高，则表明已达到设计限值。

使用阶梯式温度测量而非仅仅使用绝对温度测量，有助于理解温度漂移。由于变压器温度升高，其周围的环境温度无法保持恒定，即使是在恒温箱中，因此测量结果总是随时间漂移，如图 5.47 所示。

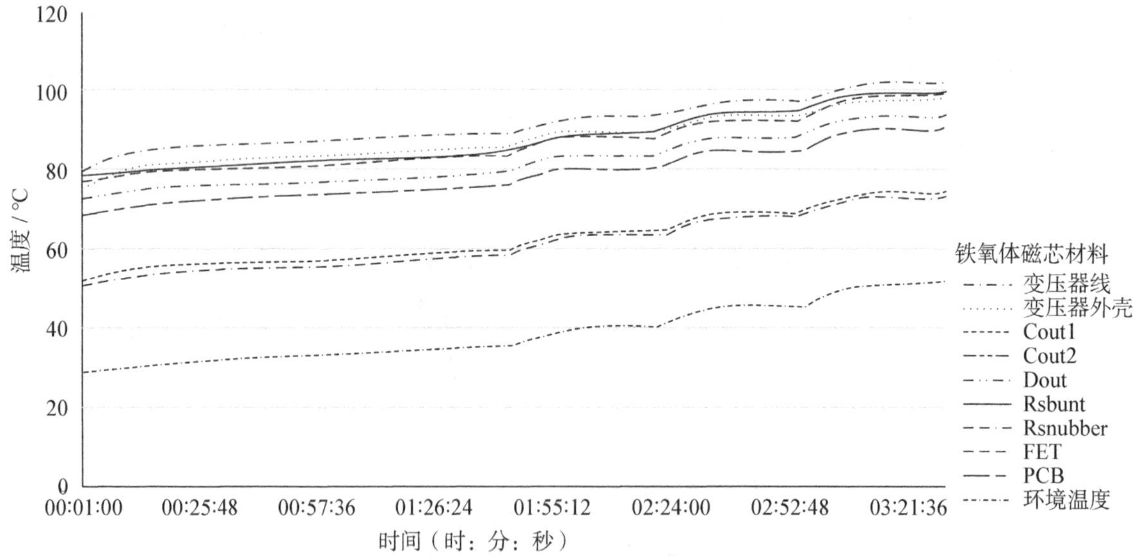

图 5.47 变压器磁芯过温测量示例

最高允许环境温度是，在最差的输入电压和满载条件下，变压器磁芯达到其最大限制温度。变压器磁芯的过温值取决于其绝缘温度等级，根据使用的磁线类型和绝缘材料等级，其温度可以低至 105 ℃。表 5.7 显示了常见的系统等级限值。若环境温度进一步增加，则必须通过降低负载进行补偿，以减少磁芯中散发的热量。

$$T_{\text{AMBIENT, MAX}} = T_{\text{CORE, MAX}} - T_{\text{DISS}} \tag{5.58}$$

表 5.7 常见的变压器等级

变压器等级（绝缘温度等级）	最大值高于环境温度的温升/℃	正常工作期间的最高磁芯温度/℃	故障条件下的最高磁芯温度/℃
A级	60	105	150
E级	75	120	165
B级	80	130	175
F级	100	155	190

为了确保变压器在正常运行中不会过早失效，必须留出一定的安全裕度。安全裕度是指为应对温度传感器与变压器最热部分失准留出的裕度因子。在紧凑型设计中，安全裕度通常为5℃，而对于大型变压器，安全裕度可以达到30℃。如图5.48所示为变压器温度余量。例如，对于B级变压器，在最高环境工作温度为85℃、自发热温升为25℃、热点余量为5℃时，其安全裕度为15℃。上述实例表明，在设计时要考虑到额外的温度、负载或其他应力因素，以防止设备因长期使用或环境变化而提前损坏。

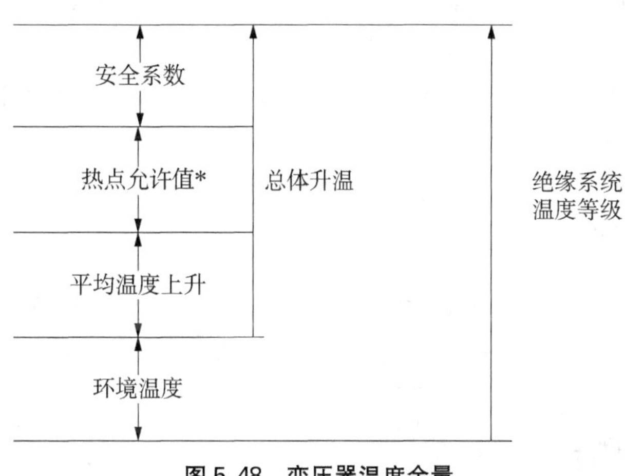

图 5.48 变压器温度余量

5.6 电磁干扰评估

电磁兼容性是变压器设计中的难点，许多设计满足了所有的功率、效率和温度要求，却在电磁辐射测试中失败，完全合规的电路和失败的原型之间的差异可能是极其微小或极其复杂。

设计变压器EMC最困难的部分在于测试EMC的方式，宽带天线或传导发射频谱分析仪会捕捉到整体信号，包括所有的底层元素，但无法识别出是哪个元件产生了哪部分干扰。因此，如果有三个不同的元件都产生了相似水平的干扰，那么即使解决了其中两个问题，也不会改善干扰信号的影响，只有当这三个干扰源都被修正时，才能得到改善。所以在工程实践中，即使对电路或元件进行了有效的更改，由于没有观测到产生任何效果，也可能会被忽略，只有当进行另一不相关的更改时，第一个更改的益处才会显现出来，这使得通过试错法解决EMC问题几乎不可能。面对上述问题，没有能解决问题的万能公式。只有一些指导原则，如若违反这些原则，将会使情况变得更糟。

关于可以帮助满足 EMC 规定的基本设计原则如下：

(1) 变压器的位置：变压器的位置可能会影响邻近的部件并引发 EMI。特别是带气隙的磁芯会产生足够强的场，从而在周围组件中引发传导 EMI。因此，应将变压器放置在远离电路板走线、连接器或未接地的金属部件等潜在缺陷的位置。

(2) 降低磁通密度：降低磁通密度可以减少辐射场。使用更大的磁芯面积和更多匝数将有助于减少辐射。有时，当其他方法都失败时，增加变压器磁芯尺寸可能会解决 EMI 问题。

(3) 增加接地的电磁屏蔽：在变压器上添加接地屏蔽，可以减少涡流辐射、静电积聚，以及初级和次级间的高频耦合。

(4) 对反激设计进行优化：保持钳位回路紧凑，减少 FET 漏极连接长度。

进一步详细阐述接地电磁屏蔽，屏蔽分为两种类型：其中一种是"腹带"式屏蔽，即在变压器绕组外侧绕上单匝箔带或多匝导线，并将其接地并连接到磁芯。它自成一个闭环，从而将杂散涡流困在屏蔽内并加以抑制。如果变压器的最外层绕组能够接地，则不需要腹带式屏蔽，但磁芯仍需接地。第二种类型是接地的法拉第静电屏蔽，通常由位于初级和次级绕组之间不完整的金属箔带圈或形成半圈绞合导线回路构成。法拉第屏蔽可以阻止绕组之间的高频静电耦合，即减少绕组间电容，但不会影响功率传输。如果没有静电屏蔽，静电将在变压器内部积聚，从而增加辐射电磁干扰，潜在地损坏绝缘也将会引发安全问题。分裂绕组需要多个屏蔽，在大型变压器中，每个屏蔽需要多个接地连接。需要注意的是，屏蔽必须连接到静态地面，否则其有效性将会受到影响。如图 5.49 所示，左图显示的是粘在磁芯上的静电屏蔽线，右图显示的是典型的"腹带"式涡流屏蔽。

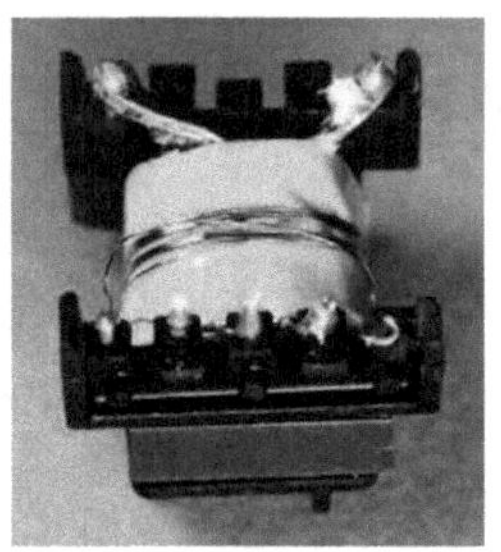

图 5.49　变压器 EMC 屏蔽示例

本章小结

本章从磁性元件的基本原理入手，详细探讨了不同类型磁芯和电感的特性及其对设计的影响。首先介绍了磁芯饱和电感器、气隙电感器的使用、不同形状的磁芯选择，以及磁芯损耗的多种来源，如互感损耗、涡流损耗、趋肤效应和邻近效应等。这些知识为电源转换器的设计奠定了基础。

在降压转换器设计实例中，本章展示了如何计算电感、MOSFET 和二极管的损耗，并进一步讨论了升压转换器的设计。通过这些实例，读者可以直观地了解如何将理论应用于实际电路设计中。

其次，本章介绍了变压器设计，涵盖了 Royer 自激振荡器的工作原理和设计要点，前向变压器和反激变压器的设计过程，包括引入的钳位电路及其损耗分析。特别对准谐振反激模式中的变压器设计进行了深入探讨，以帮助设计者更好地应对不同工作模式中的损耗问题。

再次，讨论了变压器绕组全匝和分数匝数的选择，泄漏电感和电容的影响，以及减少这两者的方法，以提高变压器的效率和稳定性。最后，本章还提出了确保变压器核心温度的控制方法，并简要说明了电磁干扰的重要性，强调了满足 EMC 标准的设计策略。这些内容为实际应用中的变压器设计提供了可靠的参考和指导。

第6章

DC－DC 转换器的可靠性分析

本章主要探讨了 DC－DC 转换器的可靠性分析，包括可靠性预测方法、失效率与平均失效间隔时间(mean time between failures, MTBF)计算、环境压力对可靠性影响、温度对MTBF影响、可靠性设计原则、PCB 布局对可靠性影响、电容和电感元件可靠性分析，以及静电放电对器件稳定性影响等。本章提供一套系统的分析框架，帮助设计者理解和提高 DC－DC 转换器的可靠性。

6.1 可靠性预测原理与方法

人们一直关心设备能够正常使用多长时间，由于没有人可以精确地预测未来，所以经常用统计法来预测元器件、装配件或者装置的可靠性。最早预测电子元件和配件可靠性的系统方法是美国军方的 Military Handbook-Reliability Prediction of Electronic Equipment，通常称为 MIL－HDBK－217，其主要基于马里兰大学对大量电子、电气和电子机械设备的现场故障进行分析，从而测量并得出各种元器件的故障率。直到 1995 年，最终版本为 MIL－HDBK 217F Notice 2。其囊括了两种用于预测产品可靠性的方法：部分应力分析(part stress analysis，PSA)与部件数量分析(parts count analysis，PCA)。PSA 方法需要获取大量详尽信息，通常应用于器件后期阶段。在此过程中所收集的测量数据和初步结果，可用于构建可靠性模型。PCA 方法只需要很少的信息，例如，零件数量、质量等级和应用环境。

MIL－HDBK 217 标准的显著优势在于，其采用的 PCA 方法能够仅依据材料清单和预期使用量对产品未来可靠性进行预测。因此尚未生产产品的可靠性可以通过下面计算公式进行预测：

$$\lambda_p = (\sum N_C \lambda_C)(1 + 0.2\pi_E)\pi_F \pi_Q \pi_L \tag{6.1}$$

其中，N_C 为元件数量(每种元件)、λ_C 为每种元件的可靠性(基本值取自数据库)、π_E 为环境应力因数(由具体应用决定)、π_F 为混合功能应力(由元件之间的互相作用引起的附加应力)、π_Q 为筛选等级因数(根据元件公差的标准或预先筛选)、π_L 为成熟度因数(已知的并已经测试过的设计或者新的尝试)，通过计算可以得到每个元件的特性，总可靠性可以由所有单个结果相加得到。如表 6.1 所示为通过元件数量计算 DC－DC 转换器的 MTBF 的例子。

表 6.1 通过元件数量计算 DC-DC 转换器的 MTBF 的例子

序号	元件	数量	π_P 失效率[10^{-6}/h] TAMB=25 ℃	π_P 失效率[10^{-6}/h] TAMB=85 ℃
1	三极管	2	0.0203	0.0609
2	二极管	2	0.1089	0.5443
3	电阻	3	0.0370	0.1716
4	电容	5	0.1699	1.7000
5	变压器	1	0.2256	1.9200
6	PCB 引脚	2	0.0092	0.0092
	总失效率 10^{-6}/H		0.5708	4.4060
	平均失效间隔时间 (MIL-HDBK-217F)		1751.927	226.963
	状态	输入 输出	额定输入 满载	额定输入 满载

失效率可通过两次发生失效间隔的平均时间(单位为小时)来界定,即平均失效间隔时间。此外,失效率亦可通过首次失效出现所需的平均时间来界定,即平均故障前时间(mean time to failure,简称 MTTF)。如图 6.1 所示,标准的失效率曲线通常采用"浴盆曲线"来表示。所有元件和系统的失效率曲线大致相似,仅在时间轴上延伸程度上有所差异。该曲线可划分为三个阶段:初期失效阶段(Ⅰ)、随机失效阶段(Ⅱ)和磨损失效阶段(Ⅲ)。MTTF 涵盖了第一阶段和第二阶段,而 MTBF 则仅包含第二阶段。

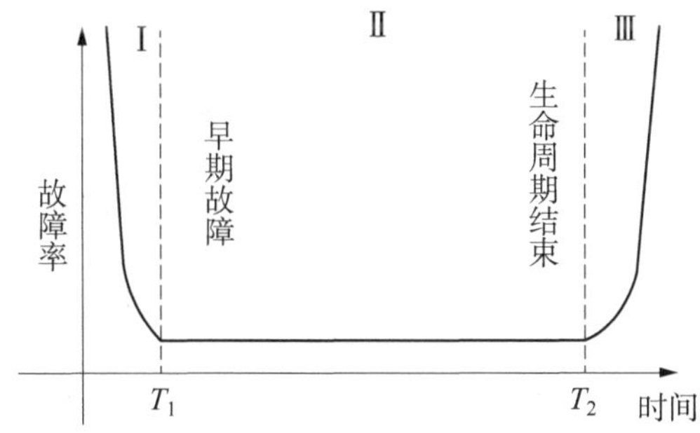

图 6.1 失效率浴盆曲线

图 6.2 DC-DC 转换器在预烧室中进行测试(TAMB=40 ℃)

在初期失效阶段(Ⅰ),出现很多故障现象,该现象通常是由潜在材料缺陷或器件出货前最终检测未能发现的制造问题所引起的。早期故障往往持续时间较短,即便是复杂系统,在运行 200 h 后也很少再出现早期故障。对于 DC-DC 转换器而言,大多数早期故障将在投入使用的前 24 h 内发生。虽然 24 h 对于设计寿命为三年的转换器来说可能显得微不足道,但考虑到工作频率为 100 Hz 的 DC-DC 转换器,其开关三极管和变压器在第一天的使用中将经历超过 1.4 亿次循环操作,因此,如果存在元件缺陷,很可能在该时期内导致故障发生。

热应力是提升失效率的因素之一,如图 6.2 所示,通过在热箱中进行预烧处理,可以显著缩短从早期故障阶段过渡到有效工作阶段的时间(记为 T_1)。如果转换器在高温满载条件下运行，则进行 4 h 的预烧时间测试揭示几乎所有早期故障。若在最终应用中仍出现早期故障，可以考虑延长预烧时间。对于铁路等要求高可靠性的应用场合，预烧时间通常设定为 24 小时。

在有效工作寿命阶段，即区域Ⅱ，故障率保持在较低且稳定水平。第二个过渡时间，即 T_2，是有效工作寿命阶段向寿命终期过渡，该时间受到多种因素影响，包括器件设计、所用元件的质量、制造过程中的组装质量以及应用环境的压力。区域Ⅲ标志着器件寿命末期，在该阶段，由于磨损、材料的化学降解和突发性故障，器件性能逐渐下降。失效时间(failures in time, FIT)是 MTBF 失效率的倒数，其以 10^9 h 为单位，可表示为：

$$\mathrm{FIT}=\frac{10^9}{\mathrm{MTBF}} \tag{6.2}$$

6.2 环境压力因素分析

MIL - HDBK - 217 标准包含了基于通用军用设备的可靠性模型。该模型指出，应用环境对所使用的 DC - DC 转换器的可靠性具有显著影响，例如，在舰船上使用的转换器，即便处于干燥地区，含盐分的空气腐蚀也可能缩短其工作寿命。如表 6.2 所示为根据 MIL - HDBK - 217 的应用分类。

表 6.2 根据 MIL - HDBK - 217 的应用分类

环境	π_E 符号	MIL - HDBK - 271F 描述	商业解读或实例
良性地	GB	固定的，湿度温度可控，维修方便	实验室设备，特殊仪器，台式电脑，静态通讯类
地面移动	GM	装备于轮式车辆或拖车的设备，手动搬运设备	车载仪器，无线电通信，便携式电脑
海上有遮蔽	GNS	水上船只的有遮蔽或者甲板下的装备，潜艇装备	导航仪，无线电设备甲板下使用的仪器
飞机	AIC	可容纳空勤人员的典型货舱条件	加压的客舱，驾驶舱，载人舱机载娱乐设备，对安全性要求不太苛刻的应用
太空飞船	SF	地球轨道，非用于动力飞行或空间返回的飞船	轨道通信卫星，就地使用的设备
导弹发射	ML	与导弹发射有关的一些环境	一些震动冲击，加速度极高的卫星发射的环境

MTBF 计算的修正因数将随环境变化而改变，如表 6.3 所示为不同环境下的修正因素。

表 6.3 根据环境而定的 MTBF 修正因数

环境	π_E 符号	π_E 值	除数
良性地	GB	0.5	1.00
地面移动	GM	4.0	1.64

(续表)

环境	π_E 符号	π_E 值	除数
海上,有遮蔽	GNS	4.0	1.64
船载人舱	AIC	4.0	1.64
太空飞船	SF	0.5	1.00
导弹发射	ML	12.0	3.09

例如,在手提设备的应用中,必须考虑到额外的环境压力因素,如冲击、振动和温度的急剧变化等。MIL-HDBK-217 标准的某项分析结果显示,航天器所处的环境条件与普通地面环境同样优越。无论是在卫星还是宇宙飞船中,环境状况都受到精确控制,既无振动也无空气污染,因此从理论上讲,电子设备的使用寿命极长,然而,实际上,宇宙射线可能会穿透半导体基板并导致故障。

在设计中,可使用增加有高能射线防护的元件来制造 DC-DC 转换器,应尽可能减少 IC 使用,而采用更为简单的电路方案。FET 由于其基极表面积较大,不易受到宇宙射线引起的局部点状损伤,因此具有较好的耐受性。基于此考虑,通常仅采用离散元件的推挽式 DC-DC 转换器,其更适合应用于宇宙空间环境。

6.3 平均故障间隔时间分析

平均故障间隔时间(mean time between failures,MTBF)的真实值和标注值存在误差,例如,标注 MTBF 值为 100 万小时并不意味着器件的实际工作寿命为 $1\,000\,000 \div 24 \times 365 = 114$ 年。MTBF 的定义是失效率的倒数,所以如果 100 个 DC-DC 转换器中有 1 个在工作了 10 000 h 后发生的故障为 $10\,000 \div 1 \times 100 = 100$ 亿年。另外,如果在野外一定数量成品的年故障率必须低于 1%的话,则所要求的 DC-DC 转换器 MTBF 为:$365 \times 24 \div 1\% = 876\,000$ h。

MTBF 指标有助于预测在野外环境下所需的维护成本。然而,当 MTBF 以千小时或百万小时为单位表述时,可能会造成误解,以先前提到的第一个例子为例,转换器的 MTBF 值为 100 万小时,相当于 114 年,但这并不意味着每个转换器都能长时间持续工作,实际上,单个转换器可能在投入使用 13 个月后将发生故障。为了更直观地解释该表面上的“计算错误”,可以类比人类的寿命:假设 25 岁成年人的平均年故障率为 0.1%,则可以预期在每 1 000 名 25 岁成年人中,每年大约有 1 人会去世,据此计算,人类的 MTBF 值将达到 800 年。然而,该数值之所以如此之高且具有较大变动性,是因为在有效使用寿命的中期阶段,故障率极低。当该低故障率乘以相当长的时间周期时,故障率的微小变化也将导致 MTBF 值变动。这也解释了为何人类的实际寿命远低于 800 年。在 25 岁时,大多数人处于身体健康的巅峰期,死亡的主要原因往往是意外事故,则理论上人类的寿命可以达到 800 年。然而,如果选择不同年龄段,比如,45 岁,人类的 MTBF 值将显著不同,因为在 45 岁之前的年龄阶段,人体就开始逐渐衰弱。

故障率在工作寿命周期的最后阶段(生命终期)呈指数增长,可以通过如下公式计算可靠性 $R = e^{-(T/\mathrm{MTBF})}$。若时间等于平均故障间隔时间,则等式可简化为 e^{1} 或 37%。该结果可解释为仅有 37%的转换器仍在正常运行,或者换言之,所有转换器持续工作的概率为 37%。

6.4 验证过的平均失效间隔时间

大多数 DC - DC 转换器制造商并不具备长时间跟踪测量产品实际故障率及变化率的条件，也普遍不具备让一款转换器在市场上持续流通五十年并收集其相关有效数据以提升产品可靠性的能力。获取可靠性数据最实用方法是在假设故障率保持恒定条件下，利用各种部件的测量经验值推算获得。然而，一旦有产品大量进入市场或经过长时间的测试阶段，便能够获得更为精确的可靠性数据，该数据被称为验证过的 MTBF。由于实际操作中的样本量和观测时间受到限制，则实际测得的故障数可能偏低。因此，必须借助统计工具，例如，卡方(χ^2)分布，以及合理的置信区间，例如 95%的置信区间，来计算验证过的 MTBF 值，这里 T 为时间，0.05 代表 95%的分界点，ν 为χ^2 函数的自由度。

$$\mathrm{D_{MTBF}} = \frac{2T}{\chi^2(0.05\nu)} \tag{6.3}$$

此外，还有其余模型可以得出器件故障率，除了 MIL - HDBK - 217 标准模型以外最常用的是 Bellcore/Telcordia TR - NWT - 332 和 IEC61709 模型。但因为计算所依据的假设不同，所施加的工作电压也不同，所以所得的结果也大不相同。对于同一种 30 W 的 DC - DC 转换器，MILHDBK 217F Notice2 的 MTBF 值为 435 千小时，Bellcore/Telcordia TR - NWT - 332 的 MTBF 值则超过 300 万小时，而 IEC61709 的 MTBF 值为 80 万小时。两种产品的性能标准相似且计算 MTBF 时使用的模型和压力因子相同的情况下，较高 MTBF 值的产品在实际使用中可靠性将较高。

6.5 平均失效间隔时间和温度分析

由于化学反应的活化能效应，元件可靠性受到温度的影响，并随着温度的升高而降低，因此，所提供的数据中的 MTBF 值通常仅适用于室温环境。早在 1898 年，瑞典化学家阿伦尼乌斯证明了化学反应速率与温度有关，即温度每升高 10℃，化学反应速率将增加 1 倍。

$$k = A\exp\left(\frac{-E_{\mathrm{A}}}{k_{\mathrm{B}}T}\right) \tag{6.4}$$

其中，k 为反应速率，A 为常数，E_{A} 为活化能，k_{B} 为玻尔兹曼常数，T 为温度。

阿伦尼乌斯公式在化学领域之外有很多应用，例如，因为元件老化的原因多是自然化学效应，比如腐蚀效应、材料失效、半导体晶格错位等，阿伦尼乌斯公式也常被应用于电子元件的工作寿命计算。该公式经过变换，可导出与温度相关的加速因数(Acceleration Factor)。对于电子元件，活化能为 0.6 eV，其加速因数为：

$$\text{Acceleration Factor} = \exp\left[\frac{0.6\,\mathrm{eV}}{k_{\mathrm{B}}}\left(\frac{1}{T_{\mathrm{REF}}} - \frac{1}{T_{\mathrm{AMB}}}\right)\right] \tag{6.5}$$

大多规格书中，参考温度为室温或者 25 ℃。据此可以得到如下的加速因数：

如表 6.4 所示，当环境温度从 25 ℃升高到 50 ℃时，老化效应将加速，加速因数为 6。若温度进一步升高，从 25 ℃升至 75 ℃，老化效应将加剧至原来的 30 倍，反之，温度的降低能够提升电子元件的可靠性。但是，当温度降至极低水平时，即低于－20 ℃，除了直接的设备性能问题，还有一些其他因素可能会导致故障率增加，例如，不同材料的热膨胀系数差异可能会引起机械应力的变化，或者焊点在过低的温度下可能会变得脆弱。如表 6.5 所示，计算 MTBF 时，可靠性随着温度升高而下降。

表 6.4 不同环境温度下的加速因数

环境温度/℃	加速因数
25	1
30	1.5
40	3
50	6
60	12
70	22
80	40

表 6.5 MTBF 随着温度的变化实例

环境温度/℃	MTBF(MIL - HDBK - 217F)/h (满载)
25	1 368 813
50	711 033
85	226 072

6.6 可靠性设计

设计 DC - DC 转换器时，应从选择合适的元件值、拓扑结构和规格出发，以确保 DC - DC 转换器的可靠性。设计过程中最为关键的要求包括：正确选择元器件的规格、采用经过验证的测试电路拓扑结构，并在设计阶段充分考虑可能遇到的电气、热力学以及环境等方面的应力。此外，在进行可靠性设计时，至关重要的环节是确保产品中所使用的 DC - DC 转换器能够经过便捷且全面的测试流程，该测试要求通过物理检测手段来监测 DC - DC 转换器的波形、电压和温度，以验证其在不同应用环境中能否正常工作。即使 DC - DC 转换器满足标准要求，如果在测试过程中发现任何参数接近其极限值，或者波形出现异常，则实际使用寿命也可能无法达到预期。

如前文所述，高温是影响产品工作寿命和可靠性的主要不利因素。每个元器件都有其温度上限，如表 6.6 列出了一些常用 DC - DC 转换器元件的典型最高工作温度和最高热降额。

表 6.6　最高工作温度的设计

元件	最高工作温度/℃（制造商的数据单）	建议设计时的最高工作温度/℃（最坏情况）
贴片电阻	125	115
贴片电容	125	115
贴片二极管	125	115
场效应管（结温度）	155	140
变压器	130	120
光电耦合器	110	100
PCB(FR4)	140	130

6.7　PCB 布局可靠性因素

若元器件工作温度超出了设计时规定的允许范围，可通过在 PCB 上增加额外铜层来提高散热效率，或者通过并联元件来分流。此外，DC－DC 转换器的引脚也可用于将热量从转换器传导至主 PCB 板上。对于采用金属外壳的 DC－DC 转换器，有两种方法有助于改善热管理，一种为将高温元件布置在靠近外壳的位置，另一种为增加额外的导热铜块。

将元件隔离放置可以有效地阻止两个元器件之间的热传导。常见的设计失误是将光电耦合器放置在变压器附近以节省空间，虽然变压器可以很容易地承受住内部接近 120 ℃的高温，但是光电耦合器的工作温度可能因邻近变压器影响而升高，成为限制转换器最大工作环境温度的因素。类似的情况也可能发生在与二极管相邻的元件上，由于二极管在正向导通时存在不可避免的电压降，因此它们散发的热量占据了 DC－DC 转换器总热量的很大一部分，如果在两个二极管之间放置一个被动元件，例如，输出电容，即使两个二极管的工作温度都在允许范围内，电容也可能因受到热量影响而超过其温度限制。如图 6.3 所示，贴片电阻为 DC－DC 转换器中可靠性最高的元件，但因为陶瓷基板非常脆，设计 PCB 布局时需谨慎。

标准的 PCB 可能包含数百个相同的电路图案，其需要被分割成单独的基板。该机械分割过程，也称为去镶板、切割或单片化，可以通过使用切割刀片（V－切割）、冲模、铣床或激光切割等方法实现。面板也可通过冲击或钻孔工具进行打孔，以便在后续的组装过程中能够直接用手将其分割。任何移除 PCB 材料的操作，无论是裁断还是切割，都可能对 PCB 造成机械应力，进而导致其变形。若贴片电阻和其他陶瓷元件的安装位置过于接近边缘，或 PCB 存在弯曲变形情况，该元件将因此损坏并失效。如图 6.4 所示，当 PCB 被切分时，电阻 A 所承受的机械应力较电阻 B 大。同样地，电阻 C 受到的因冲孔槽或钻孔机所引起的应力也比电阻 D 所受的应力大。电阻 E 的位置最为理想：平行于切口边缘，且距离切口边缘的距离超过其自身的长度。

如图 6.5 所示，贯通孔在 PCB 板弯曲时可能将发生断裂，且弯曲方向应朝向元件一侧，以便将最大的机械应力集中在 PCB 板的另一侧。

通过优化 PCB 板的设计结构，可以降低 PCB 基板及其上元件所承受的应力。该过程在

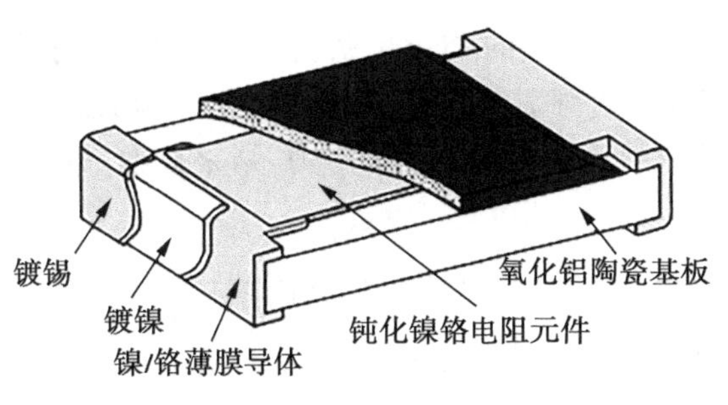
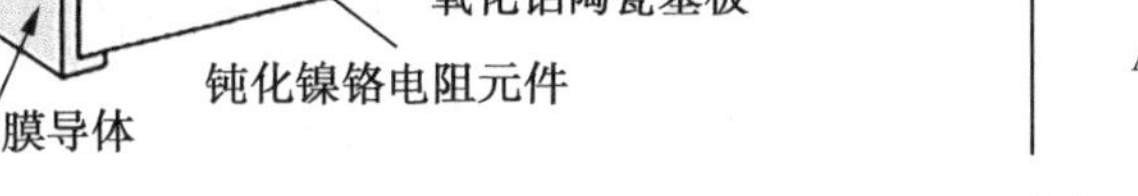

图 6.3 贴片电阻结构

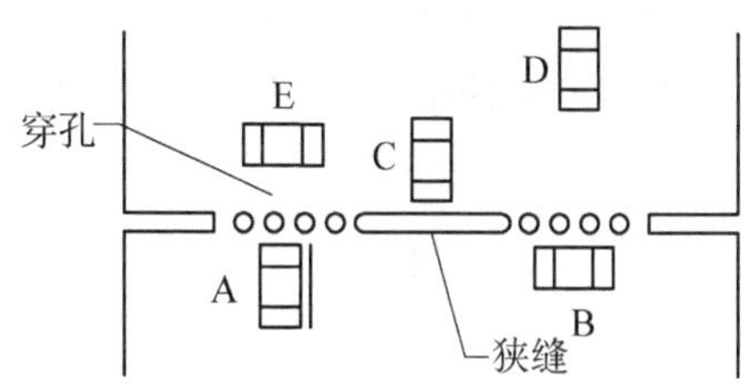

图 6.4 确定贴片电阻的位置

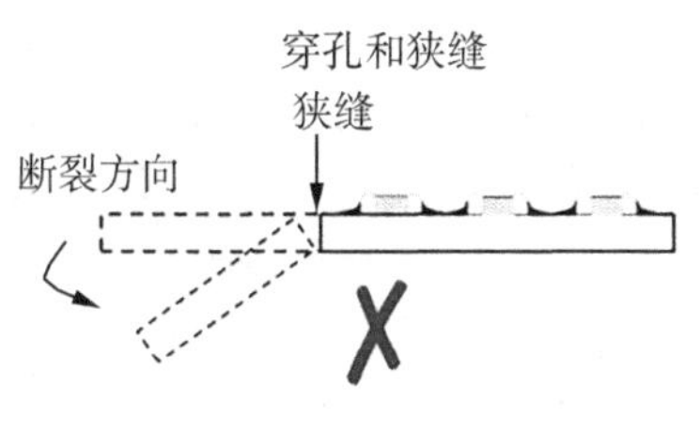

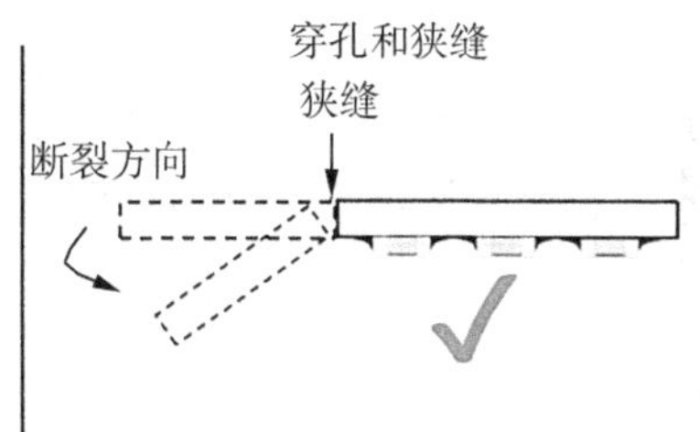

图 6.5 正确和错误地折断贯通孔的方法

产品工程设计中极为关键,能够显著提升产品产量和可靠性。如图 6.6 所示,该图展示了一块面板上单独的印刷电路板组件(printed circuit board assemblies,PCBAs)的原始布局,图中斜线阴影部分表示开槽区域,由于结构设计的原因,这些槽设置在靠近 PCB 元件的位置,但对于面板而言,元件的总重量过重,导致面板发生下垂,进而引起高故障率。

图 6.6 原始 PCBA 布局结构,其故障率过高

图 6.7 所示为改良后的 PCBA 结构布局，每个面板上的 PCBA 总数从 50 个减少到了 40 个，每个 PCBA 之间增加了 2 mm 的间隔距离，以增强其结构强度。增加的空间距离使得 V-切割器能够更有效地执行切割操作，并且减少了元器件所承受的应力，结果显示采用新的结构后，总故障率降至 2%以下。

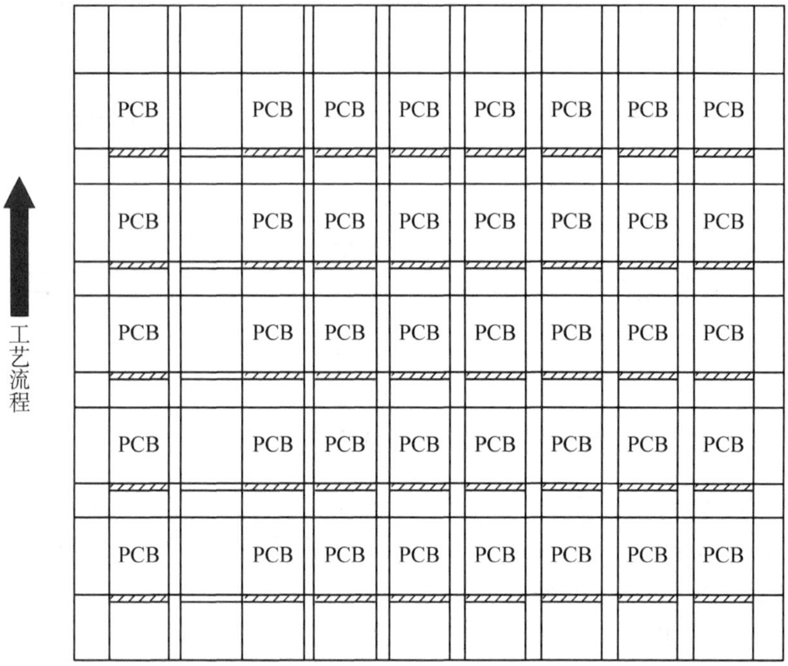

图 6.7 改良后的 PCBA 布局结构

6.8 电容可靠性分析

通常 DC-DC 转换器使用多层陶瓷电容、钽电容或者电解电容，还有贴片式的聚酯薄膜电容，但是聚酯薄膜电容的体积太大，无法满足电子工业对于小体积的要求。

6.8.1 多层陶瓷电容可靠性分析

多层陶瓷电容为 DC-DC 转换器中应用最为广泛的电容类型。它们具有较高的电容量，且不具有极性。该电容的等效串联电阻和等效串联电感值较低，并且能够在广泛的频率范围和温度范围内维持稳定的电容值。这些特性使得 MLCC 不仅适用于滤波器，而且可作为大容量电容使用。

然而，若工作电压超出了多层陶瓷电容的最大额定电压，MLCC 便容易发生故障。该电压上限是由其结构决定的，MLCC 由多层金属层构成，各层之间由极薄的陶瓷绝缘片隔开，如果任意两层金属之间发生电弧放电，如图 6.8 所示，MLCC 与电解电容不同，其缺乏自我修复的能力，将迅速损坏。在生产过程中将对电容进行额定电压测试，该电容能够在额定电压下正常工作而无须降压使用，然而，一旦电压超过额定值，EOS 的损害将以 3 次方的速度迅速增长，在通常情况下，电容通常在 90%的直流额定电压下或低频交流电压下工作。如果通过电容的信号频率接近其共振频率，需要格外小心，这将导致局部过热和过早故障，必须控制由内部发热导致的温度上升，并且确保温度在20℃以内。

多层陶瓷电容的另一种共振影响是压电效应在陶瓷层中产生的噪声。当声音的共振频率与流经电容的交流波形相匹配时，电容便会开始发出蜂鸣声或尖锐的声响，解决方法是使用不同尺寸的、噪声共振频率不同的MLCC。

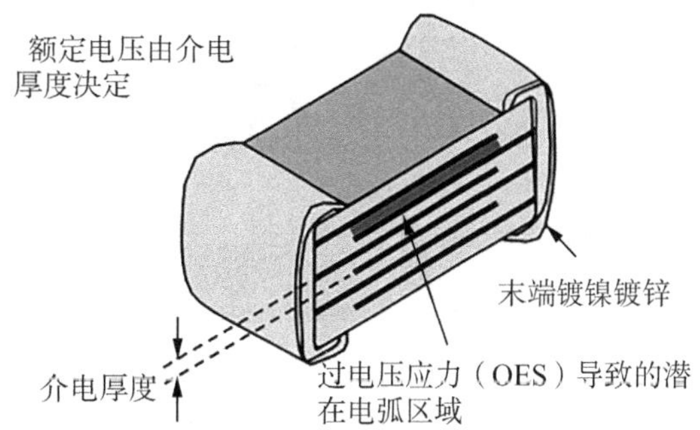

图6.8 MLCC中的电弧放电

机械损伤是引发MLCC故障的主要原因之一。当MLCC出现裂缝时，其内部层与层之间将发生电弧放电，同时裂缝还可能为污染物、湿气或腐蚀性物质的侵入提供通道，从而导致电容发生故障。金属电极涂层对硫腐蚀非常敏感，而二氧化硫作为一种常见的空气污染物，在某些工业区域、火力发电站、汽车尾气排放以及有机物质分解过程中均会产生。裂缝产生的原因是陶瓷材料本身结构脆弱，容易受到物理应力或温度梯度不均的影响而损伤。因为过大的应力可能导致电容开裂并最终失效，所以PCB布局设计必须减少产品所受的应力。MLCC应平行于PCB上的V形切口边缘、插槽或贯穿孔进行安置，或者与上述结构保持大于MLCC本身长度的距离。在将电容插入PCB时应避免对其施加过大的应力，同时，PCB本身也应得到充分的支撑，以防止在转换器装入外壳并在焊接过程中或之后发生弯曲。由于焊点的不均匀分布将导致对连接点的支撑力度不一致，所以焊膏的量和焊盘的布局对于减轻电容所承受的应力至关重要。如图6.9所示，良好的回流焊接点应具有倒圆角，其内部应嵌有半月板形状的凹槽，该凹槽的高度应达到电容高度的75%。

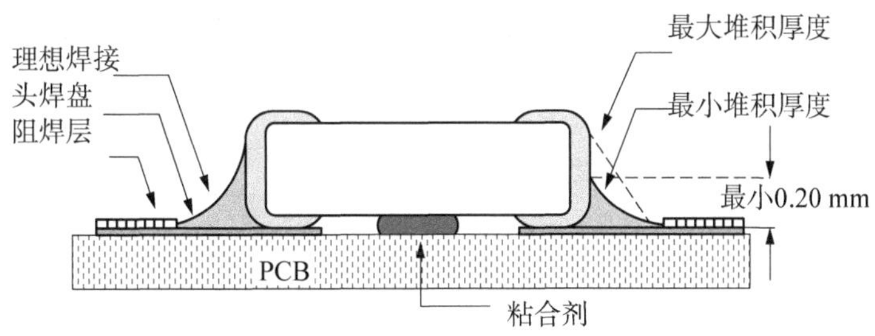

图6.9 MLCC焊缝

如果使用的焊膏太少，焊点可能因不牢固而容易在工作中发生故障。同样，无铅焊接将导致连接点形成一种镀锡合金，这将改变其机械强度，如果含锡的比例较低，电容将易损坏；如果使用的焊膏太多，电容受到的不均匀接触应力，当PCB穿过IR炉冷却后，陶瓷层上将产生裂缝。在极端情况下，熔化了的焊膏的表面张力差异可能导致电容翘起，即墓碑现象，图6.10为MLCC焊接倒圆角的几种形状。

对于MLCC而言，手工焊接存在较高的风险。一方面，电容的表面易在焊接过程中被焊尖刮伤；另一方面，由于电容的各个节点是逐一焊接的，导致焊接时电容内部温度分布不均，从而产生机械应力，引发裂纹。如果MLCC电容在安装时出现事故，则该电容必须丢弃。

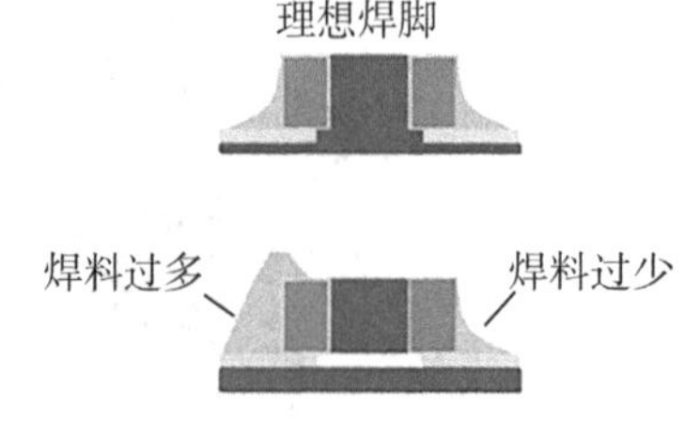

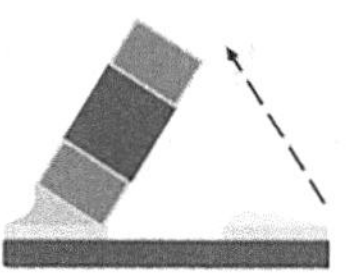

图 6.10　MLCC 焊接倒圆角的几种形状

陶瓷电容的电容值在温度变化时比较稳定，其具体的稳定性很大程度上取决于公差特性，如表 6.7 所示。低成本的 MLCC 在温度变化时电容值的变化很大，在整个温度范围内的变化幅度范围为＋22%～－82%。如图 6.11 所示，不同成本的 MLCC 设计在 25 ℃下正常工作的电路，电容随温度变化的曲线。

表 6.7　MLCC 分类代码(根据 EIA RS - 198)

字母代码 低温	数字代号 最高温度	字母代码 电容值随温度的变化
X＝－55 ℃(－67 ℉)	4＝＋65 ℃	P＝±10%
Y＝－30 ℃(－22℉)	5＝＋85 ℃	R＝±15%
Z＝＋10 ℃(＋50 ℉)	6＝＋105 ℃	S＝±20%
	7＝＋125 ℃	T＝＋22/－33%
	8＝＋150 ℃	U＝＋22/－56%
	9＝＋200 ℃	V＝＋22/－82%

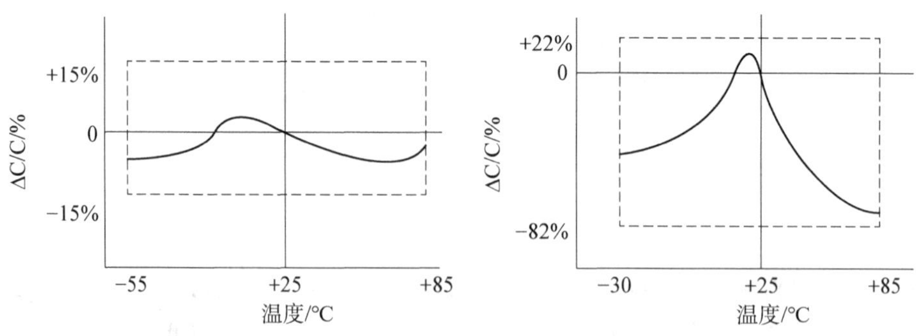

图 6.11　不同 MLCC 的电容随着温度变化的关系

在使用 MLCC 时需注意的是，电容值与所施加的直流电压有关。为了实现高容积效率，MLCC 中层与层之间的绝缘介电层非常薄，仅有几微米厚，因此对电场的敏感度很高，如表 6.8 所示为电容值随施加电压变化的例子。

表 6.8 6.3 V 时额定 10 μF 的 MLCC,电容值随施加电压的变化情况

电容值/μF	施加电压/V	电容值/μF	施加电压/V
10	0	7.2	4
8.8	2	5.7	6

6.8.2 钽电容和电解电容可靠性分析

电解电容不经常应用在 DC - DC 转换器中,但它们经常被用作外部组件。例如,电解电容可用于 EMC 滤波器中,以稳定输入和输出电压,或提供尖峰电流。在后者的应用中,典型的例子是 IGBT 驱动电路,IGBT 驱动设备所需的平均功率可能仅为 2 W,但其栅极驱动电流可达到数安培。将等效串联电阻较低的大容量电解电容连接在 DC - DC 转换器的输出端,可提供额外的电流供应能力,以应对驱动电流尖峰需求。钽电解电容和铝电解电容采用相似的结构,其导电层(钽或铝)通过注入液态或凝胶状电解质进行隔离,其中电解质显著提高了容积效率。电解电容还可以修复板层之间的小尺寸损伤,因为当电容内部发生层与层之间的电弧放电时,电解液将经历电解作用,在此过程中,电解液分解产生氢气和氧气,氧与阳极层结合生成氧化物层,使泄漏处愈合;所释放的氢直接飘出电容,也可能在电容内被化学吸收。现今,钽电容的使用趋势正在下降,尽管钽电容在某些性能方面优于铝电容,但它们在遭受瞬态过电压损坏后容易出现热击穿的问题,严重降低了它们的可靠性。

电解电容(E - caps)在可靠性方面的声誉较差,但该看法在很大程度上是不准确的。如果电容在其额定的工作参数范围内正确地使用,那么它将是非常可靠的元件。例如,某款 AC - DC 产品采用了电解电容,其设计寿命在 25 ℃的环境下超过了 22 年。然而,由于 DC - DC 转换器市场的价格压力,设计人员必须在设计、选材和电解电容的工作点的确定上折中考虑,从而导致电解电容是整个可靠性链中最薄弱的环节,更容易出现故障。如何精准确定电解电容最大工作时长和在一定时间内故障电容数量仍然是困扰设计人员的关键问题。电容的正常工作寿命阶段主要是指等效串联电阻翻倍所经历的时间或者 10%的电容因短路或断路而发生故障所经历的时间。如图 6.12 所示,随着使用时间增加,电解质持续蒸发,E - caps 的性能会下降。

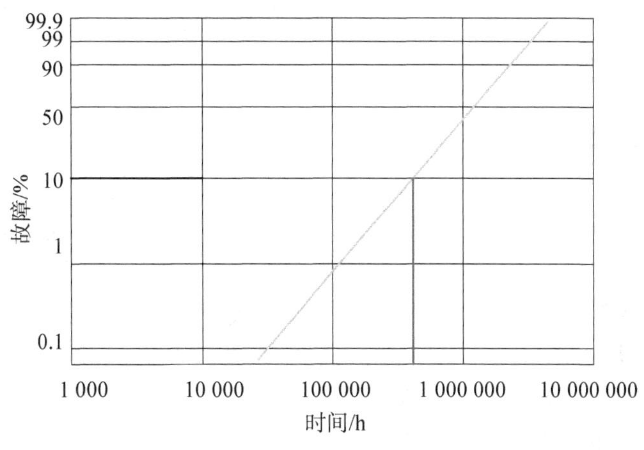

图 6.12 E - caps 故障率变化

由于 E-caps 的工作寿命非常长，其参数都是在最大压力下（加速老化效应）进行测试而得到的，但在实际使用中，元件的工作压力远低于绝对最大压力时，其工作寿命会大大延长。

下面给出了计算 E-caps 的实际工作寿命的简化方法：

$$\text{Life}_{\text{WORKING}} = \text{Life}_{\text{RATED}} V_{\text{STRESS}} 2^{(\text{Trated}-\text{Tactual})/10} \tag{6.6}$$

其中，电压应力为：

$$V_{\text{STRESS}} = 4.3 - 3.3\frac{V_{\text{ACTUAL}}}{V_{\text{RATED}}} \tag{6.7}$$

从上述公式中，可以得到三个重要的结论：

(1) 电容的容量不起任何决定作用。工作寿命和电容的容量没有关系，所以在设计中使用大容量的电容不会改变其可靠性。

(2) 工作寿命不取决于绝对电压，而取决于实际电压 V_{ACTUAL} 和额定电压 V_{RATED} 的比值。因此，相比低电压的电容，高电压的电容的可靠性不一定也较高。

(3) 温度对工作寿命有很大的影响。

如工作于 70%额定电压工况的 DC-DC 转换器中，电容的额定值为 2 000 h/85 ℃且其工作温度高于环境温度 15 ℃。基于式(6.6)、式(6.7)计算，其工作寿命可上升至：

$$V_{\text{STRESS}} = 4.3 - 3.3\frac{V_{\text{ACTUAL}}}{V_{\text{RATED}}} = 4.3 - (3.3 \times 0.7) = 2\ \text{V}$$

$$\text{Life}_{\text{WORKING}} = \text{Life}_{\text{RATED}} V_{\text{STRESS}} 2^{(\text{Trated}-\text{Tactual})/10} = 2\,000 \times 2 \times 2^{(45)/10}$$

所以在降低电压和温度压力后，电容的工作寿命增加数十倍，超过 905 000 h(大于 10 年)。通过例子可以观察到，可靠性设计可以通过减轻电容所承受的电压负荷以及降低其工作温度来实现。对于 E-caps 的工作寿命而言，热力学设计具有重大影响，并且需要遵循两条基本原则：一是内部发热将明显增加热应力，因此，纹波电流越高，电容的等效串联电阻产生的内部功耗就越大，当电容老化后，等效串联电阻将上升，其内部温度也将上升，进一步加速工作寿命的衰减；另一是布局上应尽量使 E-caps 远离散热片、变压器，或者热半导体元器件以保持其工作环境温度较低。同时必须注意未带屏蔽的电感元件，会辐射电磁场而在电容的各层中产生涡电流，进而导致局部发热。电容的位置应尽量避免接触电感。然而，该设计却常常在追逐更小更廉价的生产过程中被忽略，从而导致电解电容的声誉逐渐下降。

6.9 功率芯片可靠性分析

尽管功率半导体元件在 DC-DC 转换器中作为开关切换和控制高电流和高电压的元件，承受较高的电子和热力学压力，这将缩短它们的工作寿命。然而，生产质量才是影响半导体可靠性的决定因素，半导体结的性能对于材料中的杂质或者金属薄膜层中的外来颗粒杂质十分敏感，因此，其质量问题可来源于不合格的装配，例如，引线接合质量差、磨具上含有外部颗粒杂质，以及引脚与外壳间的封装不严密等细小问题，这些潜在的故障源并不会立即影响产品性能，但可能将导致产品过早出现故障。

因为开关场效应晶体管和整流二极管位于输入端和输出端之间的高电流路径上，所以其通常为功率转换器中热量最高的半导体元件。被动元器件发生过热时倾向于相对均匀地发散热量，但是半导体倾向于非均匀散发热量。热应力最初将集中在装置内部某个局部薄弱的位置或边缘，并且迅速引起进一步的损伤，最终可能导致热击穿。通常情况下，尺寸较大的半导体器件，其内部封装的芯片都非常小，因此其热惯性有助于吸收任何瞬态的过热效应，从而提高了器件的可靠性和稳定性。

为场效应晶体管或二极管加装散热片可以有效提升半导体装置内部的平均散热，但该方法不能应对于瞬态热点或其他由芯片与外壳间的热阻引起的不规则热效应。在进行可靠性设计时，为半导体器件设定电流限制是最安全的方法，以确保在一定范围内的瞬态过热不会影响其正常工作。表 6.9 为不同元件的降额因数。

表 6.9　半导体的建议降额因数

元件	参数	降额因数
离散半导体 （二极管，FET，等等）	额定峰值功率	最高 70%
	额定峰值电流	最高 50%
	额定平均电流	最高 50%
线性电压调节器	额定电流	最高 50%
开关稳压器	额定电流	最高 80%
信号二极管	额定电流	最高 85%

6.10　静电放电对器件的稳定性分析

当静电通过电子元件被放电至地端，将发生静电放电损坏。最常见的是摩擦电，当两种不同的绝缘材料互相摩擦时，将产生电荷差异，如果操作员不带任何 ESD 防护装备的情况下处理电子元件或者 PCB，由于衣服移动，从椅子上站起来或者只是拆下塑料包装都有可能产生数万伏特的静电电压，若在该情况下操作员接触接地的 PCB 或者将 PCB 递给已接地的同事，将产生火花导致半导体或其他 ESD 敏感元器件损坏。为了保证安全，必须确保所有的操作员、设备、椅子、地板和长凳都接地，以保障整个工作区域具备 ESD 防护能力。如表 6.10 所示，还可以使用空气加湿器来降低静电电荷积聚。

表 6.10　低湿度和高湿度时静电电压举例

来源	低湿度	高湿度
走过地毯	35 000 V	1 500 V
走过乙烯基地板	12 000 V	250 V
操作员在长凳上	6 000 V	100 V
拆除塑料包装	20 000 V	1 200 V
从椅子上起身	18 000 V	1 500 V

由于其纤细的薄膜结构，半导体容易因 ESD 而受损，该结构使半导体在面对高电压时，

金属氧化物绝缘层容易被轻易击穿，进而引发局部熔断现象。同样的情况也发生在 MLCC 中，因为层与层之间的电介质隔离层的厚度是微米级，容易因瞬态高电压而遭受损坏。ESD 电流可能直接流到地端而没有流过对 ESD 较为敏感的元器件，但在此过程中产生的感应静电场强度仍然足够高，对敏感元件造成一定的损害，但被 ESD 损坏的三极管或者二极管并不会立刻产生故障。电子显微镜可以观察到局部熔断和层间的微孔，尽管元器件看似继续正常工作，但其漏电流将持续增加，这类潜在损伤将在某个时间点导致电子击穿，使元件失效。

元器件和子组件对于 ESD 损害的敏感程度可以通过测试得到，最常用的方法称为人体模型(human body model, HBM)，如图 6.13 所示，该方法通过将 100 pF 的电容充至高电压，然后通过 1.5 kΩ 的电阻向待测设备(DUT)放电，以此模拟由人体活动产生的能量。

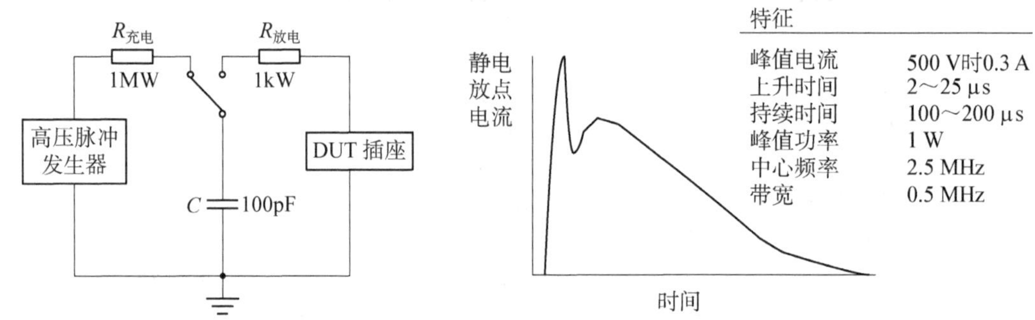

图 6.13 (左)人体模型(HBM)的测试电路；(右)测试得到的波形

不断提高电压并重复 ESD 测试以得到元件的额定 ESD 值，如表 6.11 所示为不同等级下的人体模型测试电压。

表 6.11 ESD 分类

等级	人体模型测试电压	等级	人体模型测试电压
0	250 VDC	1C	2 kVDC
1A	500 VDC	2	4 kVDC
1B	1 kVDC	3	8 kVDC

通常可以在设计时加入 ESD 保护措施，例如，通过在输入端增加超快恢复二极管来限制输入，或者在 PCB 上构建火花缝隙将敏感元器件和能量隔离开，但是来自市场的成本压力导致最终只有成本最低的方法将被采用。为了整体的可靠性，在 ESD 控制的区域制造、组装和包装 DC - DC 转换器，以及使用防静电包装，这样运输振动也不会产生显著的摩擦电性。

6.11 电感元件可靠性分析

变压器是 DC - DC 转换器的核心部分，并且是决定整体性能的最关键组件。最常用的变压器类型是铁氧体环型或者线轴型，因为它们有较好的高频特性并能通过闭环磁路构建，铁氧体磁芯由氧化铁(Fe_2O_4)和其他金属比如锰锌(MnZn)和镍锌(NiZn)以及黏合剂组合而成,随后,材料被压制成特定的形状,并通过高温烧制过程,转化为易于磁化的晶体结构,磁芯非常脆,处理时须十分小心。微型磁环通常被额外地包裹一层尼龙或者环氧树脂涂层,使其表面光滑以降低在运输途中损坏的可能性。市场上绝大部分批量生产的低功率 DC - DC 转换器使用的都是手动绕线的环形变压器,但是开发一款直径只有 6 mm,孔径只有 3 mm,并且需要绕 6 组分别独立的线圈的磁芯绕线。变压器自动绕线器在技术上比较困难,然而,线轴型变压器不存在上述问题,其制造过程是将线圈机械地绕制在塑料载体(梭芯)上,然后将两半铁氧休磁芯粘合于梭芯的外部,以此构成转换器的整体结构。

在两种结构中,环型磁芯的可靠性相对较高。该设计还具备自屏蔽的功能,能够将磁通量限制在环形磁芯内部。相比之下,线轴型变压器如果在组装或使用过程中产生裂缝,进一步导致气隙,进而影响其性能,在胶合两半铁氧体时也可能将发生同样的问题,所以两半铁氧体必须完好无损,准确对齐,并且完好重叠以保证它们之间互相紧密结合。在可靠性设计时,最重要的一点是确保磁芯的温度始终低于居里温度,因为当温度超过居里温度后,磁芯失去磁性。不同的铁氧体化合物的居里温度也各不相同。

除了变压器之外,在 PCB 板上使用的开关稳压器的电感或 EMC 扼流圈的电感部分,也可以采用贴片式设计。贴片式电感通常在陶瓷或铁氧体梭芯上绕制线圈,而贴片高频扼流圈也能通过类似于 MLCC 的多层结构来实现,如图 6.14 所示为不同结构的贴片电感。

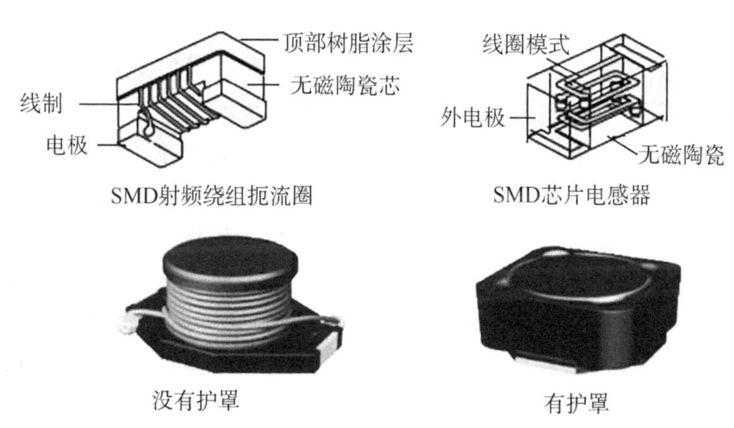

图 6.14 不同结构的贴片电感

带有护罩的电感不仅仅能遮蔽相邻元件之间的磁场干扰,而且还能防止电感靠近时互相影响而使有效电感降低,如图 6.15 所示为没有带护罩的电感之间的相互影响示意图和曲线。

没有护罩的电感还会降低 DC - DC 转换器以外的整个应用设备的可靠性。大多数铁氧体材料在工作周期中会逐渐提升其初始性能。当转换器开启或关闭时,铁氧体会经历周期性的加热和冷却,还有高速振荡的磁通量变化,会在磁边界产生自校准,这将逐步提高其磁导率。虽然上述情况是 DC - DC 转换器优点之一,但未屏蔽的电感在使用的前几周内会逐渐增加它们的预期磁场。同时有护罩的电感的漏磁不断收缩,该现象一般会在使用 50～60 h 后终止,然后趋于稳定。

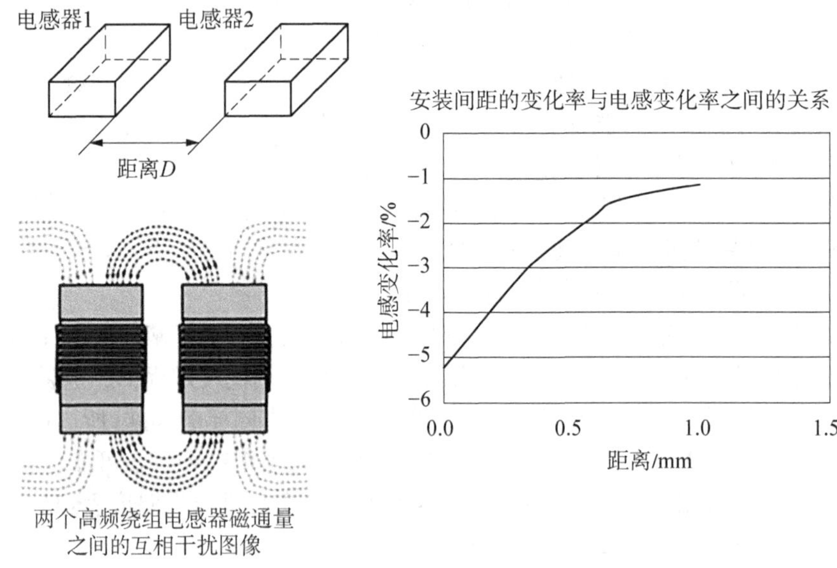

图 6.15　相邻的两个没有护罩的电感之间的相互影响

本章小结

本章深入分析了 DC-DC 转换器的可靠性问题，涵盖了可靠性预测、失效率与 MTBF 计算、环境与温度对 MTBF 的影响、可靠性设计原则、PCB 布局、电容和电感元件的可靠性分析及静电放电对器件稳定性的影响等多个方面。通过 MIL-HDBK-217 标准，介绍了 PSA 和 PCA 两种预测方法，讨论了浴盆曲线的三个阶段。强调了温度对可靠性的影响，并提出了阿伦尼乌斯公式的应用。在设计方面，讨论了元件选择、拓扑结构、PCB 布局对散热和机械应力的影响。电容和电感元件的分析揭示了不同元件的特性和故障模式，功率半导体元件的分析强调了生产质量和设计的重要性。ESD 分析指出了 ESD 保护的必要性。本章为设计者提供了一套全面的框架，以优化 DC-DC 转换器的性能，延长使用寿命，并减少故障率。

第7章

DC-DC转换器的封装原理

随着小尺寸高功率元件的应用场景不断增加，数量需求不断增大，元件封装技术已成为决定转换器整体性能的关键因素。在设计高功率密度DC-DC转换器时，需确保转换器能够在高开关频率和工作频率下正常运行。但随着转换器及其中电力电子元件的封装尺寸都呈现缩小趋势，器件可用设计空间减小，元件布局密度增大，致使走线阻抗减小，器件电磁干扰增大，器件热管理的难度提高。这催生了新的集成电路封装技术和组装方法以应对转换器及其元件小型化引发的低寄生效应，同时改善转换器热性能。

本章将从转换器元件封装设计、元件封装方法、电路板结构原理、分立元件嵌入式原理四个角度，展开讲解DC-DC转换器的封装原理。以通孔式封装、鸥翼表面贴装、四方扁平无引线式封装、球栅阵列封装四类典型封装方法为例，从封装尺寸、封装成本、封装检验方式等角度，说明各方法的优势、劣势和典型适用场景。此外，本章还探讨DC-DC转换器电路板结构原理，包括3D结构原理和堆叠技术原理，阐明两者帮助转换器优化空间利用率、提高功率密度的原理。最后，本章节讨论了电路板分立元件的嵌入式原理，这是3D封装技术的新兴研究领域，它允许在PCB基板内嵌入铜层或元件，从而进一步减小器件体积和提高集成度。通过对上述内容的阐释，本章旨在为读者提供一个全面的视角，以理解DC-DC转换器元件封装设计的重要性和复杂性，以及这些设计影响转换器性能和可靠性的原理。

本章节从全面视角深入探讨了DC-DC转换器的封装原理，强调了封装在提升转换器性能中的核心作用，分析了元件封装技术面临的挑战，如高功率密度、电磁干扰和热管理问题，以及封装设计需遵循的五个基本原则。通过对不同封装形式和组装方法的比较，展示了它们在尺寸、功率密度和成本等方面的优势和不足。本章旨在指导设计者在实际应用中合理地选择封装，以满足特定性能和成本要求。

7.1 DC-DC转换器元件封装设计

“封装”的定义是将易碎或敏感电子部件以抗冲击材料包裹制成易处理元件的过程。例如，将裸芯片(chip)放入带有引脚连接的模块壳体中，制成集成电路；将铁氧体磁芯上绕有导线的裸露端部焊接到焊盘上，制成电感；将厚膜元件黏合到铜基板上，制成大功率电阻。电子元件封装应遵循五个原则：①为电源和信号提供电气路径，包括内部互连及与外界接口；②提供热通道，将散发的热量传导到周围环境中；③隔离电路路径，以避免短路，维护信号完整性；④密封内部元件，防止元件受潮、受污染、受腐蚀或受静电放电损坏；⑤提供机械支撑，避免元件在处理、组装、应用过程中破裂、开裂或弯曲，并且在使用过程中对机械冲击和振动起防护作用。

同一元件可用于多种不同的封装形式，例如，同一表面贴装电阻可以采用尺寸为 0.125 英寸×0.06 英寸的 1206 封装和尺寸为 0.08 英寸×0.05 英寸的 0805 封装(1 inch=0.025 m)，两者的主要区别在于前者的额定功率为 250 mW，而后者尺寸更小，额定功率为 125 mW。目前市场上最小的电阻封装尺寸是 01005 封装(0.016 英寸×0.008 英寸或 0.4 mm×0.2 mm)，其最大额定功率仅为 31 mW。同理，同一批元件也可用多种不同的组装方式构成不同尺寸规格和不同功率密度的 DC-DC 转换器。

如图 7.1 所示，随着电路板空间不断受限，元件性能提升需要依靠改进封装技术以确保元件热损耗不会大幅增加。若不对元件封装技术加以改进，元件性能上限将由设计所能承受的最大功率定义，而不是由温度决定。

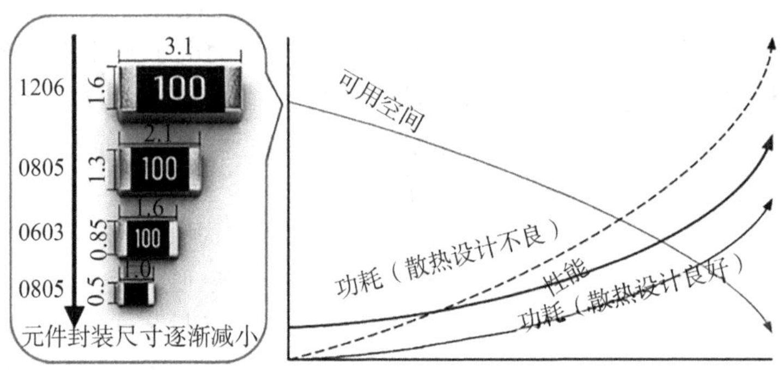

图 7.1 空间受限下元件性能变化示意图

高功率密度器件的设计目标是在防止内部元件过热的条件下减小器件的物理尺寸。但这两种要求往往相互矛盾。提高开关频率是减小器件物理尺寸的一种有效方法。以典型降压转换器为例，其设计所需的线路电感值和平滑电容值与开关频率成反比(参考第 5 章)，所以将开关频率加倍可以使电感和电容的尺寸减半。然而，受栅极电容充放电效应影响，如果开关频率加倍，开关晶体管功率损耗也会加倍，其本身容易过热。因此，提高开关频率以减小器件尺寸的方法存在局限性。开关频率越高，线路电感和平滑电容越小，但器件功耗越高。此外，开关频率越高，寄生电感和电容造成的损耗也会更高。

控制器集成电路中开关晶体管的选择方式相对固定，例如，出于成本和实用性考虑，普遍选择 MOSFET。因此，对 IC 封装方式的选择就会显著影响转换器整体性能：①选择较小封装尺寸的控制器 IC。小尺寸 IC 内部热源如晶体管结到元件表面的物理路径较短，其热阻抗较低。②较小的封装具有更短的电源连接，从而减少了寄生电感，即减少了高频开关频率下的器件功耗。例如，SO-8 封装，24 W 额定功率，1 MHz 开关频率的功率晶体管，其功耗超过 2 W，但其以 DirectFET®封装方式进行封装，同一晶体管的功耗仅为 0.6 W。这归因于电源连接中寄生电感功耗的减少。③转换器尺寸越小，其重量普遍越低，对其在恶劣工业环境中维持自身可靠性有较大优势。

7.2 常规的元件封装方法

本节将以通孔式封装、鸥翼表面贴装、四方扁平无引线式封装、球栅阵列封装四类典型封装方法为例，从封装尺寸、封装成本、封装检验方式等角度，说明各方法的优势、劣势和典型适用场景。如表7.1所示为常规的元件封装方法。

表7.1 常规的元件封装方法

封装方法	示意图	优　势	焊点检测方式
通孔式封装		较宽引脚间距可降低在脏乱、潮湿或高湿度工业环境中发生电弧放电的可能性	AOI
鸥翼表面贴装		可使用自动光学检相机检查焊点的质量并手动修复缺陷，减小材料浪费	AOI
四方扁平无引线封装		空间利用率高，散热性能强	联合可湿性焊点技术实现 AOI
球栅阵列封装		接口阻抗低；焊接时可自动补偿焊料的不均匀性和非平面性；	X射线检测

7.2.1 通孔式封装

对于功率晶体管和大多数隔离的DC-DC转换器，通孔式封装仍然是一种备受青睐的封装方式。通过在电路板上焊接引脚，形成了非常稳固的电气连接，这种连接能极好地抵抗机械冲击和振动，而相对较宽的引脚间距也降低了在脏乱、潮湿或高湿度的工业环境中电弧放电的危险。对于输入或输出电流较高的DC-DC转换器，标准的1 mm引脚可承载高达12 A的电流，通孔引脚的低阻抗有助于确保牢固的电源接地连接。

此外，许多应用场景中，在自动化组装流程之后，仍存在部分导线、重载连接器、预装有散热片的晶体管或DC-DC转换器需应用手工焊接的方式焊接于PCB上。在上述场景中，通孔式封装的元件更易于人工焊接，且在焊接过程中不会对已安装于PCB上的其他部件带来热应力影响。

7.2.2 鸥翼表面贴装

传统鸥翼表面贴装是如今最为普遍的DC-DC转换器和控制器IC封装方法，在大部分应用场景中已全面替代了通孔式分装方法。鸥翼表面贴装方法中，转换器的连接引脚均位于封装的边缘，所以在SMD生产线的末端可以使用自动光学检测(automated optical inspection, AOI)相机检查焊点的质量。一旦发现焊点存在缺陷，可以在维修工作台上对单个引脚进行手动重新焊接。这种做法显著提高了整体产量，减少了资源浪费。

鸥翼引脚被嵌入到注塑或过塑的塑料外壳中，使得引脚非常坚固，并且能够有效密封，防止潮气进入。内部通常是通过引线键合方式进行连接。特制机器人会将金/铜合金或铝线通过超声波键合到芯片的焊盘上。然后，引线在沿着弧线移动到相应引脚端时被送出，并在切断前再次进行超声波焊接。对于每一个必要的连接，都需要重复上述过程。(如果是用于高电流场景的芯片，则需多次重复上述过程)。

引线环技术的应用可以防止元件热膨胀效应破坏键合连接。引线键合灵活性高，可以根据需要调整导线环的长短，且同一封装内的多个芯片也可通过此方式互联，确保内部元件性能的一致性。如图 7.2 所示为应用了引线环技术的某系列隔离型 DC-DC 转换器 X 射线投射图。

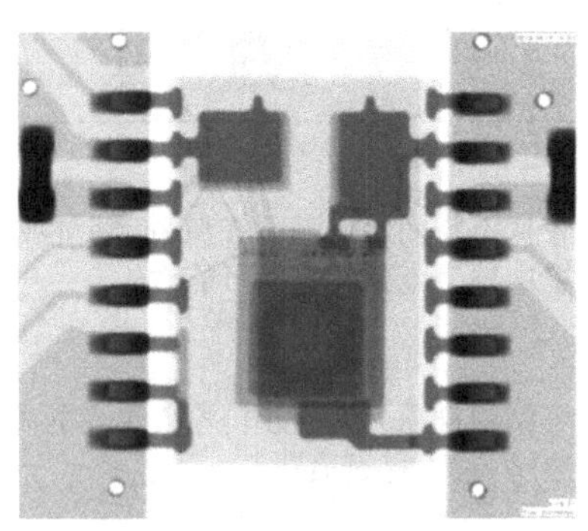

图 7.2 应用引线环技术的隔离型 DC-DC 转换器 X 射线投射图

7.2.3 四方扁平无引线封装

四方扁平无引线(quad flat no-lead，QFN)封装不再使用传统的引脚，而是通过内部铜基板和外露的焊盘进行电气连接。由于封装的四个边缘均可供使用，它通常用于需要多外部信号连接的控制器和逻辑 IC 的封装。此外，芯片下方的大型方形铜焊盘可以暴露在外，以便与 PCB 建立有效的热传导连接。

无引线设计使得焊接缺陷检测过程变得困难。典型改进方案是将焊接区域延伸至侧面，并在焊盘边缘处铣削出台阶，形成“可湿性侧翼”。“可湿性侧翼”会吸引液态焊锡，形成如图 7.3 所示的弯月形液面，从而创建一个可以使用标准自动光学检测(AOI)设备轻松检查的焊脚。这种焊接方式虽然增加了成本，但是解决了 QFN 封装难以验证回流焊点这一重大问题。如今该方案已成为一种车规级封装检测中公认的检测焊点的方式，是器件品控的重要检测指标。

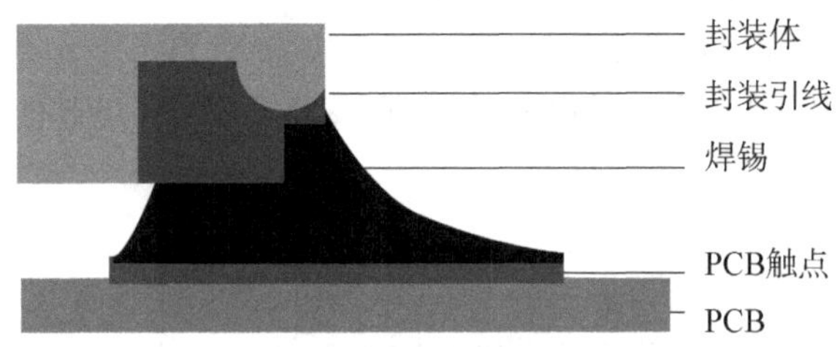

图 7.3 可湿性侧翼焊点

7.2.4 球栅阵列封装

球栅阵列(ball grid arrays，BGA)封装采用了与 QFN 封装相似的无引线封装技术，但在封装底部的焊盘上，以网格状排列增加了焊球，如图 7.4 所示。该技术的优点在于，焊球会在回流焊接过程中部分熔化以确保在与支撑 PCB 上的匹配焊盘之间形成良好的热接触和电接触。球状结构有助于自动补偿任何不均匀性和非平面性，而阵列布局则确保了 IC 封装在焊接过程中保持平整并且得到充分支撑。此外，还可以将去耦电容和电阻等附加元件集成到过模覆盖中。

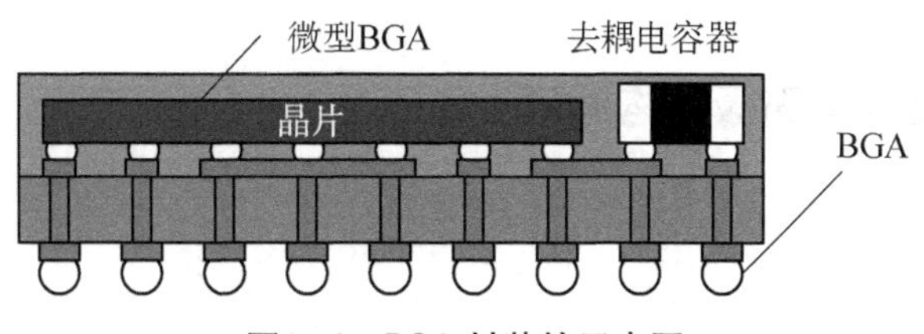

图 7.4 BGA 封装的示意图

BGA 封装不仅降低了成本，而且比使用引线连接的封装方式具有更低的热阻抗和电阻抗。不足的是，需要使用 X 射线机才能检验 IC 下方隐藏焊点的可靠性，如图 7.5 所示。焊球不仅可用于与 IC 封装的外部连接，还可用于芯片和芯片载体(微型球栅阵列)之间的直接连接。使用微型焊球连接的芯片，拥有极低的阻抗值，该特性对于封装设计在极高时钟频率下运行的高功率密度芯片有极大裨益。裸芯片的焊接需要一种称为“I/O 凸块”的“铜接触金属化”工艺，如图 7.6 所示，帮助硅晶圆与基板之间建立电接触。若将接触金属化凸块设计成轨迹形态，将更有利于精确定位焊球接触点，该轨迹层被称为再分布层(re-distribution layer，RDL)，如图 7.6 所示。

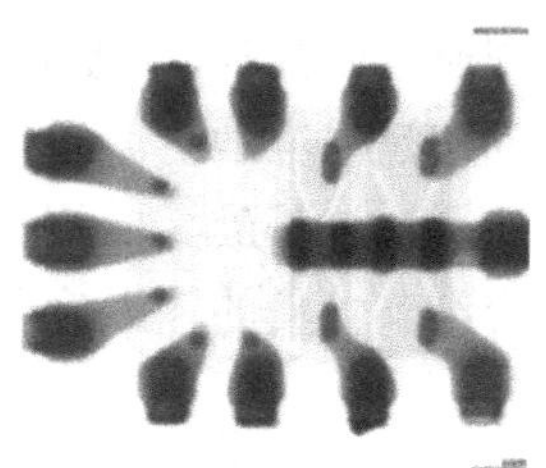

图 7.5 RPMB 系列控制器 IC 的 X 射线图

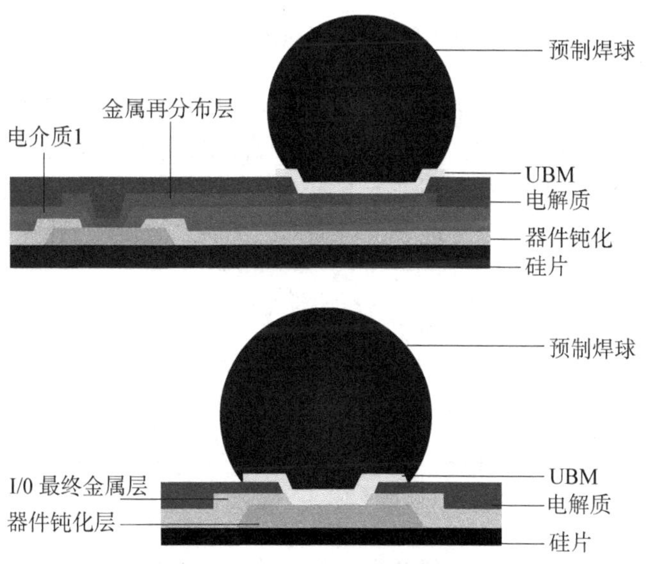

图 7.6 I/O 凸块和 RDL 结构

图 7.7 引线框架上倒装芯片的 RPX-2.5 转换器示意图

焊球连接技术较传统引线键合节省了引线材料成本，但在焊接过程中，需将芯片翻转，使连接焊盘位于器件底部以实现可靠焊接。这种技术被称为倒装芯片技术，如图 7.7 所示。DC-DC 转换器等功率器件相比逻辑 IC 有更少的连接引脚，但要求更高的电流承载能力，因此可以通过铜引线框架替代陶瓷 IC 基板，并通过冲压形成稳定的电气连接。这种组装技术被称为引线框架上的倒装芯片技术(flip chip on leadframe，FCOL)。

7.3 DC-DC 转换器电路板结构原理

7.3.1 电路板 3D 结构原理

印刷电路板(printed circuit board,PCB)已从一个用于安装元件的简单非导电平面基板演化成一种高科技产品,其已从 2D 结构发展到多层复杂的 3D 结构。在实际应用中,受成本限制,两层或四层板是工业级 DC-DC 转换器结构中最常见的选择。当 2D 结构 PCB 上的空间不足以容纳所需的元件时,可增加嵌板,以充分利用转换器外壳内所有可用空间,如图 7.8 所示。这是最简单的 3D 结构类型,通常用于内置了 B 类 EMC 滤波器的 DC-DC 转换器,以容纳其大量的输入输出滤波元件。

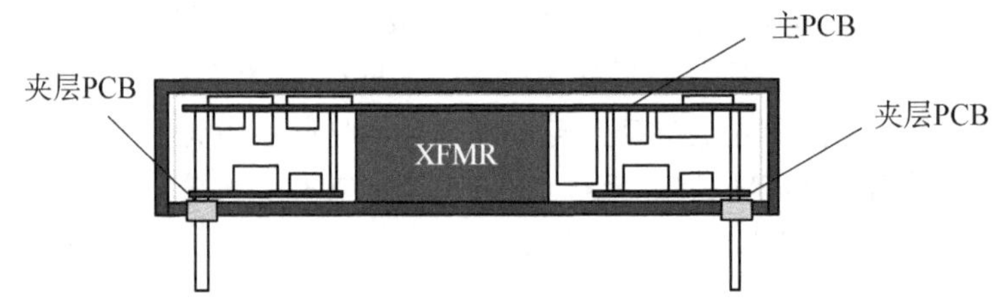

图 7.8 嵌板 PCB(倒置)结构

当 PCB 具有 2 层以上时,可以将其视为 3D 结构。四层板的内层最常用作低阻抗电源层和接地层,以减少 EMI 和输出纹波。内部平面与顶部或底部的导电轨道通过过孔实现连接。这些过孔是在板材上钻孔后,对孔内侧进行电镀处理,从而形成的管状电气连接通道。如果过孔从表面延伸到内层,但并未完全穿透 PCB,则称之为盲孔。如果过孔连接到内层,但并未穿透至表面,则称之为埋孔,如图 7.9 所示。

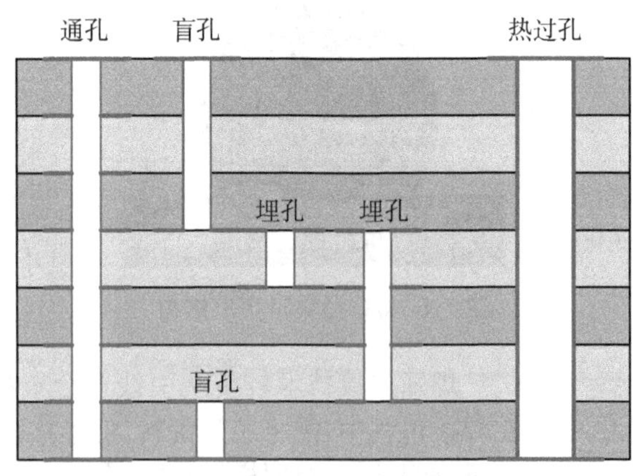

图 7.9 PCB 过孔类型

热过孔具有更厚的镀层,甚至会采用金属填充内层,因此它能同时导热和导电。填充式热过孔具有一个显著优点,即液态焊料不会被毛细作用吸走,因此填充式热过孔可以直接放置在焊球连接下方,从而实现最佳热传导效果。填充式过孔虽然制造成本较高,但因为有其存在,就可以将 PCB 的温度控制纳入器件热管理设计中。

RPM、RPMB 和 RPMH 系列转换器均采用填充热过孔技术，将控制器 IC 产生的热量扩散到客户自己的 PCB 上，从而促进散热。以图 7.10 所示的复杂 RPM×4 层 PCB 结构为例，图 7.11 为其与竞品的热降额曲线对比图。

图 7.10 复杂 RPM×4 层(含多类过孔) PCB 结构示意图

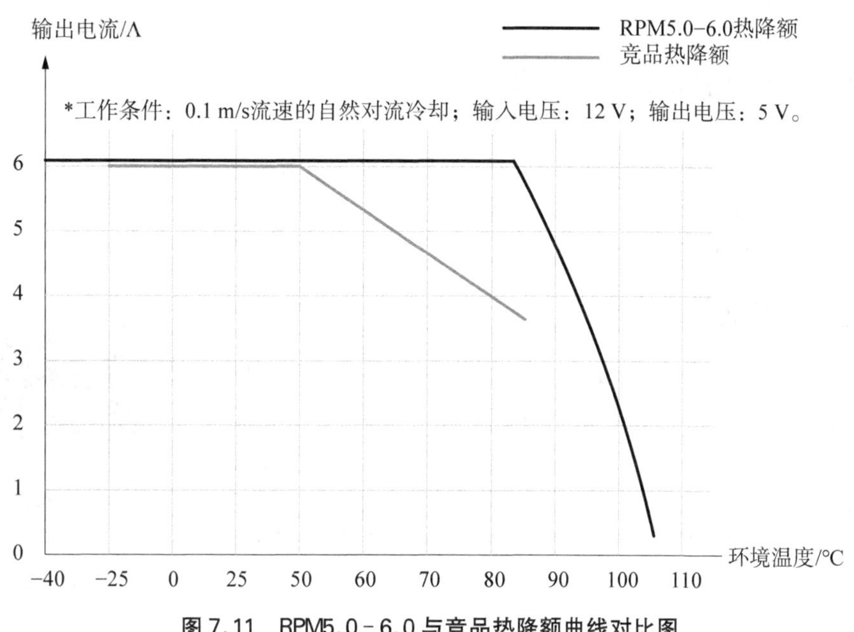

图 7.11 RPM5.0-6.0 与竞品热降额曲线对比图

RPM 模块与竞品有相同输入电压范围和同为 30 W 的输出功率规格。对比实验在 0.1 m/s 的自然对流冷却条件下进行，贴合器件的真实工作条件。结果显示，尽管 RPM 的尺寸小(1 cm×1 cm×0.4 cm)，但它可以在不降额的情况下满足−40 ℃～+85 ℃的全工业级操作温度范围。而当其连接额定电流为 2 A 的负载时，RPM5.0～6.0 可在高达 100 ℃的环境温度下运行。又因为 RPM5.0～6.0 的控制 IC 内置了过温保护功能，所以其可以在上述工作温度范围内持续安全运行。

7.3.2 电路板堆叠技术原理

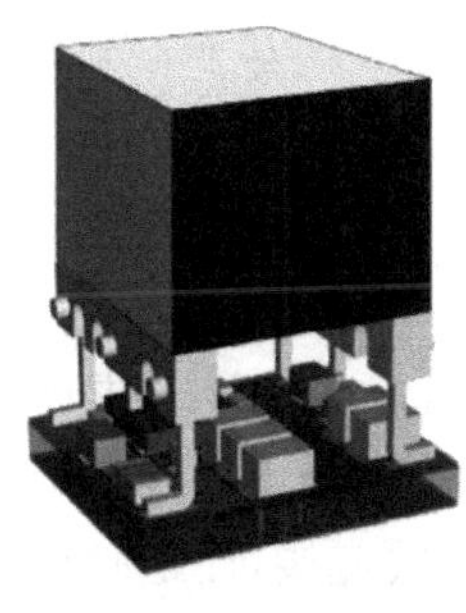

图 7.12 堆叠变压器设计示例

为利用 PCB 上方垂直空间以达到最大集成密度，目前已发展出了组件堆叠技术，如图 7.12 所示。这样虽然会使组装过程变得更复杂，但是可以显著减少组件对 PCB 的覆盖面积。在隔离式 DC-DC 转换器中，体积最大的元件之一是变压器，如果变压器体积过小，磁芯将无法在不饱和或过热的情况下有效应对功率吞吐。在大多数设计中，变压器放置在转换器的中心，输入和输出侧的元件分别放置在两侧。但随着输入输出侧元件尺寸逐渐缩小，通过延长引脚架高变压器线轴，其余输入输出元件置于变压器下方的布局方式成为缩小器件体积的有效方案。

图 7.13　堆叠式 J 型引脚和烧结(无引脚)MLCC 电容器封装方案示例

类似的布局策略同样适用于其他体积较大的元件。例如,可以通过连接 J 型引脚或通过烧结技术将单个电容器元件以多芯片无引脚方案的形式堆叠为多 MLCC 电容器,如图 7.13 所示。这种堆叠方式大幅度减小了元件间的连接阻抗,从而实现低损耗、低电感、低 ESR 的元件封装。堆叠封装普遍适用于对高频操作和用于高纹波电流场景元件的封装。

7.4　电路板分立元件的嵌入式原理

随着 3D 封装技术进一步发展,除了在 PCB 表面放置元件外,还可以在 PCB 基板内嵌入铜层或嵌入电容、电阻等元件。这项技术正处于起步阶段,要使嵌入式元件 PCB 成为主流,还需解决一系列复杂的生产和材料科学问题。

7.4.1　磁性元件的嵌入式原理

多层 PCB 技术的典型应用案例之一是联合磁性元件,实现平面型绕组转换器的设计。多层 PCB 结构中,多个并联的过孔可以用以承载较高电流,形成一个实用的微型电源转换器。如图 7.14 所示,RS12 - Z 系列调压 DC - DC 转换器使用含有通孔、埋孔和盲孔的多层 PCB,在极其紧凑的 SIP 封装中创建了业界领先的 12 W 功率转换器件,相比同类 SIP8 产品,功率密度提高了 150%。

图 7.14　使用多层 PCB 形成平面变压器的 RS12 - Z 转换器内部结构

7.4.2　主动和被动元件的嵌入式原理

在多层 PCB 技术中,对 Z 轴空间最典型的利用方法是在 Z 轴轴向铣出一个空腔,在空腔中置入元件,以实现降低器件高度的设计目的。典型设计示意图如图 7.15 所示。

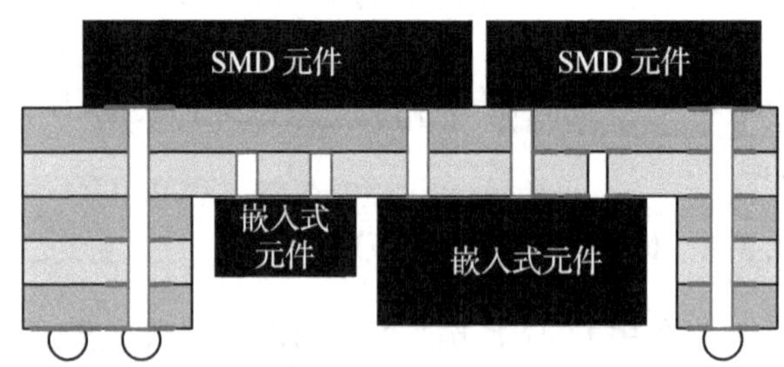

图 7.15　带有嵌入式元件的 BGA 组装示意图

此类组装方式常见于手机内的集成电路板件,因为触屏手机一体式显示屏的设计需求严格限制了手机内部元件的高度。但其缺点是无法使用传统的机械模板来涂抹焊膏。焊膏必须使用焊膏喷射打印机点涂在空腔底部。铣削腔内元件与 IC 无法使用焊接方式连接,而是必须通过电镀或使用导电黏合剂相连。这意味着需要使用激光钻孔而不是机械钻孔加工通孔,以确保精度。此外,空腔设计时,需考虑嵌入式元件热膨胀发生位移的影响,需为嵌入式元件提供适度冗余空间。嵌入式电子元件通常由填充物环绕，以保持预浸料层的平整度，从而应对热膨胀对器件产生的影响。在部分特殊应用场景中，此类多层 PCB 技术也会因其过孔长度与直径比例过高而大大提升过孔内层电镀的工艺精度要求和操作难度。因此，完全嵌入式转换器具有极高的生产复杂性。

如图 7.16 所示，RPL－3.0 系列是使用完全嵌入式组装技术的典型案例。它具有 3A 负载能力、低于 100 μs 的瞬态响应时间及全方位的过电压、过电流和过温保护功能，是一款功能完备的微型 DC－DC 转换器。使用嵌入式电源 IC 使其极度微型化，在微小的 3 平方毫米足迹内即可产生 10 W 输出功率。此外，RPL－3.0 的低寄生效应和严密的内部电流环路确保了其出色的 EMI 性能，使其即使应用于超出 AM 无线电频段高达 2.2 MHz 的开关频率下，也依然能够保持正常运行。

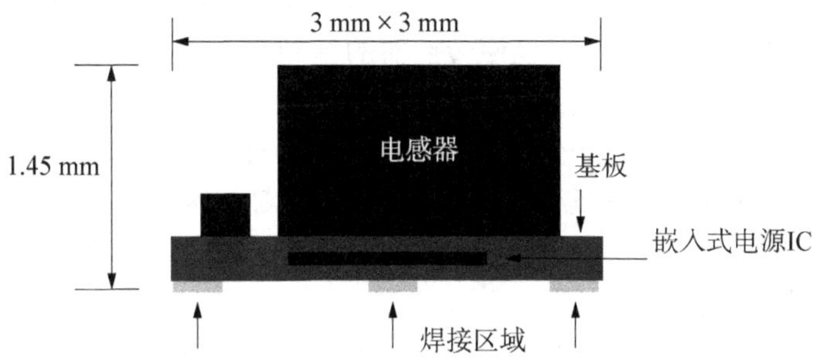

图 7.16　在 RPL－3.0 系列中使用的嵌入式无封装组装技术

实用技巧

采用堆叠、嵌入或平面元件的 3D 电源封装可以在不牺牲性能或功能的情况下显著缩小转换器尺寸。减小物理尺寸不仅可提高元件功率密度，还可减少其寄生效应和电流环路的大小，这意味着即使在兆赫级的高开关频率下，元件所受 EMI 也能得到有效控制。然而，上述方法的缺点在于器件热管理变得更加艰难，DC－DC 转换器的温度性能很大程度上取决于其在最终应用中的使用方式。这促使新一代转换器需在不牺牲成本、工作温度规格的前提下，向进一步小型化和高功率化的方向研发设计。

本章小结

本章深入探讨了 DC－DC 转换器的封装原理，分析了空间限制对元件性能的影响，并讨论了提高开关频率以减小器件尺寸的策略及其局限性。介绍了多种元件封装方法，包括通孔式、鸥翼 SMD、QFN 和 BGA 封装，并展开叙述了不同封装方法的特点和适用场景。此外，本章还讨论了电路板的 3D 结构和堆叠技术以及相关元件的嵌入式原理，这些都是提高功率密度和优化空间利用的关键技术。通过这些内容，本章揭示了封装设计在 DC－DC 转换器性能优化中的核心作用。

第8章

DC－DC 转换器参数测量方法

DC－DC 转换器中，除其最核心的功率转换元件外，还包含有大量电力电子元件，以实现维持输入输出稳定、控制器件开通关断等功能。这些元件共同决定了 DC－DC 转换器的性能优劣和适用场景。这些电子元件同时也使转换器的基础静态电气参数难以表征转换器性能，继而难以指导转换器的应用设计。业界普遍引入热阻抗、热降额、占空比、输出电压精度、负载调整率等变量表征转换器的热学特性、直流特性、交流特性等特征属性，并形成了例如 MIL－HDBK－217E、MIL－HDBK－217F、Bellcore、Telcordia 等技术标准。但由于不同标准的官方测试方法各不相同，要求的测试范围也有所偏差，导致不同制造商往往选取对其自身产品最为有利的标准进行鉴定测试。

以转换器的转换效率这一参数指标为例，各技术标准规定的测试方法是在额定输入电压和 25 ℃环境温度的条件下，在指定的负载范围内测量得出负载调整率。但是如何定义负载范围，并没有统一的标准规范。部分转换器制造商在 0%～100%负载范围内计算负载调整率、部分在 10%～100%负载范围内，还有一些制造商选取 20%～80%的负载范围。在 10%～100%负载范围内得出的负载调整率为±5%的转换器性能并非一定劣于在 20%～100%负载范围内得出的负载调整率为±3%的转换器，同样，根据 MIL－HDBK－217E 标准得出的耐用性为 100 万小时的转换器并非一定优于根据 MIL－HDBK－217F 标准得出的耐用性为 80 万小时的转换器和根据 Bellcore、Telcordia 标准得出的耐用性只有 40 万小时的转换器。以器件的输出纹波和噪声为例，输出纹波和噪声的量纲为电压峰峰值（V_{pp}）。然而，不同标准标注的 50 mV_{pp} 和 100 mV_{pp} 的转换器，其性能并不完全取决于 V_{pp} 值的大小。对比性能时，需仔细查看转换器的使用说明。在给出参考测量值时，部分制造商可能在转换器的输出引脚上外接了由 47 μF 电解电容与 0.1 μF 贴片电容并联组成的滤波器，而另一部分制造商的转换器并没有附加任何滤波元件，此类情况下，不能单以器件输出纹波和噪声的 V_{pp} 值大小作为器件性能优劣的评价依据。通常为获得可靠且可重复的测量结果，附加滤波元件是必要的。因此两种标注方法并无对错之分。但对于转换器应用设计而言，必须清楚认识到测量方法对测量结果有直接影响，若需要比较转换器之间的性能，必须对同一参数明确统一的测量方法。特殊情况下，需要基于应用场景的实际操作要求，应用各测试标准上没有列出的方法进行测量。

因此，本章详细阐述了转换器热学特性、直流特性、交流特性等相关参数的测试原理和实验方法，并对其中影响测试精度的操作细节进行了详细的原理说明，给出了有利于提高测试准确性的操作建议，旨在为转换器应用设计提供设计依据和原理参考。

8.1 器件热学参数及其测量方法

8.1.1 概述

热学设计在优化系统性能方面至关重要，因此在选择 DC - DC 转换器时，正确评估热学性能参数非常重要。评估转换器性能时，不仅应给出工作环境的温度限制，还应对器件的热降额、内部功耗、最大外壳温度和热阻抗等参数进行约束，才能充分且正确地评估转换器的热性能。转换器功率损耗可以由其效率计算得出，但是如果无法从器件通用手册中读取准确的器件热阻抗，或需要知道某些特定操作条件下的转换器热阻抗，应用设计者只能通过亲自试验测量得出所用器件的相关热学参数。

即使是在环境温度可控的热处理室，想要获得可靠的 DC - DC 转换器的热学特性，对测量技术的要求仍然很高。尽管空气流动速度很低，但还是会严重地干扰测量结果。因此热处理室内的被测仪器必须放置在封闭箱体，以防受到换气扇气流干扰。箱体内环境温度用经过校准的传感器来测量，并且传感器须放置在合适位置，这样转换器产生的热量不会直接影响到它的读数。转换器的壳体温度应该在最热的时候进行测量（$T_{C,MAX}$），这个时刻可以由制造商自定义或由热像仪观测得到。对于体积很小的转换器，黏附在它上面的热传感器本身也会影响读数，因为传感器的导线将转换器产生的一部分热量导出，所以应使用接触点尽可能较小的热电偶进行采集。

对于低功率转换器，其自身发热并不明显，难以精确测量其热阻抗。在大多数情况下，转换器的工作温度范围是由内部元器件的温度极限来决定的。可以采用在关键元器件上固定热电偶的测量方法，测量器件相对环境温度的变化。每隔 10 ℃测量并读数，用这些结果计算出安全极限。对于封闭的转换器，热电偶必须在封装前就安装在转换器中，才能得到准确的读数。

对于高功率转换器，其热阻抗可以通过测量自然对流（空气流动静止时）时的温度上升并计算内部功耗来确定。反之，热阻抗曲线可以被用来计算在不同速率的强迫对流冷却情况下，器件的热传递系数。

最后，过低的温度也会对转换器的性能造成负面影响，最低温度极限取决于以下三个因素：所使用的元器件的最低温度限制导致增益降低；PWM 电路的偏置点偏移而使转换器不能启动；热收缩系数不再匹配而导致物理失效。

8.1.2 热阻抗计算方法

热阻抗或称热电阻，是衡量诸如变压器磁芯或半导体结之类的内部热源与外部环境间进行热交换能力的参数。如图 8.1 所示，场效应管开关的热源为半导体结 T_J，热量传递到晶体管的管体 T_B，通过密封介质传导到转换器外壳 T_C，并最终通过外壳发散到外部环境 T_{AMB}。其中，每阶段都有单位为℃/W 的热阻抗 q，或单位为 K/W 的热电阻 RTH。在实际应用中，它们可以互相换算。

上述热源条件下，转换器的温度上升量计算公式如下：

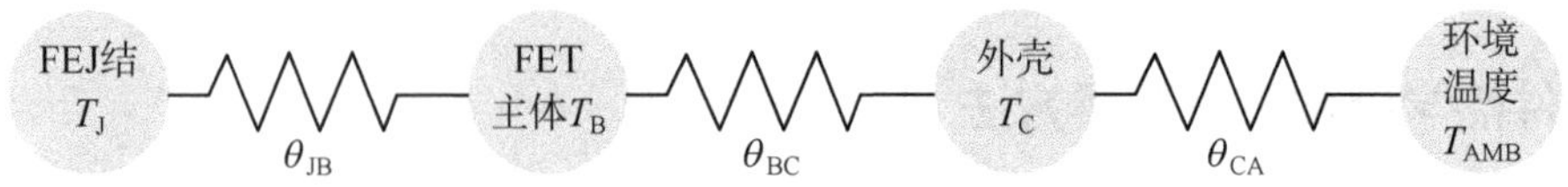

FEJ结 T_J — θ_{JB} — FET主体 T_B — θ_{BC} — 外壳 T_C — θ_{CA} — 环境温度 T_{AMB}

图 8.1 热阻抗链

$$\begin{cases} P_{DISS}=\dfrac{P_{OUT}}{\eta}-P_{OUT} \\ \Delta T_{RISE}=P_{DISS}\theta_{CA} \end{cases} \tag{8.1}$$

其中，热阻抗 θ_{JB} 和 θ_{BC} 在转换器的热管理设计中无法改变，θ_{CA} 成为热管理设计中唯一可调热阻抗。以 RECOM，RP15－4805SA 转换器为例，当其输出功率为 15 W，效率为 88%，外壳与环境之间的阻抗为 18.2℃/W。外壳最大允许温度为 105℃。则其功耗为 15/0.88－15＝2.04 W，外壳相对环境温度上升 37℃。由此可得环境温度的允许上限为 105℃－37℃＝68℃。

通常可以参考图 8.2 所示方式测量热阻抗 θ_{CA}。需要注意的是，在对热阻抗进行读数前必须保证有足够的时间使整个测试系统的温度稳定。

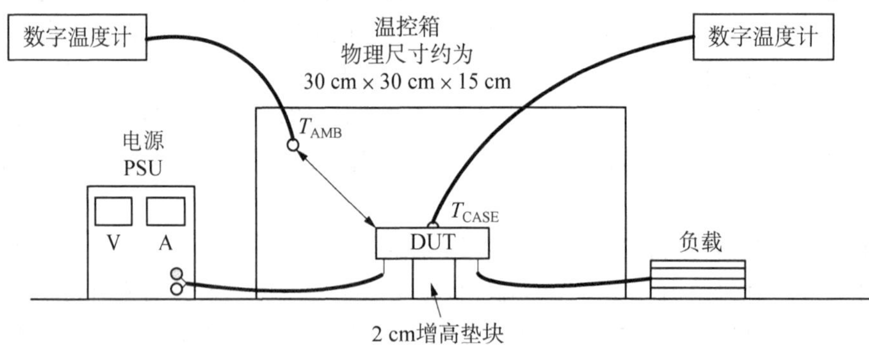

图 8.2 外壳与外部环境间热阻抗 θ_{CA} 测量方法

热阻抗计算公式如下：

$$\theta_{CA}[℃/M]=\frac{\Delta T_{RISE}}{P_{DISS}} \tag{8.2}$$

其中，转换器的功率损耗，即输入功率与输出功率的差值已知，因此仅需测量恒温箱外壳相对环境温度的变化，即可以得到热阻抗。

8.1.3 热降额、环境温度及负载的关系

DC－DC 转换器的内部功耗都将转化为器件热量，所以转换器温度会高于室温。只要将这些热量传递到周围环境中，转换器就能继续以最大功率工作。然而，环境温度也会随之上升，热量会更难传递出去。当环境温度达到特定值时，转换器会达到其温度上限。如室温继续上升，转换器必须降低负载以减小其内部功耗，此过程即为热降额。

如图 8.3 所示，以 RP15－4805SA 为例，在－40℃～＋68℃环境温度条件下，转换器可以以最大功率运行。但如图中粗线标定所示，应用场景的最高环境温度大于 85℃时，则转换器的负载必须降至原先的 55%才能安全运行。

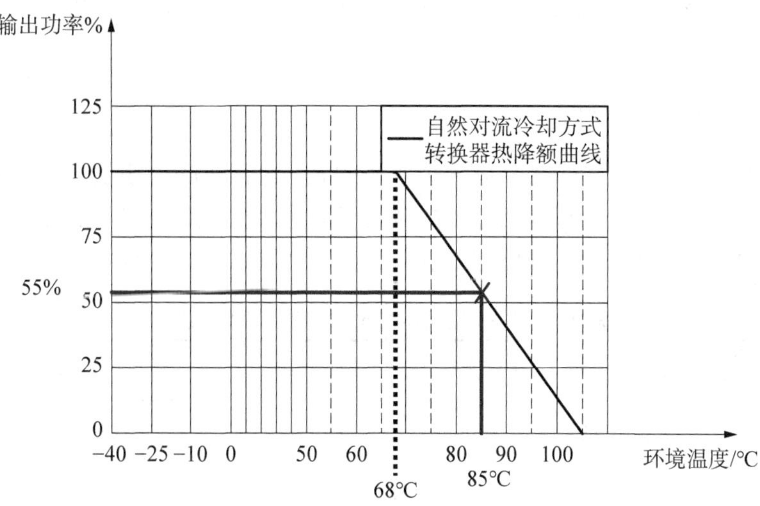

图 8.3 自然对流冷却下 DC-DC 转换器热降额曲线

实际应用时，热降额是有限制的。降额曲线要求负载降低时转换器效率保持不变，然而当负载降低时，效率将会下降；当负载低于 40%时，恰恰相反，这时效率降低反而引起功耗上升，抵消了由于负载下降而引起的功耗下降。如图 8.4 所示，功耗曲线变化平缓，在低负载时有所回升。

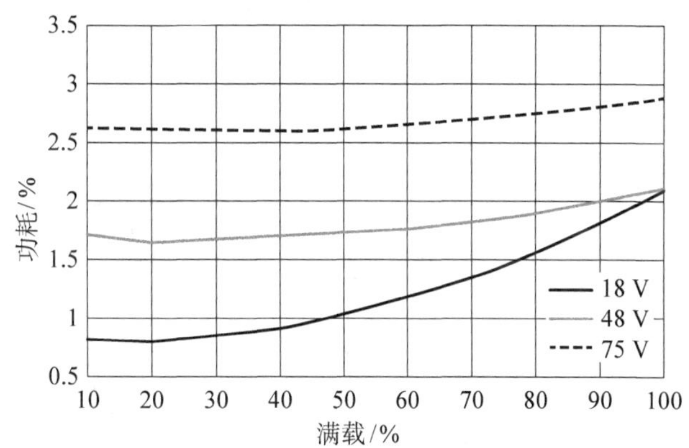

图 8.4 RP15 系列 DC-DC 转换器内部功耗随负载与输入电压的变化

为转换器安装散热片可以有效提升转换器与周围环境的热交换能力(即降低热阻抗 θ_{CA})，并提升转换器本身的工作温度上限。但传导至散热片上的热量还是要继续传递到周围环境中，散热片只是提高了转换器的有效散热表面积。引以为例的 RP15-4805SA 转换器内部结构十分紧凑，其外壳尺寸为"1×1"。与之匹配的散热片结构也十分紧凑，因此并不能显著提升有效散热表面积。通常，散热片最多只能为转换器提升 5～10 ℃工作温度范围，要提升更多工作温度，必须使用诸如强制对流等散热方式。

此外，散热片只适用于金属外壳的转换器或底座安装式转换器。在塑料外壳上贴散热片只会引起反效果。散热片和塑料之间的导热性很差，安装于塑料外壳的散热片反而会妨碍空气对流。总而言之，优化热降额通常可以提高 10～15 ℃的工作温度上限，但是对于很多应用场景而言已经是可提升的性能极限。如需显著提升转换器工作温度上限，需要运用强制对流冷却的方式。

8.1.4 强制对流冷却特性分析

强制对流冷却，是在自然对流中加入了水平对流，从而降低转换器与周围环境间热阻抗 θ_{CA} 的方法。水平对流取决于每秒流过转换器的气流量及气流的涡流层度。如果自然对流的归一化热阻抗为 1.00，通过增加气流层，热阻抗 θ_{CA} 将以如表 8.1 所示的关系减小。

表 8.1 归一化热阻抗随对流层的增加而减小

10 LFM(自然对流)	1.00
100 LFM	0.67
200 LFM	0.45
300 LFM	0.33
400 LFM	0.25
500 LFM	0.20

如图 8.5 所示，温度上升公式仍可表达为：$\Delta T_{RISE}=P_{DISS}\theta_{CA}$，转换器内部功耗仍然是 2 W。自然对流时，$\theta_{CA}$ 的值为 18.2 ℃/W，温度上升 37 ℃，相应满载时最高工作环境温度为 68℃。强制 100 LFM 对流时，θ_{CA} 为 12.2 ℃/W，转换器温度只上升 24.4 ℃，即满载时最高工作环境温度为 81 ℃。

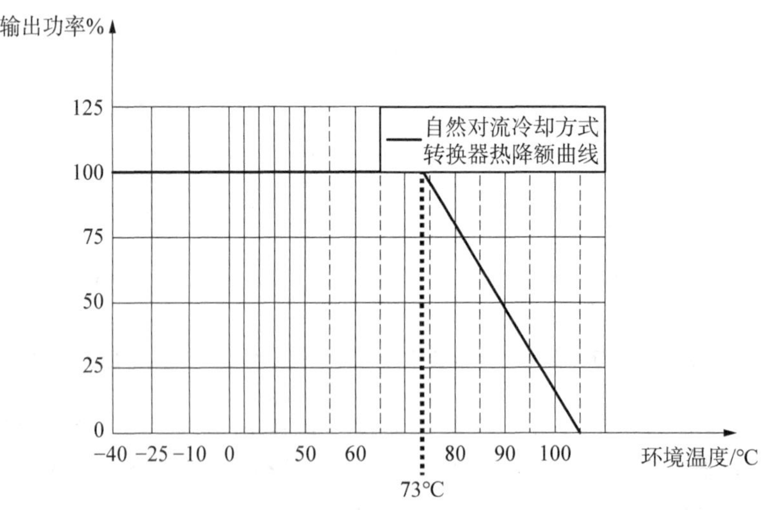

图 8.5 自然对流方式下贴有小型散热片 DC-DC 转换器热降额曲线

通常，使用强制对流冷却和散热片一起降温比单用强制对流冷却的效果更优，但随着工作温度和对流速度的不断增加，冷却行为的效益却是递减的。使用散热片可以将最高工作环境温度从 68 ℃提升至 73 ℃，提升 5 ℃。反向计算可以得出无散热片时 θ_{CA} 为 18.2 ℃/W，加入散热片后 θ_{CA} 下降至 16 ℃/W。如继续强制 100 LFM 对流，θ_{CA} 将继续下降至 10.5 ℃/W。这能将满载时最高工作环境温度提升至 84 ℃，但也仅仅比强制 100 LFM 对流无散热片条件下最高工作环境温度高出 3℃。图 8.6 是通过计算得到的带散热片转换器在不同气流条件下的热降额曲线。

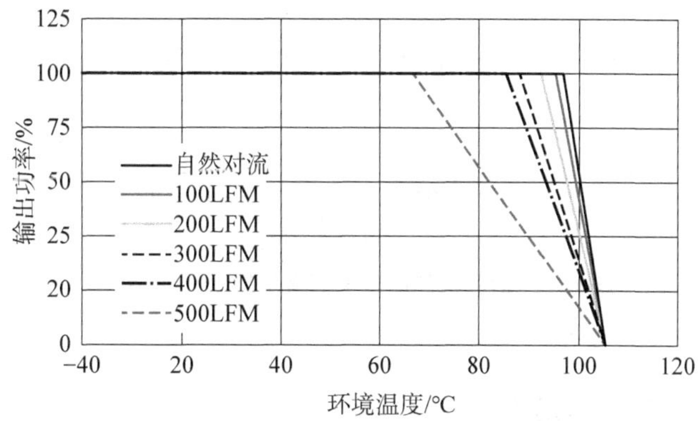

图 8.6 提高空气对流对热降额的影响

8.1.5 传导和辐射冷却特性分析

除却依赖气流的对流、层流对转换器进行冷却，转换器还可以通过热传导和热辐射的方式导出热量。热传导是指通过直接接触将热量从一个物体传向另一物体。传输机制是声子级别的振动，将能量从一个分子传导至另一分子。传输率，即热通量，由两个物体间的温度差及材料导热率共同决定。带有底板的转换器主要依靠热传导降温。事实上所有的转换器都可以通过连接至 PCB 导轨的引脚传导出一些热量。可依靠底板降温的转换器，其热阻抗链如图 8.7 所示：

图 8.7 可依靠底板降温转换器的热阻抗

大部分热通量是通过直接接触传导，所以底板和散热片间接触面积越大，导热效果越好。但即使底板与散热片两者间距的误差极为微小，误差导致的气隙都会大幅降低热传导效果。如底板和散热片的平整度都没有小于 5 密位(0.125 mm)，则热传导能力将被大幅削弱。因此一般会使用传热界面材料(thermal interface medium，TIM)，比如导热硅脂或者缝隙垫，填补于底板和散热片间，以提高两者间的物理接触以及热接触。

辐射传导是指物体的热量通过红外线向外辐射，太阳热量就是典型的热辐射。转换器也能通过热辐射来传导能量。但由于转换器外壳温度仅为 300～400 K，相比热对流和热传导，其通过热辐射的散热量要少得多。如图 8.8 所示，在高海拔地区，因为对流散热效果取决于气流量，而当气压降低时气流量和对流散热的效果也将大幅降低，此时同时利用传导和辐射散热对转换器尤为重要。

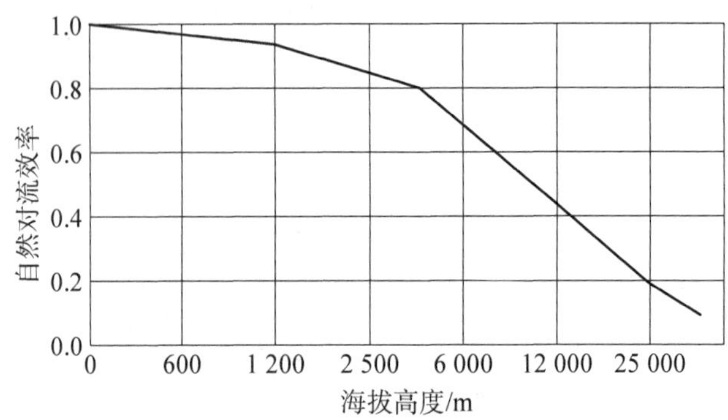

图 8.8 对流散热的效率随着海拔上升而降低

8.2 器件直流特性及其测量方法

如上所述，DC - DC 转换器的性能由多种参数共同表征。为快速高效地描述转换器性能并确认标准参数的有效性，验证测量时，通常会建立测量矩阵，方便从中选择不同负载和输入电压组合进行比较，典型测量矩阵如表 8.2 所示。

表 8.2 测量矩阵表

Test	V_{IN}	I_{OUT}	V_{OUT}
1	$V_{IN,\ NOM}$	$I_{OUT,\ NOM}$	V_{O1}
2	$V_{IN,\ NOM}$	$I_{OUT,\ MIN}$	V_{O2}
3	$V_{IN,\ NOM}$	$I_{OUT,\ MAX}$	V_{O3}
4	$V_{IN,\ MIN}$	$I_{OUT,\ NOM}$	V_{O4}
5	$V_{IN,\ MIN}$	$I_{OUT,\ MIN}$	V_{O5}
6	$V_{IN,\ MIN}$	$I_{OUT,\ MAX}$	V_{O6}
7	$V_{IN,\ MAX}$	$I_{OUT,\ NOM}$	V_{O7}
8	$V_{IN,\ MAX}$	$I_{OUT,\ MIN}$	V_{O8}
9	$V_{IN,\ MAX}$	$I_{OUT,\ MAX}$	V_{O9}

$V_{IN,\ NOM}$	额定输入电压
$V_{IN,\ MIN}$	最小输入电压
$V_{IN,\ MAX}$	最大输入电压
$I_{OUT,\ NOM}$	额定输出电流
$I_{OUT,\ MIN}$	最小输出电流
$I_{OUT,\ MAX}$	最大输出电流

为获得优质可靠的测量结果，在测试回路接线时，应确保 DC - DC 转换器的连接线为低阻抗，通常测量终端的接触电阻较高，所以测量回路接线时，建议采用如图 8.9 所示的“开尔文”连接，将电流和电压测试回路分别单独连接对应引脚。使用万用表测量时，通常采用的 4 mm 规格电线会引起较大的测量误差。因此测量过程中所有的万用表接线也都应如图所示，分别独立连接至转换器引脚。

电子负载因其操作便捷性成为测量过程中用作 DC - DC 转换器负载的优先选项。然而，为了更精准地调节测试电流，部分电子负载有最低输入电压限制。所以当 DC - DC 转换器的输出电压低于 4 V，通常只能选取功率电阻作为负载。

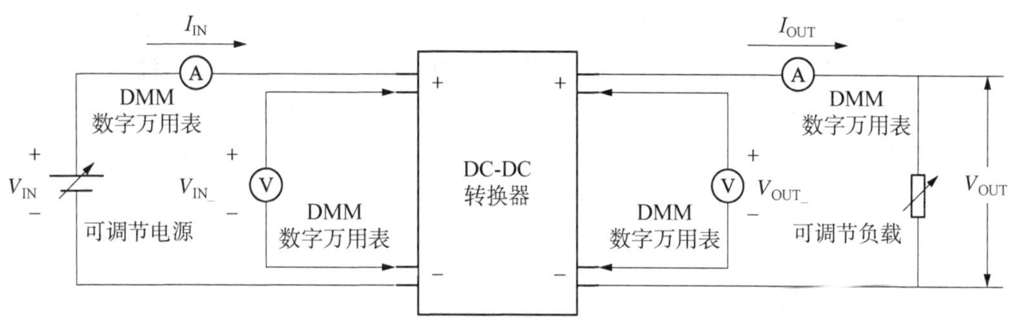

图 8.9 测量回路接线示意图

采用台式电源可以提供较优质的可调输入电压，但必须在测量回路运行前确保台式电源的可调范围能够涵盖测量所需的所有输入电压和电流值。在特殊情况下，可以采用多个台式电源组合来提供 DC－DC 转换器测试所需的最大输入电压。需要注意的是，因为大多数 DC－DC 转换器没有极性反接保护，测试回路运行前应确认转换器的极性连接是否正确。

8.3 器件交流特性及其测量方法

使用常规探头连接 DC－DC 转换器，示波器显示屏上读取的结果有时并不可靠。差模效应和共模效应可能会影响读数的准确性，如图 8.10 所示。常规示波器探头极有可能会忽略差

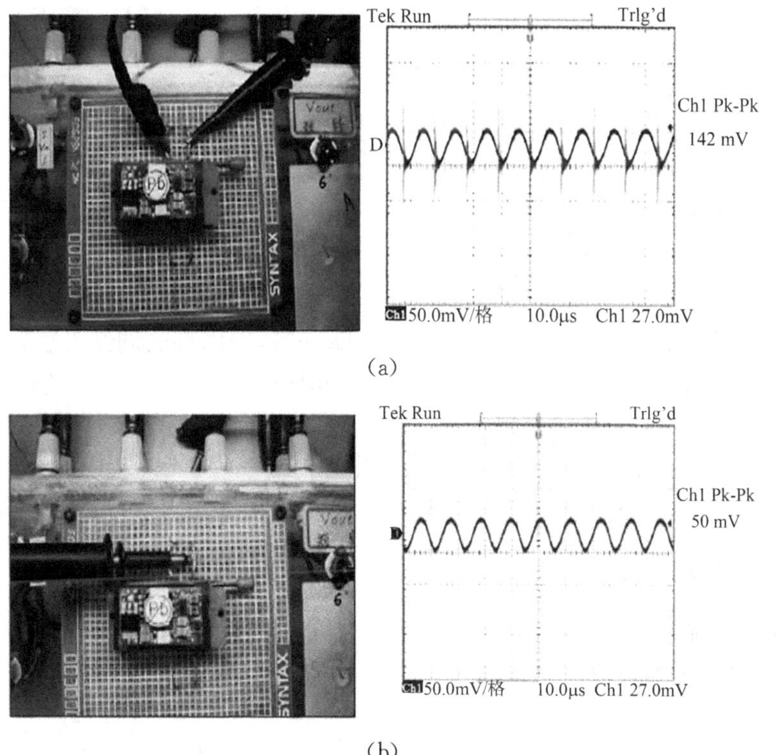

图 8.10 辨别测量交流信号的正误方法

(a) 测量交流信号的错误方法；(b) 测量交流信号的正确方法

模干扰，因为差模干扰同时、等量地出现在两个连接点上，因此测量转换器交流特性时，示波器读数中的差模分量将不能读取。测量交流特性时，读数误差的另一诱因是示波器的带宽。如今的示波器通常具有 400 MHz 以上的输入带宽。通常转换器的输出波纹是在 20 MHz 带宽以内测量，一方面因为 20 MHz 以上的共模分量并不重要，仅需在两个连接点间并联小电容就可以将其过滤，另一方面因为测量、读数依赖于示波器的设计，示波器如果没有 20 MHz 带宽的限制，由于额外的共模干扰，其屏幕读数总会偏高。最后，探针本身也有可能成为误差源，所以探针的连线应该尽可能地短。

理想情况下，探针的尖端应与被测引脚相连，环与转换器地端相连。测试回路接线中，禁止使用接线夹连接引脚。因为地线回路将会形成天线，会接收大量外来的噪声。

如果探针的连线难以缩短，那么可使用图 8.11 中所示的参考接线方法。基于探针连线的线路阻抗选取匹配的 RC 元件，能够滤除可能干扰读数的高频反射。

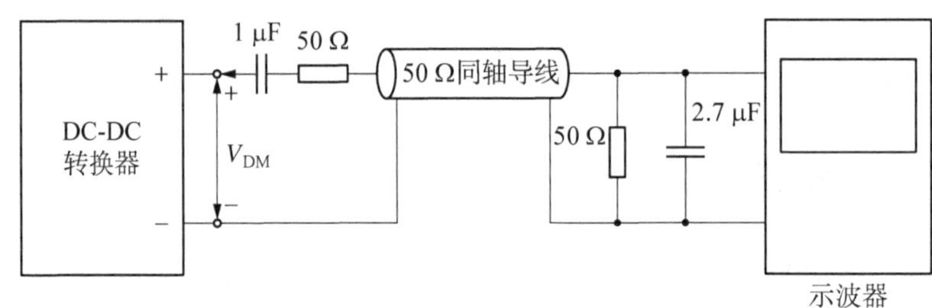

图 8.11　长探针导线条件下转换器交直流特性测量电路示意图

实用技巧

需要注意的是，应用图 8.11 中方法测量得到的 V_{DM} 电压波形，被两个 50 Ω 电阻组成的电势分压器减半，所以示波器的显示波形应该有 2 倍的幅值增益。同时，即使以上述方法选取了匹配的 RC 元件，探针的连线也应尽可能地短。

8.3.1　占空比的最大值和最小值测量

在一些应用场景中，需要更详细地了解 DC - DC 转换器内部的调制方法。如果内部调制信号的占空比，无法通过外部测量回路直接读取。如图 8.12 所示，可以用经验分析的方法，从外部测量回路的输入输出噪声中获得关于内部调制信号占空比的信息。

当 $V_{IN}=V_{IN,\ MAX}$，$I_{OUT}=I_{OUT,\ MIN}$ 时，占空比达到最小值 δ_{MIN}；当 $V_{IN}=V_{IN,\ MIN}$，$I_{OUT}=I_{OUT,\ MAX}$ 时，占空比达到最大值 δ_{max}。周期 T 为定值，它可表征 DC - DC 转换器的工作频率。

8.3.2　输出电压的精确度

输出电压的精确度，也称为设定点精度，它描述了输出电压的允许误差范围，该参数通常是在常温、满载和额定输入电压的条件下测得的，它的定义公式如下：

$$ACC_{V,\ OUT}=\frac{V_{OUT}-V_{OUT,\ NOM}}{V_{OUT,\ NOM}}\times 100\% \tag{8.3}$$

其中，$ACC_{V,\ OUT}$ 为电压精确度，V_{OUT} 为输出电压，$V_{OUT,\ NOM}$ 为输出电压额定值。

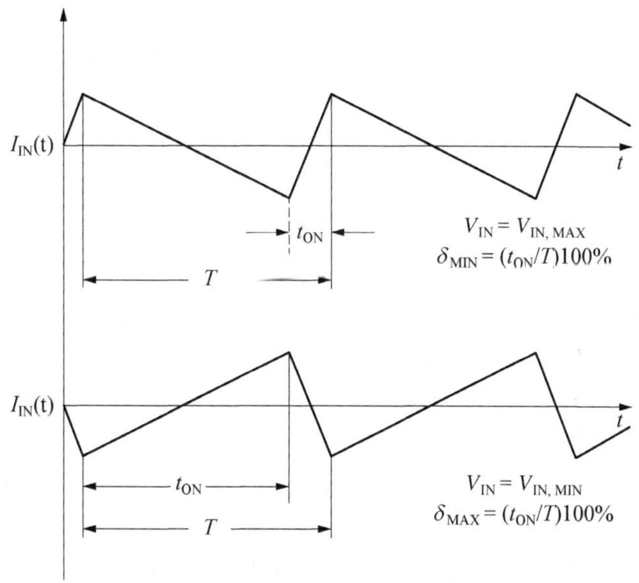

图 8.12　由输出电流波形测量内部调制信号的占空比

输出电压之所以产生误差，是因为元器件本身存在公差，特别是输出端的分压电阻，它将输出电压降低后比 PWM 比较器的参考电压进行比较(参见第 1 章)。如果额定输出电压高于 1.5 Vdc，通常参考电压是 1.22 V 的带隙基准电压源。(带隙基准电压源是由 2 个 PN 结构成的，其中一个 PN 结的温度系数变化正好抵消了另一个 PN 结的温度系数变化，使其输出的电压可作为稳定参考电压)。如果输出电压是 5 V，输出端分压电阻的分压比是 3∶1，当分压电阻有 1%的公差时，输出电压的精确度为 3%。

有些稳压转换器具有微调功能，输出电压可以在一定范围内调节，一般为±10%。这种情况下，输出电压精度是在调节引脚浮空的情况下测得的。

不稳压转换器的输出电压是随着负载而变化的。如果设定输出电压在满载时是额定值，则当负载低于满载时，输出电压会高于额定输出电压，这会降低转换器的适用负载范围。因此，通常在 60%～80%的负载范围内定义额定输出电压(参见第 1 章)。而在满载时输出电压总是低于额定输出电压。

8.3.3　输出电压的温度系数

内部带隙基准电压源可以在工作温度范围内保持较稳定的电压输出，但仍然会因为温度变化存在电压浮动。输出电压的温度系数(TC)定义为：极端温度下输出电压与室温下输出电压在他们温度差之间的相对偏差，单位通常采用%/C 或 ppm/K。普遍选取 25 ℃为室温温度。低于室温时温度系数 TC 为正值，高于室温时为负值。

为得到温度系数 TC，需要将转换器置于恒温箱中，在室温 T_{RT} 和额定负载条件下，DC - DC 转换器将先工作 20 分钟，到达热稳定后测得室温下额定输出 $V_{OUT}(T_{RT})$。用类似方法还可测得其他温度下输出电压，温度系数可按照如下公式计算：

$$TC(T)[\%/C]=\frac{\Delta V_{OUT}(T)}{V_{NOM}\Delta T}=\frac{V_{OUT}(T)-V_{OUT}(T_{RT})}{V_{OUT}(T_{RT})|T_{RT}-T|}\times 100\% \tag{8.4}$$

或

$$TC(T)[\text{ppm}/K]=\frac{\Delta V_{\text{OUT}}(T)}{V_{\text{NOM}}\Delta T}=\frac{V_{\text{OUT}}(T)-V_{\text{OUT}}(T_{\text{RT}})}{V_{\text{OUT}}(T_{\text{RT}})\,|T_{\text{RT}}-T|}\times 10^{6} \tag{8.5}$$

其中，±0.02%/C 是典型的温度系数，表示转换器工作温度由 25 ℃升高到 85 ℃时，输出电压会下降 1.2%，而由 25 ℃下降到−40 ℃时，输出电压会上升 1.2%。

8.3.4 负载调整率

负载调整率定义为测量到的输出电压在最小负载(minimum load，ML)到满载(full load，FL)范围内的最大偏差值，结果以百分比形式给出。需要注意的是，为让转换器可以正常工作，最小负载的设定需考虑多种影响因素，例如部分转换器的最小负载需要配合转换器的过载保护功能进行设定。因此通常对负载调整率图中允许负载范围之外的情况不做研究。

转换器输出电压通常随负载电流线性变化，所以只需要在负载范围内测量两个点就可以计算出负载调整率。如测量时设定电流是 80%最大电流，则负载调整率可以通过三种方法测量求解：测量最小负载和半载的输出电压[半载为最小负载和满载的平均值，即 $\text{LOAD}_{\text{HALF}}=(ML+FL)/2$]；测量满载和半载时的输出电压；测量最小负载和满载时的输出电压。上述三种方法测得的结果基本一致，测量方法都可使用如图 8.1 所示的接线方法。式(8.6)是通过测量最小负载和满载时输出电压求解负载调整率方法的计算公式：

$$\text{REG}_{\text{LOAD}}=\frac{V_{\text{OUT, ML}}-V_{\text{OUT, FL}}}{V_{\text{OUT, FL}}}\times 100\%=\frac{V_{\text{O3}}-V_{\text{O2}}}{V_{\text{O2}}}\times 100\% \tag{8.6}$$

若指定了 50%负载时的输出电压精确度(output voltage accuracy，OVA)，且解得此时负载调整率为±1%，则满载时，输出电压的相对变化率是−1%，最小负载时输出电压的相对变化率为+1%。即所测得的输出电压最多可高于或低于输出电压精确度图所示的 1%。负载调整率的计算值恒负，但工程需求通常上还是会写为正负百分比的形式。这意味着如果是在满载时求解得器件输出电压精确度，且也解得负载调整率为±1%时，实际测得的输出电压只能等于或低于 OVA 图的 1%。

非稳压转换器既没有负载调整也没有线路调整，所以无法定义其负载调整率。此类转换器仅可测量讨论输出电压随负载的偏离程度，需在额定输入电压 $V_{\text{IN, NOM}}$ 的条件下测量输出电压随负载变化的关系。

8.3.5 交叉调整率

交叉调整率这一评价参数只适用于多输出的 DC－DC 转换器，其中一个输出端满载，其余输出端连接较低负载，通常为满载的 25%。切换负载，将接满载输出端改接低负载，其余输出端接满载。以两输出端口的 DC－DC 转换器为例，对其两输出端分别定义为一号端口和二号端口，式(8.7)为其交叉调整率计算公式：

$$\text{REG}_{\text{CROSS},1}=\frac{V_{\text{OUT1,LL}}-V_{\text{OUT2,FL}}}{V_{\text{OUT2,FL}}}\times 100\%$$

$$\text{REG}_{\text{CROSS},2}=\frac{V_{\text{OUT2,LL}}-V_{\text{OUT1,FL}}}{V_{\text{OUT1,FL}}}\times 100\% \tag{8.7}$$

其中，$V_{OUT1,LL}$ 为一号端口低载时的输出电压，$V_{OUT1,FL}$ 为一号端口满载时的输出电压；$V_{OUT2,LL}$ 为二号端口低载时的输出电压，$V_{OUT2,FL}$ 为二号端口满载时的输出电压。

8.3.6 线路调整率

线路调整率是指输入电压从最小值 V_L 变化到最大值 V_H 所引起的输出电压的偏离比率。计算线路调整率时通常保持负载恒定，保持输出电流为最大值；线路调整率是输出电压值相对于额定电压值 V_N 的偏差百分比。与测算负载调整率的方法相同，由于输出电压随输入电压线性变化，所以除额定输出电压外，只需要再测量两个点的输出电压，即可获得线路调整率。式(8.8)为测量输入电压最大和最小时转换器的输出电压，求解电路调整率：

$$\text{REG}_{\text{LNE}}=\frac{V_{\text{OUT},V_H}-V_{\text{OUT},V_L}}{V_{\text{OUT},V_N}}\times 100\%=\frac{V_{09}-V_{06}}{V_{03}}\times 100\% \tag{8.8}$$

额定输入电压 V_N 通常被定义在输入电压范围区间的中心。如果线路调整率为±1%，当输入电压从 V_N 增至 V_H 时，相应的输出电压将增加 1%；当输入电压从 V_N 降至 V_L 时，相应的输出电压将减小 1%。

非稳压的 DC-DC 转换器无法进行线路调整。对于恒定负载，输出电压与输入电压成正比，但是两者变化的关系通常不是 1∶1，即输入电压变化率为 1%时，输出电压变化率未必为 1%。输入电压对输出电压的影响在满载时以“$x\%/1\%$ of V_{IN}”的形式给出。例如，如果非稳压转换器的线路调整率为“1.2%/1% of V_{IN}”，即表示输入电压每增加 1%，输出电压相应增加 1.2%。

8.3.7 最坏情况下的输出电压精确度

最坏情况下的输出电压受输出电压精确度、全负载范围内负载调整率、输入电压范围内线路调整率及温度系数共同决定。因为误差具有累积效应，所以不同的计算顺序对结果也有影响，但通常还是可以把误差分别单独处理，得到近似的输出电压极值：

$$V_{\text{OUT,MIN}}=V_{\text{OUT,NOM}}[1-\text{ACC}_{V,\text{OUT}}-\text{REG}_{\text{LOAD}}-\text{REG}_{\text{LINE}}-TC\,|\,T_{\text{RT}}-T_{\text{MAX}}\,|\,] \tag{8.9}$$

$$V_{\text{OUT,MAX}}=V_{\text{OUT,NOM}}[1+\text{ACC}_{V,\text{OUT}}+\text{REG}_{\text{LOAD}}+\text{REG}_{\text{LINE}}+TC\,|\,T_{\text{RT}}-T_{\text{MIN}}\,|\,] \tag{8.10}$$

假定额定输出电压为 5 V、输出电压的精确度为±2%、负载调整率为±0.5%、线路调整率为±0.3%、在整个工作温度范围内的温度系数为 1.2%～1.3%，则输出电压极值如下计算：

$$V_{\text{OUT,MIN}}=5\times(1-0.02-0.005-0.003-0.013)=4.795\ \text{V}$$
$$V_{\text{OUT,MAX}}=5\times(1+0.02+0.005+0.003+0.013)=5.200\ \text{V}$$

8.3.8 转换效率

转换效率是输出功率与输入功率之比，空载时转换效率为零。转换效率通常以百分比形式给出，但有时也可以归一化(≤1)的形式表达。计算转换效率通常需要在多个条件保持不变的情况下进行，例如，在额定输入电压和满载条件下。为了展示这一参数的复杂性，图 8.13 展示了在不同工作条件下的效率曲线。

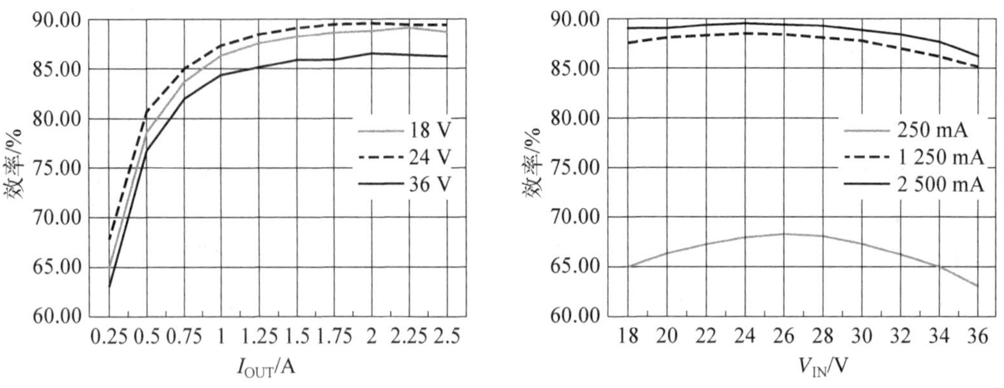

图 8.13 RP30－2405S 型转换器效率曲线示例

8.3.9 输入电压范围

DC－DC 转换器的输入电压范围通常定义在最小输入电压 V_L 和最大输入电压 V_H 之间。在这个范围内，转换器能够正常工作并提供稳定的输出电压。然而，许多转换器在实际使用中可能会超出这个电压范围，此时转换器参数可能不再适用。特别是对于大功率转换器，通常会配备欠压保护（UVL）电路，以防止输入电压过低导致转换器损坏。当输入电流过高时，UVL 电路会切断转换器，从而避免因电流过大而造成的损坏。转换器产品中通常会提供转换器的“绝对最大输入电压”，这是由内部元器件的安全电压阈值决定的。

实用技巧

通常情况下，较高的瞬态电压不会对设备造成损害。例如，R－785.0－0.5 降压型开关稳压器具有 5 V 的输出电压，其输入电压范围为 6.5 至 32 V，绝对最大输入电压为 34 V。然而，该稳压器能够承受 50 V/100 ms 的瞬态电涌，甚至能够承受 1 000 V/50 μs 的极端瞬态电压。

8.3.10 输入电流

输入电流由直流分量（平均输入电流）和交流分量（反射纹波电流，如何测量反射纹波电流在 4.1.1 中详细介绍）两部分组成。输入电流中的直流分量又由偏置电流和负载造成的输入电流两个部分组成。断开负载时测得的是偏置电流，通常偏置电流指的是空载时的静态电流 I_Q。之所以产生这个电流，是因为空载时即使输出电流为零，转换器仍在振荡，各种开关和寄生元件仍有损耗，内部稳压器和参考电压源仍然处于工作状态。偏置电流的大小取决于输入电压以及环境温度，所以空载时的静态电流 I_Q 通常在 $V_{IN,NOM}$，25 ℃的条件下测得。有些转换器有开/关控制或待机模式，可以通过暂停其内部的振荡器、稳压器来进一步降低静态电流和输出功率等级，因此 I_{OFF} 总是低于 I_Q。

受负载影响的部分输入电流较难阐述，其根本原因在于它主要取决于输入电压，所以尽管“输入功率恒定且输入电压最小时，输入电流最大”这一关系仍然成立，但是转换器的效率与负载呈非线性关系（如图 8.13 所示），这使得对此类输入电流的观测极为困难。转换器效率是与输入电压和输出电流相关的复杂函数，若想计算出最大输入电流，则须已知最小输入电压、相应最大负载及转换器效率(例如，可以从类似图 8.13 的图中读出转换器效率值)。如计算输入电流时仅以转换器满载效率为依据，得出的计算结果通常不够精确。在低负载或中等负载条件下，偏差尤其显著。

8.3.11 短路和过载电流

输出短路电流(output short circuit)是指输出引脚互相连接时的输出电流。短路通常指的是连接线上的电阻小于 1 Ω 或者连接线上的精密电阻足够小，使得输出电压小于 100 mV 的情况。对于单输出的转换器，短路测试通常在 V_{OUT+} 和 V_{OUT-} 之间进行。对于双极输出的转换器，短路测试可以在 V_{OUT+} 和 V_{OUT-} 之间、V_{OUT+} 和 common 之间或 V_{OUT-} 和 common 之间进行。

通常，低功率不稳压的 DC-DC 转换器不具备短路保护功能。行业标准要求转换器能在短路状态下持续工作 1 s，通常内部元器件在这段时间内过热而损毁。所以，在进行短路测试之前必须确认转换器是否具有短路保护功能。如具有短路保护功能，需确定是何种保护机制，如：功率限制联合热关断保护、电流折返保护或电流脉冲保护。

过载保护和短路保护不同，如果过载时输出电流超过限定值，通常超出的上限值一般为 110%～150%额定输出电流，有电流限制的 DC-DC 转换器将降低输出电压，以确保电流稳定在限定值之内。如果负载继续增大，输出电压将同比下降。如果过载被移除，转换器又将回到正常工作状态，但是如果过载时间过长，内部功耗所产生的过多热量会使转换器过热，以至损坏或热关断。

然而，如果输出被短路了，但输出电流依然在限定值之内，输出电压会变得很低，理论上短路时输出电压为零，但实际情况下约为几个毫伏，则输出功率也接近为零。这时只要内部元器件可以承受这个限定值内的高电流，转换器将保持工作状态。

限流保护普遍采用电流折返保护方式，如图 8.14 所示。

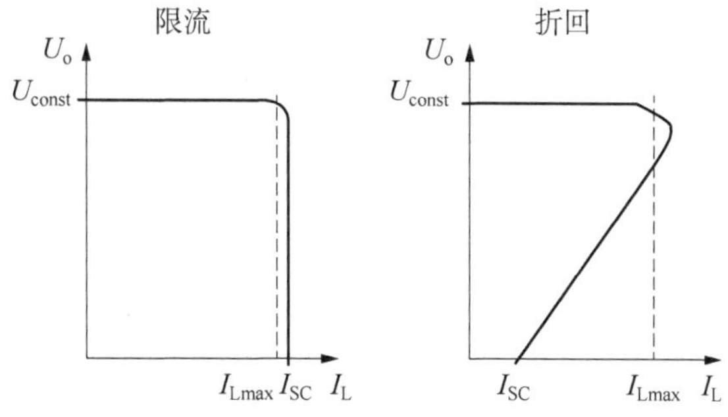

图 8.14 输出电流限制和折返的特性曲线

当输出电流超过额定上限时，这个限定值会被重新设定为一个更低的值。此时 DC-DC 转换器工作在功率限制模式。通常只有将转换器和电源断开，才能重置功率限制模式。限流保护和电流折返保护对于中、低功率 DC-DC 转换器是非常有效的短路保护方式，但是对于高功率转换器的保护效果并不理想。如功率为 1 W 的转换器电流上限为 150%额定电流，则转换器在过载或短路的情况下将面临 500 mW 的额外功耗。50 W 的转换器电流上限同为 150%额定电流时，其将面临 25 W 的额外功耗，转换器的内部元件往往难以承受并迅速烧毁。

能够承受此类故障电流的高功率转换器，其经济效益极低。

通常上述问题的解决方法是使用断续保护，如图 8.15 所示，当输出电流超过额定上限时，转换器会立即停止工作，等待一段时间，转换器再启动，若输出电流仍超过上限，转换器会再次停止，不断循环。断续保护的优点是，当故障状态被移除，转换器在下一次重置后即可恢复正常工作。断续保护的另一优点是，虽然短路输出脉冲会导致瞬时的内部高功耗，但是较长的关断周期使内部元件有时间冷却下来，因此转换器短路时不会过热。断续保护的缺点是，高容性负载会误触发断续保护机制，转换器无法在连接此类负载下工作。另一缺点是，如果高功率 DC - DC 转换器用于在长缆线网络上提供总线电压，则线上任何一点出现短路都会触发转换器的断续保护机制，且断续电流尖峰使得难以确定线路的准确故障位置。

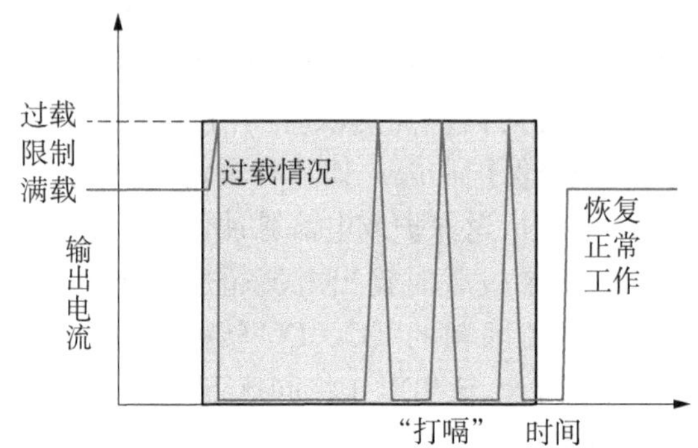

图 8.15 断续保护的特性曲线

实用技巧

测试 DC - DC 转换器断续保护功能最简单的方法就是听声音。有断续保护的转换器，每当它要重启时都会发出“嘀嗒”声。此外，以连接电流分流器的示波器观测输出电流也可测试保护功能。

如果要测试换流器的限流保护或折返电流保护功能，可以使用如图 8.16、图 8.17 所示的测试方法。如图 8.16 所示，将数字万用表(DMM)设置为直流测量模式，其内部精密电阻可用作短路元件。可通过观测万用表读数确认 DC - DC 转换器的输出电压是否超过 100 mV。当短路电流过大，超出数字万用表量程或造成短路时输出电压大于 0.1 V 的情况，须在测试回路中增加外部分流元件，以实现测量要求。如图 8.17 所示，在选择精密电阻 R_S 时，须满足 $R_S < 0.1\,V/I_{SHUNT}$，$P_V > 0.1\,V \times I_{SHUNT}$。

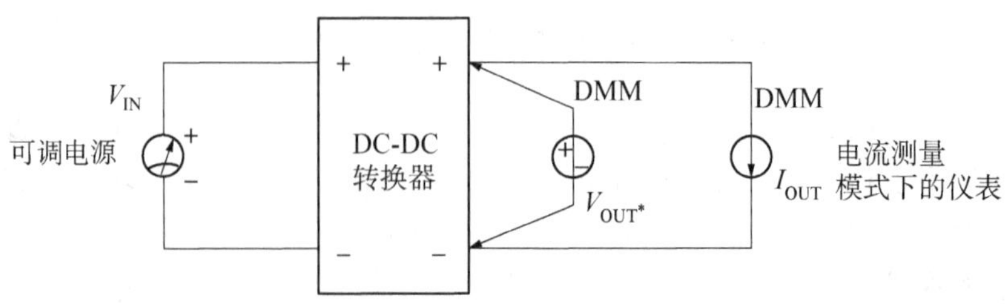

图 8.16 基于万用表的转换器短路特性测量回路

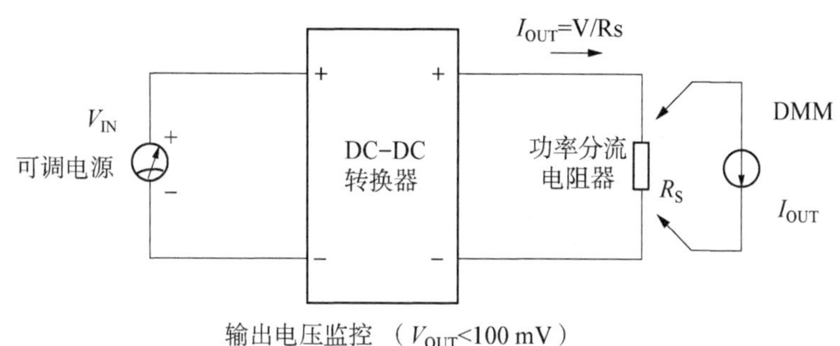

图 8.17 基于精密电阻的转换器短路特性测量回路

8.3.12 远程开/关控制

许多应用场景都希望可以远程控制 DC-DC 转换器的开/关状态。这是为了减少转换器能量损耗以提高效率、逐步控制转换器功率变化或出于对器件安全因素的考量。因此，DC-DC 转换器通常具有一个开/关控制引脚，关断它可使转换器进入待机模式。其开关方式非常简单，因为任何具有集电极关断控制的器件或者 NPN 型晶体管都可用于向该引脚给出控制信号。即使是高功率转换器，也只需几毫安的驱动电流来控制开/关引脚。

实用技巧

需注意的是，要考虑开/关引脚的控制逻辑对转换器的影响。正逻辑时，在高电平或逻辑"1"信号时转换器启动，在低电平或逻辑"0"信号时转换器关闭。由于控制输入信号高电平由转换器内部电路给出，所以如果控制输入引脚浮空，转换器将始终处于开启状态。该设定是一种常用的方法，因为转换器在不需要控制引脚的情况下应该处于激活状态。负逻辑时，在高电平或逻辑"1"信号时转换器关闭，在低电平或逻辑"0"信号时转换器开启。由于控制输入信号高电平由转换器内部电路给出，所以如果控制输入引脚浮空的话，转换器始终处于关闭状态。在着重考虑安全性的转换器应用场景中，上述控制技术被广泛应用。

隔离型转换器使用前必须明确引脚功能，即开/关控制引脚的电位是相对哪个引脚而言。通常情况下，其参考电位为转换器主回路的接地引脚电位，但是一些转换器的开/关控制在输出端，则此时参考电压是次级输出电压 V_{OUT-}。若开/关控制在输出端，且控制信号发生在初级端，则必须使用隔离元件(比如光电耦合器)作为输出端的控制开关。

为了避免控制信号缓慢提高过程中过度频繁地重复开关动作，所有控制引脚的输入都应该具有一定的滞后性。如图 8.18 所示，如果控制引脚连接外部 RC 延迟电路，所连二极管可以保证如果源电压断开，时序电容可以放电，保持转换器处于待机状态，直到输入电压稳定后再启动。如果在短时间内重新接上源电压，电压仍保持恒定。通常定义远程控制引脚电压V_{REMOTE}为触发电平，典型的逻辑取值：当 0 V < V_{REMOTE} < 1.2 V 时，为逻辑"0"；当 3.5 V < V_{REMOTE} < 12 V 时，为逻辑"1"。也就是说，当 V_{REMOTE} 上升时，转换器在其超过 1.2 V 时启动；当 V_{REMOTE} 下降时，转换器在其低于 3.5 V 时关闭。

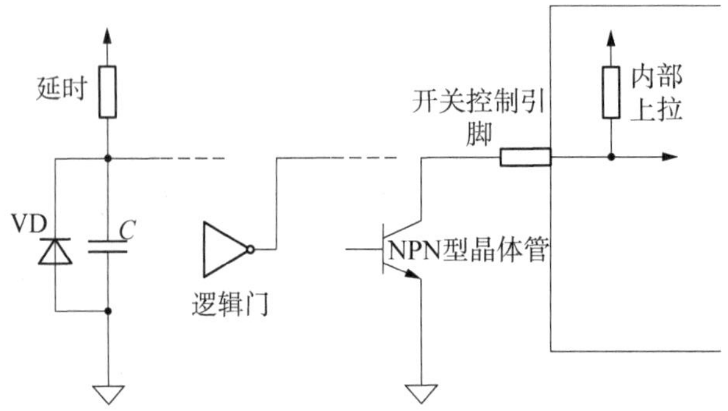

图 8.18 驱动开/关控制引脚的不同方法

8.3.13 隔离电压

在隔离型 DC-DC 转换器中，通常采用变压器隔离和光耦隔离来实现初级与次级回路之间的隔离，即两个回路之间没有直接的电流通路。通常采用隔离电压描述这种隔离能力，通常设定测试用高压为直流电压或交流电压的均方根值，当该电压加在初级与次级回路之间时，二者间只有微弱的电流。

需要注意的是，通常这类测试使用的电压较高，属于危险电压等级。因此进行耐压测试时必须采用具有精密电流限制电路的高压测试仪器，并且不要在具有静电放电保护的工作台上进行高电位测试。因为这类工作台表面经过特殊处理，具有导电性。此外，高压测试仪必须有紧急停止按钮且接地，待测设备上操作员能接触到的任何位置都应该是绝缘的。整个测试仪器应带有自动放电电路，在测试完成之后立即放电。如图 8.19 所示，为耐压测试示意图。

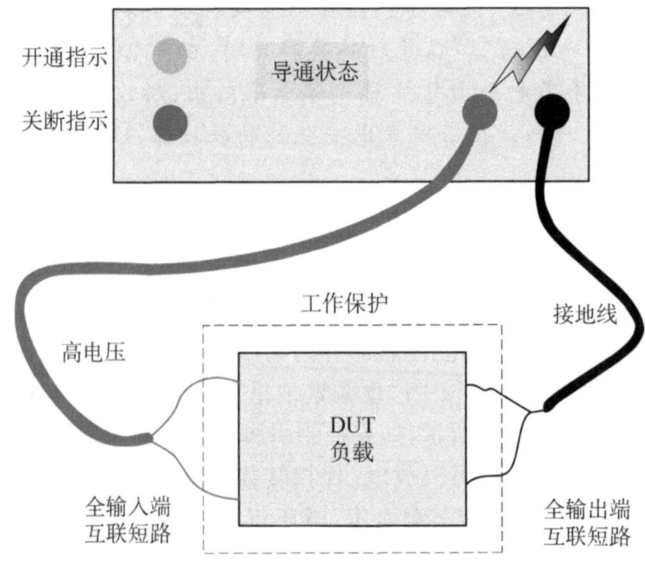

图 8.19 耐压(绝缘能力)测试接线示意图

通常转换器隔离直流电，所以使用交流电测试隔离表现时，交流电流会与转换器绕组之间的电容耦合，或与放置在绝缘壁垒上的任何 EMC 抑制电容耦合，产生漏电流。因此，对于交流高压隔离测试，不仅需要测试可承受的交流电压均方根值，还需要测试转换器容许的漏电流大小。通常容许的漏电流设定为 1 mA 或 3 mA，因为过高的漏电流会永久损坏转换器。由于交流漏电流的存在，当电压较高时，交流电压比同等稳定直流电压对隔离壁垒的压力要高得多，并且压力随频率和电压的增加而增加，下面是漏电流计算公式：

$$I_{\text{LEAK}} = \frac{\mathrm{d}V(t)}{\mathrm{d}t} C_{\text{LEAK}} \tag{8.11}$$

实用技巧

因此对具有 1 kVDC/s 隔离能力的转换器仅需用 700 VAC/s 的 50 Hz 交流信号进行测试。这似乎很合逻辑，因为以 700 V 为有效值交流电压，其峰值电压是 980 V。但如果交变频率上升，漏电流也将相应增大，比如，100 Hz 的测试信号产生的漏电流是 50 Hz 信号的 2 倍。因此，具有 1 kVDC/s 隔离能力的转换器通常采用 360 VAC/s 的 100 Hz 交流信号进行测试。50 Hz 是耐压测试信号的工业标准，虽然大多数制造商不提及所使用的测试频率，但是对比参数表的隔离电压时，可以假设使用的测试频率是 50 Hz。RECOM 的网站上提供了实用的隔离电压对比工具。

当测试时间超过 1 s 时，直流和交流耐压测试之间的关系将变得复杂。耦合通道的绝缘介质在高压压力下，由于内部空隙或不均匀性而出现的瞬时击穿的现象称为局部放电（partial discharge，PD）。由于存在局部放电现象，60 s 的测试将对隔离壁垒造成巨大的压力。

传统的漆包线变压器绕线如图 8.20 所示。通常绝缘漆料被用在不同的阶段，所以层与层之间可能存在不连续的地方，绝缘体之间也可能有空腔。

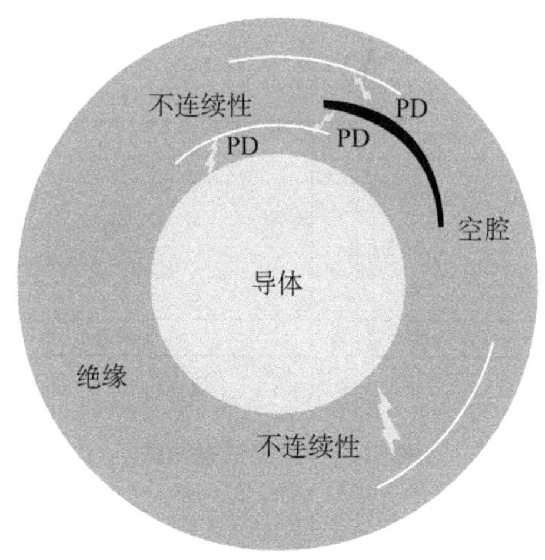

图 8.20　漆包线（磁导线）横截面及导线绝缘层中局部放电通路示意图

由于绝缘体内部存在局部放电，因而将有瞬时电流产生，但此时电线仍然是绝缘的，然而将绝缘壁垒变薄，电压压力可以从绝缘壁垒较弱的一个点跳到另一点，直至最终输入输出之间完全导通。这里的关键词是“最终”，局部放电需要一些时间连接起来，导致最后的完全击穿。

高压压力的时间越长，绝缘失效就越可能发生，所以，超过 1min 的耐压测试比 1s 的测试对绝缘壁垒造成的压力要大得多。具有 1 000 VDC/s 隔离的转换器只能用 500 VAC/min 的电压测试，以避免局部放电累积效应导致的问题。

实用技巧

因为耐压测试存在导致转换器永久损坏的可能性，所以需要特别注意测试设置时两个极其重要的操作。首先，必须保证转换器内部电压不能持续上升，因为这会超过内部元器件的击穿电压，因此，在开始耐压测试之前，所有的输入端、输出端之间都应该分别互相短接；其次，由于耐压测试对转换器的隔离壁垒造成的压力巨大，并且对绝缘体的损害不断累积，所以建议进行重复测试时，逐次降低 20%的电压。

耐压测试的优点在于，当高压加载在输入/输出绝缘壁垒上时，所有的潜在失效路径都会被测试，所以成功通过检测的转换器可以完全保证输入输出之间的隔离能力。但缺点是，一旦转换器没有通过检测，在测试过程中转换器将出现不可逆转的损坏。

另一可以代替耐压测试的方法是局部放电测试，测试设备会监视局部绝缘失效所引发的电压尖峰，这些突变电压尖峰将显示在示波器上，或可观察引起这些电压干扰的等价电荷注入量，在微微库仑级可以观测出显著的电荷变化，并且这种测试方法的灵敏度非常高。局部放电测试的优点是，随着测试电压的上升，可以观察局部放电现象发生的频率，并在绝缘失效出现前做出预测，这样可以在转换器完全损坏前停止测试。

局部放电测试的结果需要很仔细地解读，因为得到真正的有效结果前会有许多误导性的读数。因此，测试时需要一段稳定时间使电荷平衡，一般 60 s 的测试中只在最后 10 s 读数，如图 8.21 所示。另一种 1 s 的局部放电测试可以用 $1.875 \times V_{RATED}$（有效值）测试器件耐压。

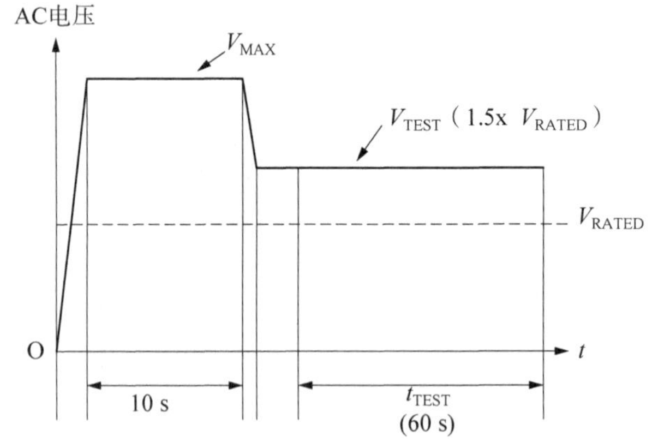

图 8.21 局部放电测试

8.3.14 绝缘电阻和电容

输入输出的电阻和电容只能采用交流信号测量。隔离电阻通常在 500 VDC 电压的压力下用兆欧表或类似的测量工具测量，通常兆欧表的阻值高达 10 MΩ 甚至更高；隔离电容必须用 1 MHz 的高频测量，以消除板载滤波电容的影响。隔离电容由于转换器的结构不同在 5 pF 到 1 500 pF 之间变化。由于测量电流低，测量结果极易受空气温湿度的影响。

8.3.15 动态负载响应

动态负载响应(dynamic load response,DLR)描述了转换器对于负载阶跃变化的响应。通常采用两种方式定义:一是通过输出电压回到规定的允许偏差范围内所需的时间,二是输出电压相对于额定输出电压的最大偏差。如果要对DLR做出完备定义,上述两种定义方式都需要被考虑。通常而言,大多数产品说明只给出稳定时间。此外,部分制造商使用25%~100%的负载范围,部分使用50%~100%的负载范围,甚至一些制造商仅仅提到"25%阶跃变化"而并没有说明负载范围,所以不能直接比较不同制造商给出的参数。唯一的确认方法是自己测量转换器并进行比较。

所有转换器在负载突然变小时都将出现过冲,在负载突然变大时会出现负过冲。稳定时间($T_{OVERSHOOT}$ 或 $T_{UNDERSHOOT}$ 最大值)主要取决于PWM控制器的补偿电路。补偿电路必须满足两个条件:可对阶跃变化做出快速反应;不会过度响应引发输出波动。因此,设计时必须综合考虑补偿电路对响应的影响。无周期的响应是最佳响应,即输出电压上升或下降在测试中仅出现一次。图8.22是稳压转换器对负载阶跃变化可能出现的响应方式,上部分是无周期的输出电压,下部分是补偿电路不佳情况下波动的输出电压。

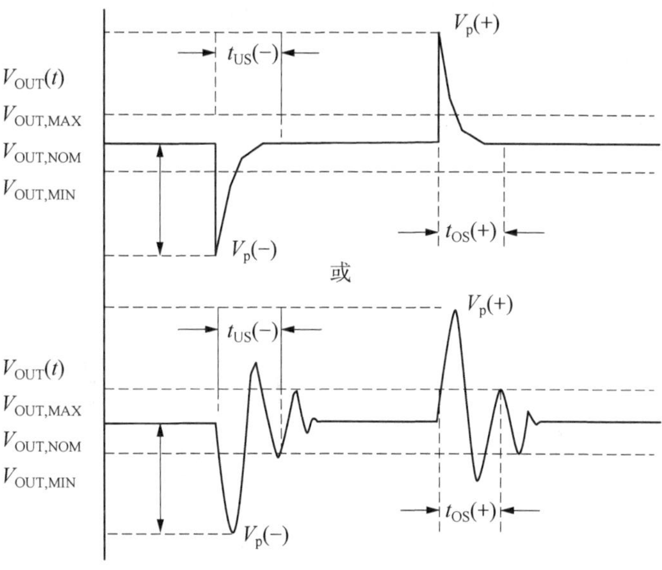

图8.22 稳压转换器对负载阶跃变化可能出现的响应

实用技巧

许多电子负载有内置阶跃功能,该功能可以自动在2个预设的负载值之间切换。但如果没有电子负载的话,可以参照图8.23用2个电阻负载和1个用方波驱动的场效应管组成简单的动态负载。

在有些应用场合,既要求输出电压稳定,又要求对负载的阶跃变化快速做出响应,并且要求响应没有振荡。例如,许多数字电路的负载变化快,但输出电压要求非常稳定。如果负载变化可以预测或检测,则可以在可疑的负载变化过程中,把补偿电路从"慢"切换到"快"。这在模

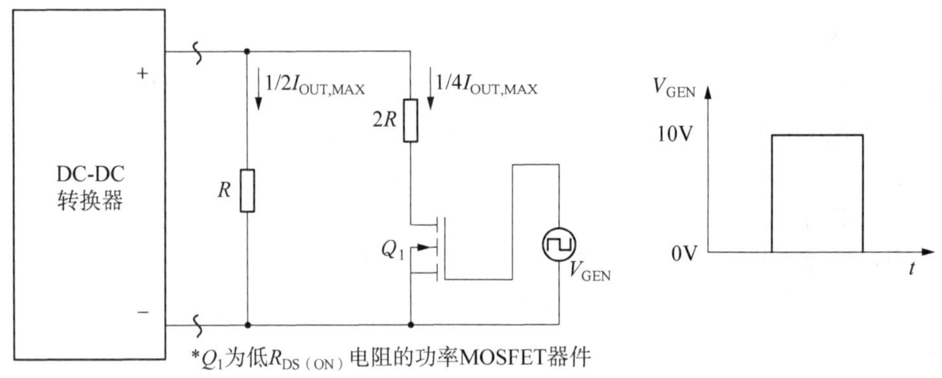

图 8.23 动态负载响应测试电路及控制示意图

拟控制器中难以实现，但如果采用数字控制器，则可以对动态负载编程，这是数字控制器相比模拟控制器的最大优势之一。

正如负载的突变会引起输出电压的变化，输入电压的突变也会引起输出电压的变化，只有很少的应用场景会发生输入电压突变的情况，如有需要，只要台式电源有外部控制输入或可以连接到方波发生器监测输入，就可以相对容易地进行测试设置。

8.3.16 输出纹波/噪声

所有 DC - DC 转换器都存在输出纹波和噪声，如图 8.24 所示。纹波分量是由于输出滤波电容的充放电而产生的，不同的转换器电路拓扑会引发不同的输出纹波和噪声。纹波和噪声的频率通常等于工作频率或为工作频率的 2 倍。

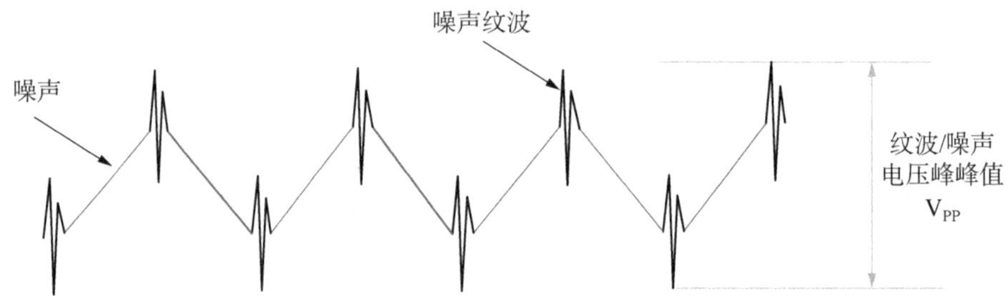

图 8.24 输出纹波和噪声

叠加在纹波之上的是开关尖峰噪声，它是由开关状态改变时寄生效应产生的，通常出现在每个纹波的波峰或波谷。开关尖峰噪声通常比纹波频率高出多个数量级，普遍在兆赫范围。这两者组合形成了输出端的纹波/噪声图，通常以毫伏左右的电压峰峰值作为两者的衡量单位。在输出纹波/噪声波形上还叠加了由稳压输出电路产生的低频振荡。如图 8.25 所示，当负载和输入电压恒定时，由于稳压电路的滞后效应，输出电压将会在其公差带内以几赫兹的频率波动。上述波动属于输出电压精度要求，不属于纹波/噪声要求，因此通常参考纹波/噪声图会忽略这个波动。

典型改进方法是增加输出电容以减小输出波纹，这样做虽然可以略微减小电压峰峰值，但是无法完全滤除纹波。然而，对于受周期控制的转换器，正确的稳压操作必然产生输出纹波。

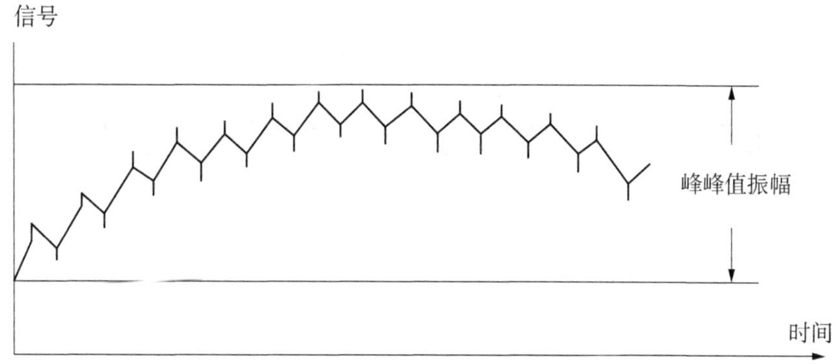

图 8.25 叠加于输出纹波/噪声波形上的低频振荡示意图

更有效降低纹波/噪声的方法是在输出电压后再增加线性电压调节器。线性电压调节器的电源纹波抑制率(power supply ripple rejection rate,PSRR)极高,通常可高达 70 dB,可成为有效的纹波滤波手段。

本章小结

本章阐述了 DC-DC 转换器的关键参数及其测量方法,旨在为理解和评估转换器性能提供坚实的理论基础。从热阻抗、热降额等变量引入,对转换器的热学特性进行了详细讨论。这些参数对于确保转换器在不同环境条件下的可靠性至关重要。通过阐明测量原理和实验方法,本章对如何准确地评估转换器的热性能,如何依据所测热学参数为设计提供科学依据提供了科学理论指导。此外,本章也说明了转换器的交直流特性,如占空比、输出电压精度、负载调整率等参数对转换器稳定性和效率的影响。并提出通过测量矩阵和“开尔文”连接等技术手段,提高测量结果的准确性和可靠性的可靠依据和实验原理。本章强调了在测量过程中需要注意的差模和共模干扰,并介绍了如何通过适当的测量技术来减少这些干扰的影响。总而言之,本章不仅提供了 DC-DC 转换器参数测量的理论基础,还提供了实际操作的指导。有利于全面理解和掌握转换器的性能评估方法,对于设计、测试和应用 DC-DC 转换器具有重要的参考价值。

第9章

DC－DC 转换器安全防护设计

DC－DC 转换器安全性按以下级别划分为电击、危险能量、火与烟、物理损伤、辐射和化学灾害。目前，国内外对危险和灾害的划分较为明确，通常将危险定义为尚未发生的灾害。例如，主传输线可能带有危险电压，虽然通过绝缘处理后可以安全操作，但当绝缘层受损或质量不佳时，接触电线仍可能引发灾害。

在安全防护设计过程中通常将经过安全认证的 DC－DC 转换器视为黑盒，但仍应遵循规定的安全守则，识别潜在危险并设计相应的保护措施。例如，DC－DC 转换器因内部短路而失效、非破坏性过热，则其材料必须具备阻燃与自然熄灭能力。如果忽略这些保护设计，未对转换器输入电流进行紧急限制，仍可能导致过热从而引发自燃的风险。普遍安全认证过程包括危险防范工程（hazard-based safety engineering，HBSE）和风险管理（risk management，RM）。传统电子安全标准，如 IEC－60950 或者 ETS－300，只考虑 DC－DC 转换器本身的安全问题，而不考虑应用中的后续风险，新的安全认证规章则兼顾器件本身安全设计和使用危险防控。因此，大多数 DC－DC 转换器的制造商都会声明其产品的使用和应用范围，一般都会设计和评估产品的安全冗余程度。

DC－DC 转换器的工程危险防范包括以下四个步骤：①确定产品的危险源头（比如能量源）；②分类危险的严重性（比如等级 1 为没有痛感、不自燃；等级 2 为有痛感但不会受伤、有可能自燃；等级 3 为会受伤且有自燃可能）；③制定合适的安全措施（限定危险电压、电流）；④安全措施检验（危险电压警示工具、限流装置）。

9.1 电击安全防护原理

通常应用中，DC－DC 转换器与 AC－DC 转换器是混合使用或交替使用的，即 AC－DC 转换器的输出作为 DC－DC 转换器的输入。当 AC－DC 转换器发生失效，使危险电压出现在输出端，DC－DC 转换器必须具有能够避免终端受到电击伤害的能力。上述双重独立保护机制的建立，是目前安全防护标准的基本原则。

9.1.1 绝缘等级规定方法

安全标准中定义了三个主要的绝缘等级，即功能绝缘、基本绝缘和双重绝缘，如图 9.1 所示。

功能绝缘：转换器在正常工作时，其电源电压属于非危险电压范围，绝缘层满足安全隔离要求，并且在失效时不至于引发火灾。然而功能性绝缘的绝缘能力尚未达到电击防护的标准，无法有效抵御持续的危险输入电压，导致转换器在电源失效时对电击的保护能力有限。输入和输出的绕组主要依靠漆包线提供绝缘保护且相互缠绕在一起，这种结构非常简单，但仍然可以达到 4 kVDC 的绝缘能力。

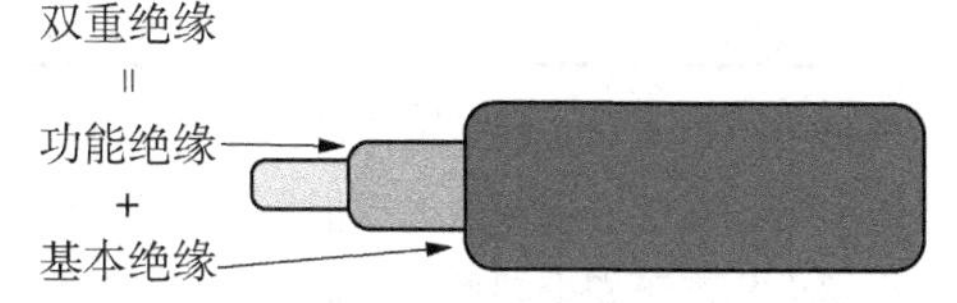

图 9.1 功能绝缘、基本绝缘和双重绝缘示意图

基本绝缘：满足功能绝缘要求的转换器还具有额外的电击防护，其防护层厚度大于 0.4 mm，并提供比功能性绝缘更强的内部安全隔离。基本绝缘的 DC-DC 转换器通常配备物理绝缘层，不再仅依赖于变压器的漆包线。箱体中的环形磁芯形成了一个“桥”，有效分隔了输入和输出绕组。

双重绝缘：满足基础绝缘要求的转换器配备多重物理绝缘壁垒，以提供电击防护。每层壁垒的厚度至少为 0.4 mm，确保更强的内部安全隔离。具备双重绝缘的转换器在输出绕组中采用了三层绝缘线，聚酯薄膜为输入和输出之间提供了额外的爬电隔离及隔离壁垒。DC-DC 转换器能够承受长时间的危险交流电压（工作电压为 250 V 交流电压），并提供高达 10 kVDC 的隔离能力。

9.1.2 人体阈值电流等级划分方法

人体电阻在 110 V 直流电压下大约为 2 kΩ，且随着电压的升高，阻值逐渐降低，而这一关系因人而异。皮肤的电阻远高于内部器官的电阻，而完全接触（如整个手掌约 8 cm^2 的接触面积）相比部分接触（例如仅 0.1 cm^2 的接触面积）时电阻更小。当电流集中在很小的接触点时，也可能会导致灼伤，因此定义电流对人体造成的伤害较为困难。在交流电作用下，皮肤充当电接触与皮下组织之间的绝缘体，交流电阻通常低于直流电阻，因此交流电流通常更具危险性。

为了界定电流造成的伤害，首先需确定人体免于电击的电流限制。对于直流电的峰值电流的限值为 2 mA；对于交流电，峰值电流为 0.7 mA，而在 50 Hz 交流电情况下，电流限制为 0.5 mARMS。表 9.1 列出了流经人体的阈值电流等级。

表 9.1 流经人体的阈值电流等级

电流效应	电流/mA	用电安全（危险防范工程）等级
最小反应	小于 0.5	ES1
惊吓反应，但没有伤害	高达 5	ES2
肌肉收缩，但是可以放手	高达 10	ES3
心脏除颤，内部受伤，死亡	大于 10	

DC-DC 转换器的输出电压限制在 60 V 直流或 42.4 V 交流电压以内时，它被称为安全超低电压（safe extra low voltage，SELV），在这种情况下，无须担心电击风险。然而，电信网络电压（telecommunication network voltage，TNV）可高达 120 V 直流或 71 V 交流峰值，但由于其接触时间限制在 200 ms 内，并且无法直接接触连接点，因此被视为相对安全。除此之外，任何高于安全超低电压或电信网络电压的输出电压均被视为危险电压，在接触时必须特别谨慎，表 9.2 列出了电信网络电压的定义。

表 9.2 电信网络电压的定义

电路电压低于安全超低电压的限制	TNV-1
电路电压高于安全超低电压但低于电信网络电压的限制，没有输入过压	TNV-2
电路电压高于安全超低电压但低于电信网络电压的限制，可能有输入瞬态过压(可高达1.5 kVDC)	TNV-3

主电压(例如 230 V 交流电压)始终是危险的，其峰值电压可达 325 V。AC-DC 转换器的隔离能力必须在转换器失效时足以阻隔这种危险电压，从而防止受到电击。十年前，隔离能力大于 500 VDC 的 DC-DC 转换器被认为是足够的，许多转换器的设计、制造和测试都遵循了这一标准。

由于标准的演化，如今额定隔离电压的最小值已经提高到 1 000 VDC，对于医疗设备至少要求 2000 VDC，客户经常要求 3000 VDC 或更高。在某些应用中，DC-DC 转换器所承受的电压可能非常高，例如 X 射线机、激光电源、使用离子泵的高真空设备和 IGBT 电路中的转换器。在其他情况下，大多数 DC-DC 转换器的隔离壁垒上不会有超过 48 V 的直流电压。以下的说明适用于工业，电信业和电脑安全标准。医疗安全标准有额外的要求，将会在本章的末尾另作说明。

9.1.3 电击防护划分

安全标准对电击的防护划分为绝缘强度、电气间隙和爬电距离三个方面，如表 9.3 所示。绝缘强度的安全性测试使用直流电压或交流电压(其中交流电压的峰值等于直流电压的稳定值)，绝缘层在 60 s 内必须能够承受该电压而无损。交流测试的优点是正向和负向电压都会施加到转换器上，而缺点是当 EMC 电容跨越绝缘屏障放置时，交流电的响应可能被误认为是绝缘屏障的失效。

表 9.3 DC-DC 转换器的绝缘力度安全测试(非医疗应用)

绝缘程度	测试电压(直流)	测试电压(交流)
功能	1 000 V/60 s	707VACRMS
基本	1 000 V/60 s	707VACRMS
加强	2 000 V/60 s	1414VACRMS

电气间隙指输入与输出之间的直线距离，也称为放电距离。爬电距离是指输入与输出之间沿绝缘表面的最短路径距离，亦称为漏电距离。图 9.2 描述了这两个概念的区别。

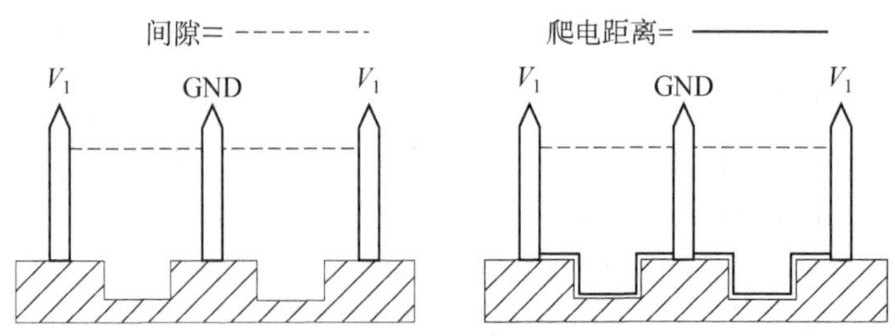

图 9.2 电气间隙和爬电距离

在“空气中、海拔2 000 m以下”的环境下定义的电气间隙，与转换器的输入电压和绝缘能力有关。而对于全封闭、没有空气流通的转换器，电气间隙为输入引脚到输出引脚之间的距离。对于开放式的DC-DC转换器，电气间隙不包括内部变压器绕组之间的间隔。初级绕组到次级引脚之间，或初级绕组到次级侧可调元件之间的电气间隙是关键参数，当这些间隙小于PCB板上输入到输出的电气间隙时，则应以最小的间隙值作为设计依据，如表9.4所示。

表9.4 不同绝缘等级空气中的电气间隙最小值

	直流(交流)电压								
绝缘等级	12(12)	36(30)	75(60)	150(125)	300(250)	450(400)	600(500)	800(66)	VDC(VAC)
功能	0.4	0.5	0.7	1.0	1.6	2.4	3	4	mm
基本	0.8	1	1.2	1.6	2.5	3.5	4.5	6	mm
加强	1.6	2	2.4	3.2	5	7	9	13	mm

爬电距离指PCB板上初级与次级之间最短的导轨距离，其最小值由操作电压，材料的表面电导率和污染程度决定，如图9.3所示。

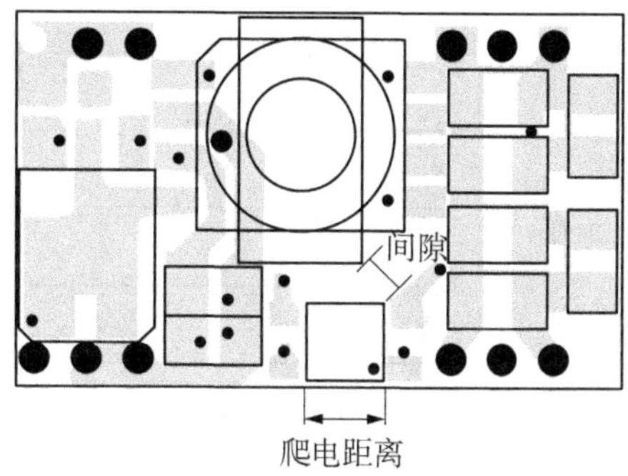

图9.3 一个DC-DC转换器PCB上的最小电气间隙和爬电距离

比较性漏电指数(the comparative tracking index, CTI)代表输入输出之间的绝缘材料的表面电导性对爬电距离的影响，表9.5列出了不同绝缘等级下CTI的范围。

标准的FR4 PCB板的比较漏电起痕指数(CTI)通常在200到250之间；如果添加焊接保护层，CTI值可提高到400，对应于绝缘等级Ⅲa；而在板材上涂覆聚四氟乙烯(PTFE)层，CTI值可超过600，达到绝缘等级Ⅰ。污染程度反映了表面湿度或污染物对最小爬电距离计算的影响，表9.6列出了污染程度等级划分。为了在较脏的环境、工业环境或户外条件下应对CTI值的变化，必须增加爬电距离，以确保绝缘性能符合要求。

表9.5 材料等级的定义

绝缘等级	CTI
绝缘等级Ⅰ	600≤CTI
绝缘等级Ⅱ	400≤CTI<600
绝缘等级Ⅲa	175≤CTI<400
绝缘等级Ⅲb	100≤CTI<175

表9.6 污染程度

污染程度1	污染程度2	污染程度3	污染程度4
无污染，或者只有无导电效果的、干燥的、不导电的污染	一般只有无导电效果的污染，只可能出现暂时的凝结	导电污染伴随有凝结现象	导线污染，持续凝结
密封元件	办公室环境	工业环境	户外环境

爬电距离的最小值会随着工作电压的变化以及材料组合和污染程度的不同而变化，如表9.7所示。在实际应用中，可以通过该表中的数据来确定所需的爬电距离。首先，工作电压是指转换器在正常工作状态下所能承受的最大电压。以一个具有2∶1输入范围的转换器为例，若其额定输入电压为48 V，额定输出电压为24 V，该转换器需要满足的最大输入电压为72 V（即额定输入电压的2倍）。同时，当输出电压为24 V时，也需要符合相应的爬电距离要求。因此，我们应选择表9.7中下一个高于72 V的电压等级，即100 V。对于全封闭的直流-直流(DC-DC)转换器，由于其能够隔绝灰尘、潮湿和污染，应选择污染等级1，这与实际的应用环境无关。根据这一选择，所需的最小爬电距离为0.25 mm。如果转换器是开放式的，在办公室环境（污染等级2）中，所需的爬电距离为1.4 mm；在工业环境（污染等级3）中，所需的爬电距离为2.2 mm。由于开放式转换器不适用于户外环境，所以未提供针对这种情况的最小爬电距离数值。

表9.7 爬电距离

峰值电压/V	爬电距离最小值/mm						
	污染程度						
	1	2			3		
	所有材料组	材料组					
		Ⅰ	Ⅱ	Ⅲ	Ⅰ	Ⅱ	Ⅲ
25	0.125	0.500	0.500	0.500	1.250	1.250	1.250
32	0.14	0.53	0.53	0.53	1.30	1.30	1.30
40	0.16	0.56	0.80	1.10	1.40	1.60	1.80
50	0.18	0.60	0.85	1.20	1.50	1.70	1.90
63	0.20	0.63	0.90	1.25	1.60	1.80	2.00
80	0.22	0.67	0.95	1.30	1.70	1.90	2.10
100	0.25	0.71	1.00	1.40	1.80	2.00	2.20
125	0.28	0.75	1.05	1.50	1.90	2.10	2.40
160	0.32	0.80	1.10	1.60	2.00	2.20	2.50
200	0.42	1.00	1.40	2.00	2.50	2.80	3.20
250	0.56	1.25	1.80	2.50	3.20	3.60	4.00
320	0.75	1.60	2.20	3.20	4.00	4.50	5.00
400	1.0	2.00	2.80	4.00	5.0	5.6	6.3
500	1.3	2.50	3.60	5.00	6.3	7.1	8.0
630	1.8	3.20	4.50	6.30	8.0	9.0	10.0
800	2.4	4.00	5.60	8.0	10.0	11.0	12.5
1000	3.2	5.00	7.10	10.0	12.5	14.0	16.0

根据表9.4，如果转换器是密封的且具有功能绝缘，那么引脚间的最小电气间隙应为

1 mm;在基本绝缘的情况下,最小电气间隙则为 3.2 mm。此外,转换器的 PCB 板之间也存在最小间距的限制。因此,对于应用于工业环境、密封且具有功能绝缘的低电压 DC - DC 转换器,其爬电距离和电气间隙的要求均为 1 mm,因为爬电距离不能小于电气间隙。对于开放式的小型转换器,电气间隙的要求仍为 1 mm,但爬电距离的要求则需增加到 2.2 mm。

9.1.4 保护性接地方法

为了防止电击,除了电气绝缘外,保护性接地(protective earth,PE)也是一种有效的方法。如果 AC - DC 转换器具备基本绝缘,并且其一个输出端连接到保护性接地,那么这种设计就能够满足双重安全要求。而当输出为浮空设计时,绝缘层则必须采用增强型绝缘。无论任何情况下,潜在的危险电压都不得暴露,任何可能接触到的导电部分在正常工作时都不得存在潜在危险。

国际电工委员会(IEC)将装备接地保护方法分为三种,其标志如图 9.4 所示。

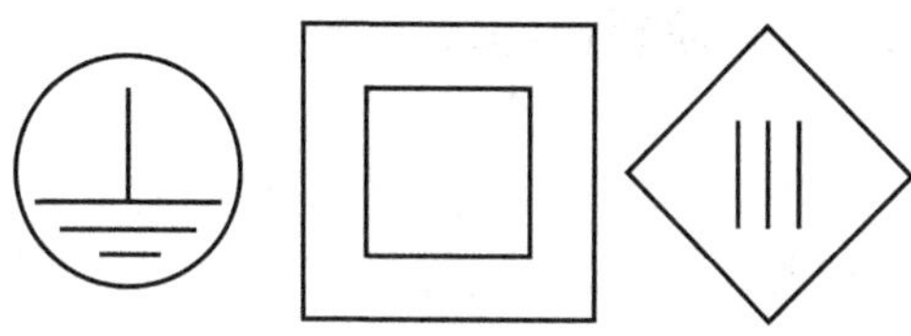

图 9.4　Ⅰ级电源、Ⅱ级电源和Ⅲ级电源标志

Ⅰ级装备接地保护方法:使用保护性接地(PE)的系统只需具备基本绝缘,例如接地的金属外壳或接地的输出,并配备了在故障时能够断开电路的装置(如保险丝或断路器)。在这种情况下,无论是接地的金属外壳还是接地的非导电外壳,都不会暴露潜在的危险电压。

Ⅱ级装备接地保护方法:采用双层或增强绝缘可以避免使用接地外壳,从而确保不存在潜在的危险电压。在这种情况下,不需要实施保护性接地,但需要设置一个滤波接地点,实现功能性接地用以替代保护性接地的功能。当 AC - DC 转换器具备基本绝缘且其输出端口与保护性接地相连接时,这样的设计能够使该转换器满足双重安全要求。

Ⅲ级装备接地保护方法:当电源电压属于安全超低电压(SELV)且内部不可能产生潜在的危险电压时,可以采用功能性接地。然而,由于没有形成有效的接地回路,所以保护性接地并不适用。比较容易混淆的是,国际电气规范(NEC)也用“等级”描述不同的保护,两者区别只在于 NEC 用阿拉伯数字描述对过剩能耗(火灾)的保护等级。

国际电气规范对电路是这样分类的:

- 1 级电路:功率<1 kVA、输出电压<30 VAC。
- 2 级电路:功率<100 VA、输入电压<600 VAC、输出电压<42.5 VAC。
- 3 级电路:功率<100 VA、输入电压<600 VAC、输出电压<100 VAC,并需要对电击进行额外防护。

几乎所有低输入电压的 DC - DC 转换器均可归类为Ⅲ级电源。然而,当转换器的输入或输出电压较高时,则需要额外的防护措施来预防电击危害。对于Ⅰ类或Ⅱ类的 AC - DC 电源,若其输出为隔离型,则其相对于地端而言为隔离电压。这种方法同样适用于隔离型或非隔离型的 DC - DC 转换器。图 9.5 展示了电信业电路中常用的接地方式,其中所有直流电压均指相对于参考地端的电压(Ⅰ级输入,Ⅱ级输出)。

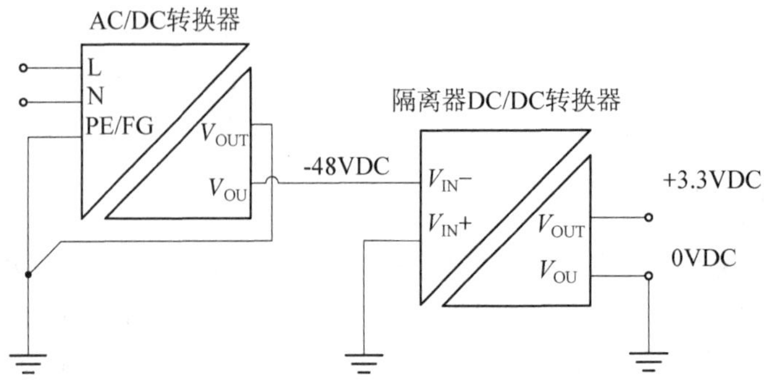

图 9.5 电信业中的电源接地图示

9.2 危险能量等级划分

IEC/UL60950 标准将危险电能定义为等于或大于 240 VA 的可接触功率等级，持续时间等于或大于 60 s，或者在 2 V 或更高的电压下，蓄能等于或超过 20 J。当达到这种能量级时，能量释放(例如，由于短路或接触到储能元件)足以造成人身伤害或引发火灾。

本章的后续部分将讨论风险管理，降低这种危险能量可能引起的伤害或火灾的最主要方法是：物理保护(比如外壳，有保护层的接触点，密封包装)、能量消耗(比如电容放电电路)、火花抑制(比如缓冲网)、本质安全(比如设计时限制量)、过电流限制(比如保险丝)，这些保护方法可以组合使用以提高安全性。

9.2.1 保险丝限流保护功能

阻断危险能量指在发生短路或过电流时，通过使用保险丝或断路器等装置来限制能量，防止设备损坏或人员受伤。过电流保护装置的工作原理是检测到过电流后，迅速切断电路中的电流。由于在故障被排除之前需要一定的反应时间(reaction time)，反应时间与电流和电压的大小有关。对于保险丝，反应时间的计算公式为：$t_{clear}=t_{melt}+t_{quench}$，其中 t_{melt} 是熔断时间，与熔断积分 I^2t (熔断保险丝所需的能量)、环境温度、预加载和保险丝结构有关；t_{quench} 表示电弧作用时间，与保险丝上的电压和保险丝结构有关。在反应期间 t_{clear}，电流仍然流经保险丝。

当保险丝超过额定电压，电弧能量将无法被限制在保险丝内部，上升的温度会导致保险丝爆炸，或者使保险丝成为自燃源，因此确保不超过保险丝的额定电压至关重要。保险丝的阻断能力(即可安全阻断的最大电流)必须高于电源的最大可能电流。

选择最合适的保险丝额定电流应根据具体的应用和使用环境来决定。保险丝的电流中断机制是，当能量累积到一定程度时，保险丝会熔断以保护电路。当保险丝在高温环境中工作时，本身温度会升高，散热变得困难，这将影响其正常性能。此外，流经保险丝的稳态电流越高，熔断时间就会相应缩短。保险丝的额定电流通常是在环境温度为 25 ℃时定义的。额定电流需要在 85 ℃时降低 5%到 40%，降低的幅度取决于保险丝的结构，如图 9.6 所示。

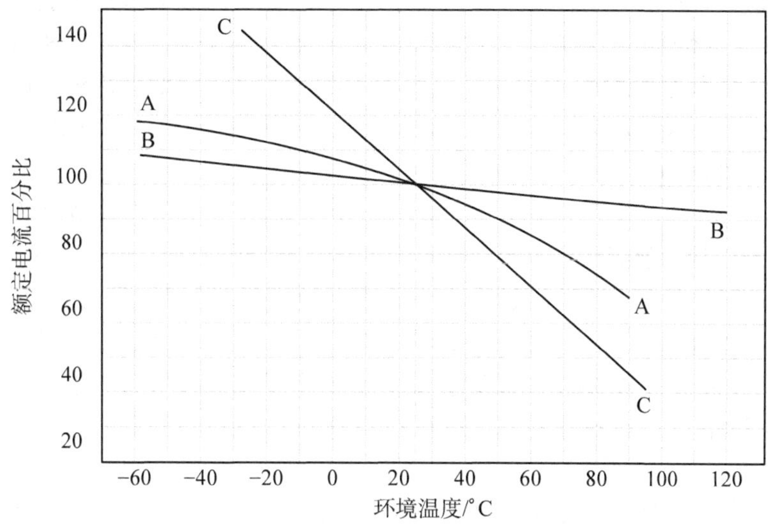

A—全封闭保险丝；B—保险丝线；C—PPTC 可重置型保险丝。

图 9.6 不同保险丝的热降额曲线

实用技巧

额定电流还与海拔高度有关，在海拔较高的地区，由于空气稀薄，电流稳定时保险丝产生的热量不易被对流气流带走。如图 9.7 所示，当海拔高度超过 200 m 时，每增加 100 m，保险丝的额定电流将下降约 0.5%。例如，一个在海平面处额定电流为 1.5 A 的保险丝，在海拔 4 000 m 处的额定电流将降至 1.35 A。

另外，更高频率时，保险丝的电感热损耗也变大。当纹波电流的频率超过 1 kHz，保险丝的额定电流必须相应降低。

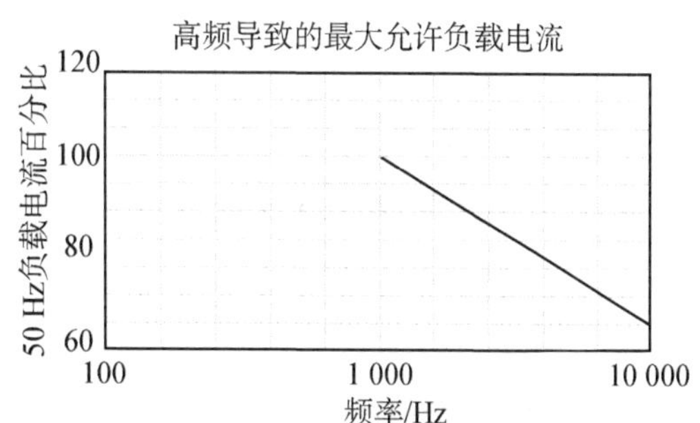

图 9.7 一个典型的保险丝频率降额曲线

最后，老化过程可能会导致假熔断现象或使保险丝提前失效。老化效应的原因包括热膨胀和反复开关操作导致的保险丝元件收缩。在应用中长期连续运行的保险丝所面临的老化问题通常少于仅在白天工作的应用中的保险丝。对于频繁开关的应用，周期性的热应力会导致保险丝材料的工作硬化和微裂纹，进一步导致内部接触故障。频繁的开关操作还会影响保险丝与保险丝座的机械连接，可能导致间歇性的电接触问题。

实用技巧

在选择保险丝的额定电流时，通常会倾向于选择一个比实际测量的稳定电流高得多的值，以防止因熔断而造成的损害。然而，保险丝在故障发生时必须能迅速阻断潜在的危险能量。因此，在实际应用中，为确保电路的安全稳定运行，通常将保险丝的额定电流设置为所保护电路在最恶劣工况下的稳定电流的 1.3～1.5 倍。此外，考虑到切换负载时可能产生的瞬态大电流，保险丝还应具备缓慢熔断的特性，以有效应对这两种极端情况。保险丝的结构决定了它的反应时间。它需要承受冲击电流，切换负载或冲击负载造成的短暂过高电流且不熔断。DC-DC 转换器启动时，输入滤波电容开始充电，同时变压器磁场开始建立，所以即使对于低功率的 DC-DC 转换器，它的冲击电流也可能到达几个安培。

在前文的例子中，2 W DC-DC 转换器的额定电流为 80 mA，但在满载时的峰值冲击电流高达 7.9 A。因此，保险丝必须可以承受转换器在最恶劣条件下产生的 100 mA 稳定电流，同时承受小于 8 μs 的 8 倍于稳定电流的冲击电流，尽管这接近 8 A 的电流值看似极大，但由于其持续时间极短，导致熔断积分(I^2t)仅为 0.000 512 $A^2 \cdot s$。这个能量还不足以熔断一根额定电流为 100 mA 的保险丝。另外，任何保险丝、保险丝座和导轨上的零散电感都会大幅度减小流经保险丝的峰值电流。因此从可靠性方面考虑，对这个例子推荐使用一根缓慢熔断的、额定电流为 150 mA 的保险丝。

一些缓慢熔断的保险丝用螺旋形的丝线增加自身的电感，从而在不影响稳定电流的阻断值的情况下，提升保险丝承受冲击电流的能力。另一种结构是在保险丝上增加一个金属团来加速降温，从而减少保险丝的反应时间，如图 9.8 所示。

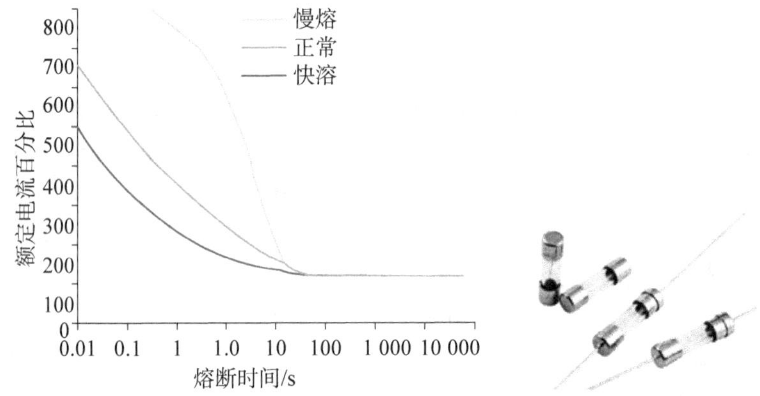

图 9.8 快速熔断型，标准熔断型和延迟熔断型的保险丝的电流/时间关系

实用技巧

通常建议选择缓慢熔断型保险丝，其额定电流为最大输入电流的 150%(即在最低输入电压和满载时的输入电流)。此外，输出端通常设有限流措施，并且短路保护也在此处实现，所以一般不推荐在 DC-DC 转换器的输出端安装保险丝。然而，某些特定应用可能因特殊需求而需要在输出端安装保险丝，其中一个原因是当单个 DC-DC 转换器为多个电路供电时，发生故障时单个电路的电流可能不足以切断转换器的输出，为每个电路配备独立的保险丝可以有效限制各个电路的电流。另一个原因是，危险能量的限制可能低于转换器故障时所产生的能量，这些能量主要来源于输出电容器的储存。对于需要在输出端安装保险丝的应用，选择保险丝的方式相对灵活，主要取决于负载类型(阻性、感性或容性)、负载形式(静态或动态)及应用中定义的危险能量水平。启动时，每个开关周期只将部分能量从输入传递到输出端口，DC-DC 转换器输出其实是缓慢上升的。可以在示波器上看到输出电压呈阶梯状逐渐上升。这种逐渐上升的输出所产生的冲击电流远小于输入端的冲击电流，因此输出端的保险丝可以选择快速熔断型，它可以为应用中的危险能量提供更有效的保护。

9.2.2 断路器限流保护功能

热磁式微型断路器(thermal-magnetic miniature circuit breakers, MCB)采用两个独立触发机制来切断电流。磁触发机制对极高的短路电流响应速度非常快(一般在 5 ms 内)，而热触发机制对持续过电流则需要几秒钟的反应时间。这两种触发机制通过设计进行调节——例如，设计热磁微型断路器，使其对瞬态过电流有较大的延迟反应，但同时仍能对短路故障做出迅速响应。

通常情况下，保险丝的反应速度比断路器快，对于高功率低电压的 DC - DC 转换器，在输入电流或输出电流高达几个安培时，MCB 的触发点设置在比保险丝触发点更接近稳态电流的位置上，并且不会引起误触发，如图 9.9 所示。此外，MCB 还能对低幅度、长时间的过电流情况做出反应，这种情况也被视为危险能量的一种。

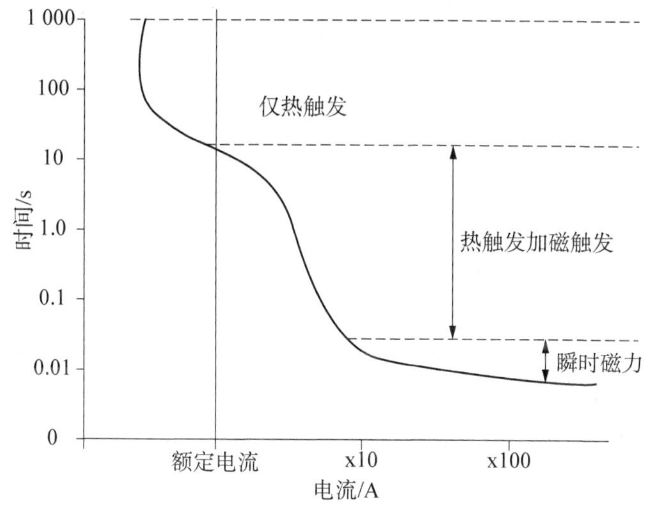

图 9.9 MCB 的典型电流/时间关系

断路器的其他优点包括可重置性、触发时刻的目视识别能力、强大的中断能力、内置的物理电弧抑制功能(例如电弧滚轮和电弧隔板)，以及能够同时切断多个连接点。然而，其最主要的缺点包括成本较高、体积较大以及额定电流低于保险丝。

9.3 DC - DC 转换器安全性分析

9.3.1 固有安全性

固有安全性旨在通过减少电路中的能量等级来消除隐患，即使发生故障也不足以造成灾害。这个原则源自化学工业，通过小批量生产，大幅降低大规模生产高危化学品所带来的风险。

固有安全性的四个核心原则是减小、替代、缓和和简化。对于电源而言，这意味着在设计时，尽量使存储的能量最小，用多个小功率电源替代大功率电源，限制电源内部和外部电流，并使电源的使用尽可能简便(例如设计无极性的接口，以消除反接的风险，或配备有功率和状态显示装置)。此外，主电源应单独安装在良好的环境中，以避免环境压力可能引发的故障。

图 9.10 展示了一个具有固有安全性的电源设计示例。首先，前端 DC - DC 转换器 24 V 的工业汇流排获取电源，提供功率受限的 24 V 的输出电压，功率限制在 5 W 以内。前端线性电压调节器进一步限制电流(注意：稳压器充当电流源)，将 5 V 稳压器与 25 Ω 的电阻串联使用时，电流可被限制在 5 V/25 Ω=200 mA。由于电源电压为 24 V，这将最大输出功率限制在 24 V×0.2 A=4.8 W，后端 DC - DC 转换器将 24 V 电压降至板级电路所需的 3.3 V。

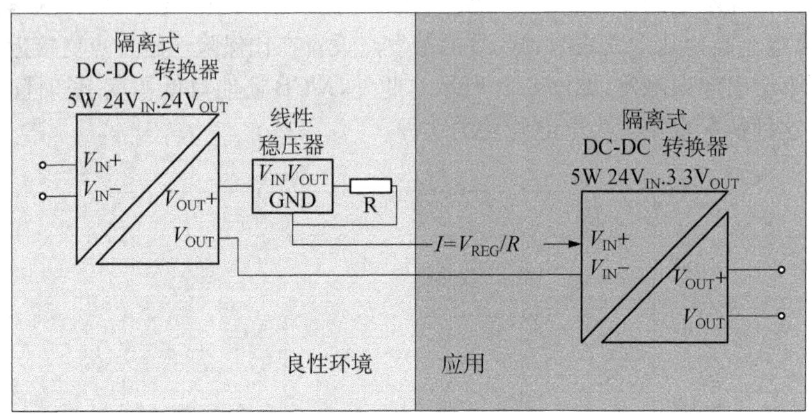

图 9.10 具有固有安全性的电源

使用这样的电流限制电路时需要特别注意：后端 DC - DC 转换器在启动时电流不足，所以造成启动困难，但通过增加额外的输入电容不能解决这个问题，通常的解决方法是直到输出稳定前先断开负载，另一解决方法是替换 DC - DC 转换器的内部元件，例如，减小输入电容以减小转换器的储能能力。

固有安全性的概念常常与商业领域对低成本、高性能电源的要求相冲突(例如，启动电流应尽可能小，对瞬态负载的响应速度应尽可能快)。

9.3.2 本质安全性

本质安全电路的设计原则是确保电源的能量不足以引发可燃物的局部热量或电火花，通常分为两个保护等级：单级故障保护和双级故障保护。此外，还需考虑电源所处的使用环境或“区域”，表 9.8 列出了“区域”的等级划分。

表 9.8 本质安全区域

区域	描述
0	长期存在爆燃性空气
1	正常工作时可能存在爆燃性空气(小于 100 时/每年)
2	不太可能存在爆燃性空气(小于 10 时/每年)

在区域 0 中的电源必须有双级故障保护(1a 级),在区域 1 中的电源必须有单级故障保护(1b 级)。当区域 2 中的电源处于密封状态或完全浸没在某种液体中时,电源不需要任何故障保护。在实际应用中,一般配备单级故障保护。值得注意的是,由于空气粉末具有可燃性(涉及粉尘爆炸风险),因此,爆燃性空气的定义不仅限于纯气体,还包括可能引发爆炸的粉尘混合物。

对于电源是否符合本质安全,需要对所有元件做失效模式后果分析(failure mode effect analysis, FMEA)、最坏情况的表面温度分析,并在峰值电流、峰值电压和输出短路时的最大释放能量中找到可燃能量源。DC-DC 转换器可以提供电绝缘,限制能量和提供隔离、电气间隙、爬电距离,如图 9.11 所示为本质安全电源系统的例子,其中两个 DC-DC 转换器用于提供安全隔离,并将源电压降至低于燃爆性气体的可燃电压水平。

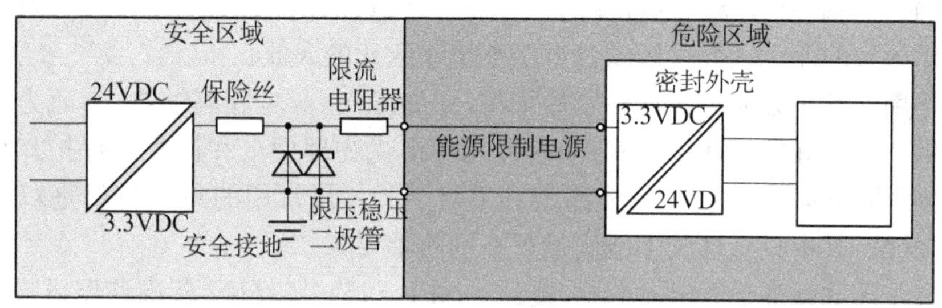

图 9.11 本质安全电源系统

实用技巧

本质安全性电源通常应用于地下矿场、石油化工业、粉磨机及粉制食品加工设备。这类电源通常采用带有双层或加强绝缘的 DC-DC 转换器,满足 IA 级保护等级的要求。当转换器在气密环境中使用时,为了防止因空气流动有限而导致过热,可以将这些部件紧邻安置,或者利用内部散热片并通过传导气隙来实现高效的热传递。

电源作为一种能量源,在故障或误操作时可能会着火,甚至引燃周围的易燃材料。针对易燃的电源元件(如 PCB、外壳、封装材料),最常用的标准是 UL94-V0,如图 9.12 所示。该标准通过一系列规范化的实验,评估可燃材料在点燃后是否能够自行熄灭,以及火势是否会进一步蔓延。此外,塑料和胶带在电源内部被用作电气绝缘材料,该标准还测试这些材料是否容易被电火花或电弧引燃。UL94-V0 测试标准根据材料的火势蔓延趋势进行分类,包括在水平面(horizontal plane, HB)的灼热燃烧,以及垂直蔓延(对于薄材料而言,分为 V-0、V-1、V-2 等级,或者 VTM-0、VTM-1 和 VTM-2 等级)和评估材料引燃周围材料的趋势。例如,在测试中,将一块木棉放置在被测材料下方,要求塑料的熔滴不能引燃木棉。

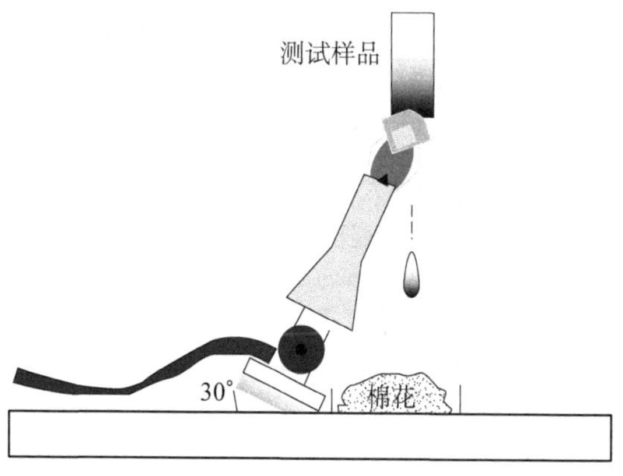

图 9.12 UL94 熔滴测试

其他的易燃材料标准按照所使用的易燃材料的量、电源的位置,例如,在无人区、火车的卧铺车厢或家具中,还根据分隔电源和其他可燃或易燃材料的物理隔离来对电源进行分类。对于电源生产厂家而言,若要满足所有的防火标准,必须了解应用细节,包括电源在应用中的位置、水平和垂直空间、防火的整体要求以及应用的预期用途。当电源通过第三方或目录公司销售时,了解这些信息是不现实的,因此,电源的规格书通常只会注明产品是否符合基本的UL94 - V0 防火要求。

烟雾是所有可燃材料燃烧产生的气载产物,包括微粒(如烟灰)、气体(如一氧化碳)、挥发物(如有机分子)和气溶胶(如蒸汽)。烟雾中可见的成分主要是无毒的烟灰和蒸气,但在火灾中可能含有因高温产生的酸性物质,吸入后会刺激呼吸道。此外,可见烟雾会阻碍视线,妨碍逃生路径。更为危险的是烟雾中的气体成分,如一氧化碳,它会引发过度换气,使肺部吸入更多烟雾,并与血液中的血红蛋白结合,降低人体的摄氧能力,增加窒息的风险。因此在火灾中,因吸入烟雾而导致的死亡人数远远超过直接被烧伤致死的人数。

封装的作用通常是分隔电源与环境污染物,比如湿气、灰尘和腐蚀物,从而为热偶元件与外壳之间提供一个良好的热通路,同时为内部元件提供物理撞击和振荡的保护。在许多应用中,为了满足环境和热应力要求,封装都是必不可少的。最常用的封装材料是双组分环氧树脂、硅胶或硅氨酯,其中只有硅胶不能满足严格的防烟要求。

评估火灾烟雾的标准是 NFF 烟与火测试。NFF - 16 - 101/102 标准使用风险评估表来确定法国铁路的相关技术规格。可燃性和烟雾释放的风险可以通过应用场景或火车运行路径来评估,例如,火车通过隧道时,其产生的烟雾灾害可能大于仅在地面上行驶的火车。烟雾的浓度与烟雾的可见部分和不可见部分都有关联。如图 9.13 所示,用于地铁的电源(白色区域符合要求),管状硅胶封装材料表现出极低的可燃性,但其烟雾释放量过高(评级为 F3/I3),因此不适合用于该环境。相比之下,环氧树脂封装材料因其较低的烟雾释放量(F1/I2)而被认定为更适宜的选择。

可燃性		
I0	当I.O.≥70	在960°C无信息
I1	当I.O.介于45到69	在960°C无信息
I2	当I.O.介于32到44	在850°C无信息
I3	当I.O.介于28到31	在850°C无复燃
I4	当I.O.≥20	
NC	未分类	

烟雾排放	
F0	当I.F.≥5
F1	当I.F.介于6到20
F2	当I.F.介于21到40
F3	当I.F.介于41到80
F4	当I.F.介于81到120
F5	当I.F.≥120

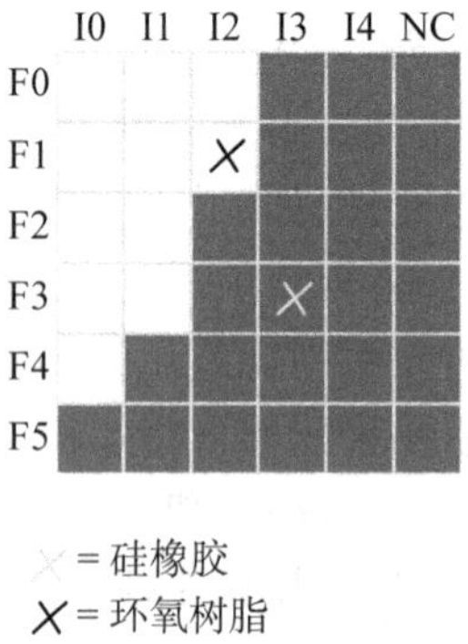

	I0	I1	I2	I3	I4	NC
F0						
F1			X			
F2						
F3				X		
F4						
F5						

X = 硅橡胶
X = 环氧树脂

图 9.13　火/烟风险评估

9.3.3　安全设计

如图 9.14 所示,在以危险防范为基础的安全设计中,首要步骤是评估设备中可能存在的危险。接下来,需要确定这些危险是如何传递给人体并造成伤害的。最后,设计出有效的防护措施。这些步骤都可以在生产前的设计阶段进行评估和实施。随后,运用人体工程学原理,将这些研究成果融入设计中,以确保设计能够最大限度地减少或避免对人体造成伤害。

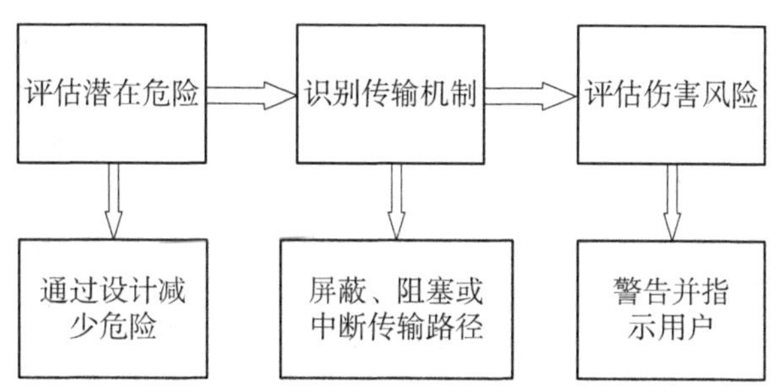

图 9.14 安全设计的框图

为了使电子产品更加安全,基于对事故的预先调查,许多安全标准、规章和证书应运而生。设计可以充分考虑潜在的危险源、危险的传递机制以及可能引发的灾害。基于这些全面考虑,再针对性地设计并实施合适的保护措施。如图 9.15 所示,当设备不需要不间断供电时,选用超低电压电池供电而不选择电网供电,这种设计可以减少危险。在建筑工地常用黄色供电变压器,变压器将电网的 230 V 交流电压降至 110 V,输出用单独的绕组并与地相连,则到地的最大电压为 55 V,这种设计也是安全的。

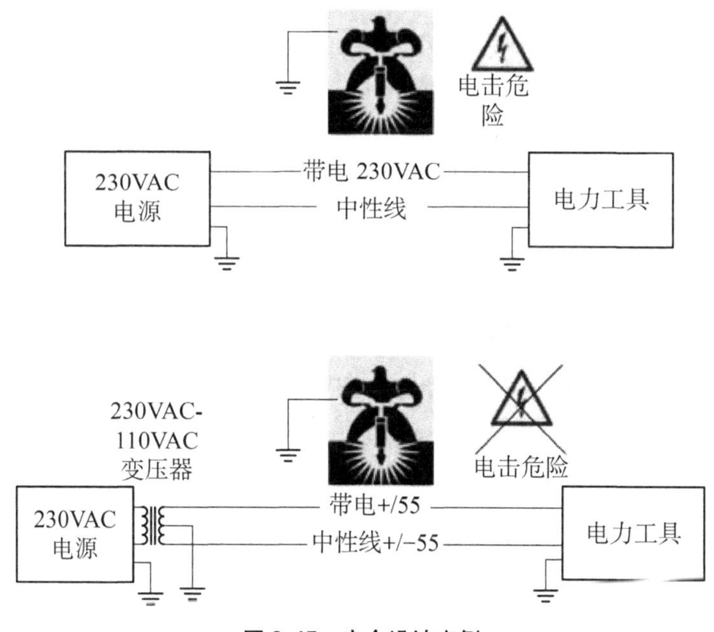

图 9.15 安全设计实例

在进行安全设计时不可能完全避免危险,因此需要调查可能造成潜在灾害的传递机制。最简单的方法是用防护罩、封装或绝缘等手段隔绝一切可能接触到的地方。入口保护等级用标准尺寸的小棒定义了物理防护,这个小棒的直径是 12.5 mm,长度是 80 mm,表 9.9 列出了入口防护固体微粒等级。

表 9.9 入口防护固体微粒的等级

等级	物体尺寸	防护效果
0		不防护接触或物体进入
1	>50 mm	防护无意的大面积接触(比如手),但是不防护蓄意接触
2	>12.5 mm	防护无意的手指接触
3	>2.5 mm	防止无意的工具,粗导线等的接触
4	>1 mm	防止无意的细导线,小零件等的接触
5	防尘	不完全防护入口的灰尘,但不影响正常工作;完全防护无意的接触
6	尘密	完全防护入口的灰尘;完全防护无意的接触

入口保护等级的第二位数代表对液体入口防护等级,从 0 级(不防护入口进水)到 8 级(完全浸入式),如表 9.10 所示。

表 9.10 入口防护液体的等级

等级	测试	防护效果
0	无防护	无
1	滴水	防护小雨
2	高达 15°的滴水	防护大雨
3	洒水	防护高达 60°的洒水
4	溅水	防护任何角度的水
5	喷水	防护喷嘴喷出的水
6	强喷水	防护喷嘴喷出的任何角度的水
6 K	高压强喷水	防护强喷水
7	深到 1 米的浸没	可防护浸没 30 min
8	深于 1 米的浸没	可防护持续浸没

IP20 适用于干燥的室内环境,对于潮湿的室内环境(比如浴室),至少需要 IP41(防护小物件和滴水),对于室外环境,至少需要 IP54(防尘并防溅水),但更多使用 IP67(完全尘密和防水)。

安全设计的最后一步是用警示标签、安全使用说明书和指示说明书来传达相关安全信息。安全信息相关要求均被详尽记录于健康与安全标准之中,且标签的标注需严格依据灾害的严重程度,分别使用“警告”“注意”或“危险”等词汇以示区分。

9.4 DC - DC 转换器损伤因素及故障模式分析

多数 DC - DC 转换器安装在电路板上,而在其使用寿命期间,维修技术人员需要对其进行操作。因此,应确保这些转换器不会因高温或锐利的边缘而对人员造成伤害,以及对可能的故障模式及影响进行分析。

9.4.1 表面高温损伤

当皮肤与某一物体持续接触达到 10 分钟时，可能导致灼伤的温度阈值约为 48 ℃。然而，由于人类具有即时反应能力，能够迅速脱离高温接触源以避免伤害，所以在电源设计中，通常允许存在更高的工作温度。如表 9.11 所示，国际 IEC - 60950 标准，明确规定了可触碰表面及物体的温度限制。这一限制综合考虑了接触时间的长短以及接触材料的特性。

表 9.11 可触碰物体的温度

物体	接触时间	材料	温度限制/℃
手柄，按钮等	持续	所有	55
	短时间(小于 10 s)	金属	60
		非金属	70
高温表面	可触碰(小于 1 s)	金属	70
		非金属	80

许多电源中，在特定的操作条件下诸如散热片等金属部件可能造成灼伤。这种情况下的电源必须密封，有时还需要警示标志，提醒维护人员在进行操作时务必小心，以防灼伤风险。

9.4.2 尖锐边缘损伤

除了大功率电源需要配备风扇进行散热外，其他电源均无活动部件。因此通常无须考虑活动机械部件可能引发的动力灾害。然而，任何机械部件的锐边和锐角仍可能对装配和维护人员造成伤害。为了模拟人体皮肤的抗切割能力，对锐边的标准测试使用一种特殊胶带缠绕的软橡胶棒，在测试中，橡胶棒施加的压力是以跳跃式方式进行，以确保持续的压力。同时，橡胶棒可以在机械部件上自由移动。如果存在锐边，胶带会被割破，露出下方的橡胶棒。以此便能简单地判断是否通过测试。

实用技巧

大多数低功率 DC - DC 转换器的外壳是由注塑塑料制成的，因此模具可以设计成无锐边的。当材料从模具缝隙渗漏出来时，可能形成锐边，消除这种锐边需要进行去毛刺处理，通过手工使用研磨材料进行抛光。当转换器的功率达到较高水平时，其外壳通常由金属材料制成，部分转换器甚至还需额外配备金属散热片以增强散热效果。通常是软金属，如铝或铜，在组装前较容易手动去除毛边。

9.4.3 故障模式及影响分析

故障模式及影响分析(failure mode and effect analysis，FMEA)是一种非常重要的安全设计技巧。简单来说，在正常操作条件下(额定输入电压、满载、室温)，设计中每个元件都可能出现短路或开路故障。通过分析故障结果，评估其对电源和其他可能连接系统或部件的安全性和性能影响。根据以下定义，使用 FMEA 来评估故障的严重性，如表 9.12 所示。

表 9.12 故障严重性等级

严重性	定义
灾难性	导致多级灾祸并且/或者多级系统完全失效
危险	损害系统安全或产生危险状况： 大幅度减小安全范围或可工作能力 严重的或致命的伤害
有害	大幅减少系统安全性并且产生有害状况： 严重减小安全范围或可工作能力 生理压力包括受伤 重大的环境损害和/或重大的财产损害
轻微	不严重影响系统安全： 有一些生理不适 轻微的环境损害和/或轻微的财产损害
无影响	对安全和性能无影响

与其他安全设计技术不同，FMEA（故障模式及影响分析）通常不需要考虑事件发生的可能性。然而，当其用于风险评估时，风险可以按照以下公式计算：风险＝严重性×可能性。因此，仍然需要评估故障发生的可能性，如表 9.13 所示为故障可能性等级。

表 9.13 故障可能性等级

可能性	定义
较可能	定性分析：一个元件的整个系统/运作生命周期中预计发生一次或多次故障。 定量分析：每工作小时发生故障的可能性大于 1×10^{-5}
较不可能	定性分析：一个元件的整个生命周期都不太可能发生故障。可能在整个系统的生命周期中发生几次故障。 定量分析：每工作小时发生故障的可能性小于 1×10^{-5}，但大于 1×10^{-7}
极不可能	定性分析：一个元件的整个生命周期都预计不发生故障。可能在整个系统的生命周期中发生少数几次故障。 定量分析：每工作小时发生故障的可能性小于 1×10^{-7} 但大于 1×10^{-9}
微乎其微	定性分析：整个系统/运作生命周期中预计几乎不可能出现故障。 定量分析：每工作小时发生故障的可能性小于 1×10^{-9}。

本章小结

在 DC-DC 转换器的安全防护设计中，电击安全防护原理至关重要。通过合理的设计和选材，确保设备在使用过程中不会对人员造成电击伤害。此外，电击安全防护还包括符合相关电气安全标准，确保电气隔离、绝缘等防护措施得到有效实施。

危险能量等级划分是对设备在不同工作状态下可能释放的能量进行评估，并根据评估结果设定安全阈值。这一措施旨在防止设备在过电流、过电压等故障情况下产生危险能量，从而避免对设备或人员造成损害。

DC-DC 转换器的安全性分析涉及多个方面，包括电源输入输出端的保护、电气隔离设计，以及内部电路的安全保障。通过对过压保护、过流保护、短路保护等安全机制的设计，可以有效降低设备故障时对系统及使用者的风险。

在损伤因素与故障模式分析方面，DC-DC 转换器设计中需充分考虑电气应力、热应力、机械应力等因素对设备性能的潜在影响。故障模式分析帮助设计师识别可能的失效机制，如开关元件损坏、滤波电容失效、磁性元件饱和等，进而采取相应的保护措施，确保设备在故障情况下能够及时断开或采取冗余设计，减少安全隐患。

综上所述，DC-DC 转换器的安全防护设计需要综合考虑电击安全、电气隔离、故障防护及损伤分析等多个因素，通过完善的安全措施保障设备在正常运行及故障情况下的安全性，确保设备的长期可靠性和使用安全。

第10章

DC - DC 转换器在 LED 稳流及驱动中的应用

LED 是典型非线性器件，是绿色节能的优秀光源，但是 LED 稳流和驱动能力决定了其发光效率、使用寿命和节能效果，因此，设计匹配的电源转换电路至关重要。当电压低于导通阈值电压时，LED 处于截止状态，当电压升高，达到阈值电压时，LED 发光并电流骤升。此后，若电压继续上升，达到过载电压，灯会迅速过热并且烧毁。由于 LED 正常工作区间非常狭小，如图 10.1 所示，因此，使电压保持在导通和过载的阈值电压之间是驱动设计的难点。

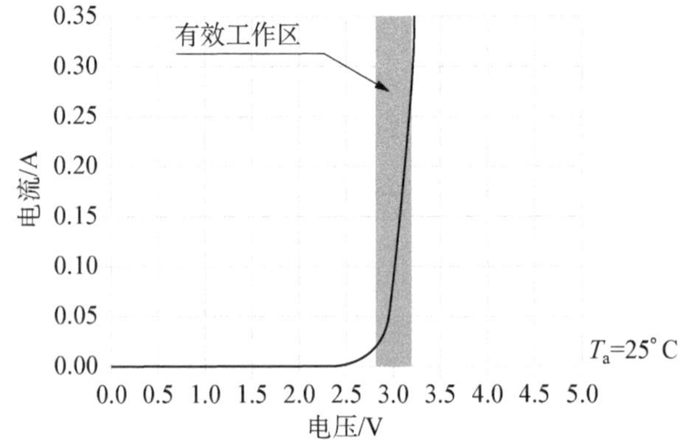

图 10.1　大功率 LED 的有效工作区域[TAMB = 25 ℃]

使用 LED 的另一难点：LED 特性曲线的不确定性。即使来自相同供应商的同一生产批次产品，特性曲线仍存在差异，并且，特性曲线还会随着环境温度变化，及 LED 自身老化程度而发生改变，导通电压(V_F)会随着温度升高而下降。如图 10.2 所示，4 条线分别代表着 4 个出厂规格完全相同的 LED 的实际工作区间，并且 4 个实际工作区间并不相同。图 10.2 所示的较大差异并非特例，若源于不同生产商的不同生产批次，则导通电压差异往往很大，一般导通电压误差范围为 20%左右。

LED 发光功率与电流成正比，如图 10.3 所示，所以可以通过电流对 LED 亮度进行调节。

本章将详细介绍，在 LED 应用中，通过 DC - DC 转换器稳定和调节电源，以确保 LED 能够在稳定的电流和电压条件下工作，从而达到恒流驱动、亮度调节和温度保护的效果。

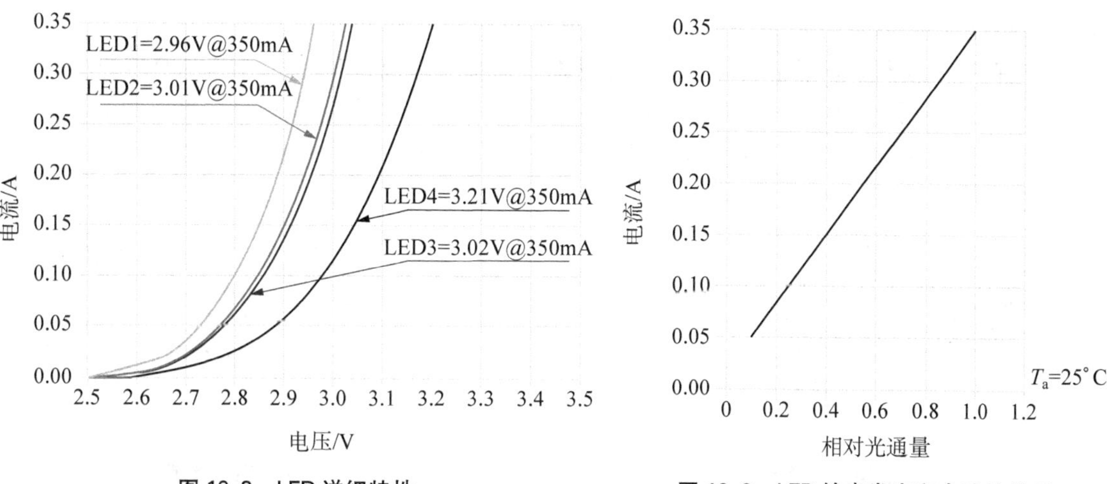

图 10.2 LED 详细特性

图 10.3 LED 输出发光和电流的关系

10.1 LED 驱动设计

不同 LED 之间的导通电压存在差异,解决导通电压差异过大的方法是采用恒定电流驱动。若采用恒定电流驱动,则驱动器将自动调节输出电压以保持输出电流恒定,从而保持发光强度恒定。上述方法尤其适用于多个串联的 LED 情况,如图 10.4 所示,因为相同支路上的电流相同,即使 LED 导通电压不同,但亮度相同。当导通后,LED 将不断升温,此时导通电压下降,恒流驱动器将自动降低驱动电压以保持电流恒定,从而确保亮度不受工作温度影响。恒流驱动器的另一优点是,即使其中存在短路灯,其他灯仍以恒定电流继续正常工作,可以避免因某个灯短路而引起整个支路过载,从而延长 LED 工作寿命。

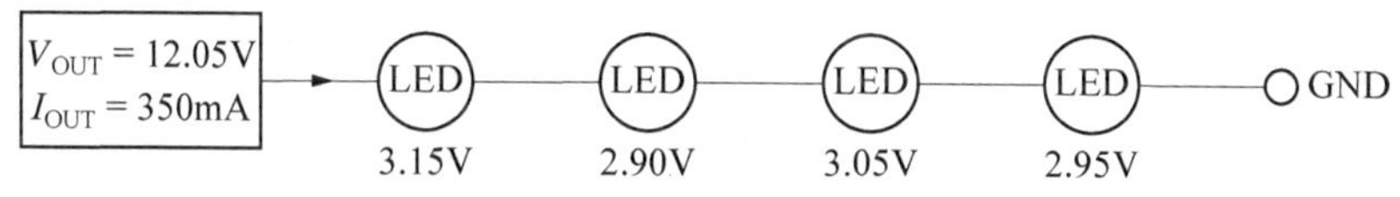

图 10.4 LED 串联支路

10.2 LED 恒定电流源设计

最简单的实现恒定电流源的方法是,将电阻连接到恒定电压源,通过电阻驱动。若施加在电阻两端的电压与导通电压相等,则如果导通电压发生 10%的波动,则电流的波动为 10%左右。该方法虽然电流调节性能差,且功率消耗极大,但成本低廉。通常低成本集群型 LED 替代低压卤素灯就是使用上述方法。该方法另一缺点是,若支路存在短路,其他 LED 将会过载甚至烧毁,因此上述集群型 LED 的工作寿命相对较短。

另一简易的恒定电流源是线性电流调节器,市场上有很多低成本的 LED 驱动方案采用该技术,或者在标准线性电压调节器上增加固定电阻设置为恒定电流模式。通常转换器内部反馈电路可以控制电流波动在±5%的范围内,但波动的能量将以热量的形式散失,因此对转换器需进行良好的散热处理。上述问题导致该方法的效率低下。

最好的恒流源是开关调节器，虽然该驱动器价格高于其他方案，但输出电流精度可以达到3%，适用于各种负载，同时转换效率可高达96%，这代表只有4%的能量以热量形式浪费。由于热损耗低，这种驱动器可以在较高的环境温度下使用。图10.5～图10.7采用恒定电流源驱动的方法。

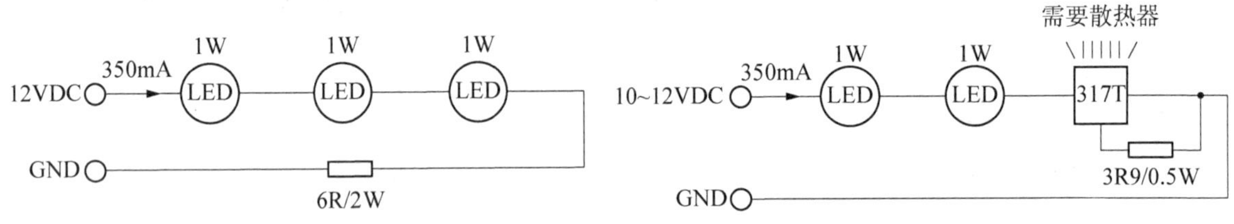

图10.5　恒定电压源驱动单电阻

图10.6　线性电流调节器

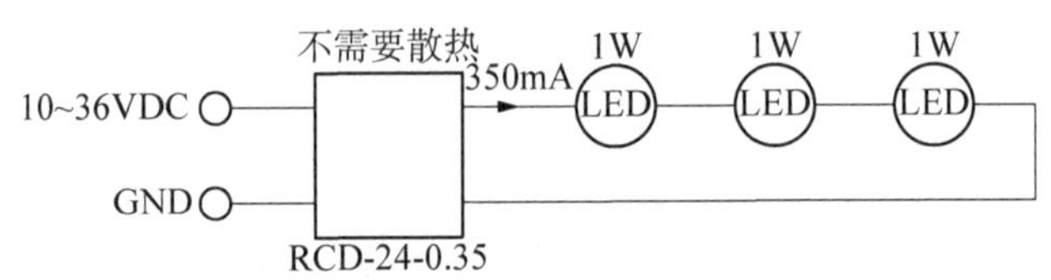

图10.7　开关调节器

上述方法中，重要区别是输入电压和输出电压范围。DC-DC开关调节器具有较宽的输入电压和输出电压范围，能够在此范围内实现良好的恒流调节效果。例如，RCD-24-0.35的工作电压范围为5～36 VDC，输出电压范围为2～34 VDC。该开关调节器能够有效地控制输入电压和输出电压。宽输出电压范围不仅允许多种不同长度的LED串联组合，还具有较大的调光范围。

需要注意的是，若采用恒定电压源驱动单电阻或线性电流调节器，当只驱动单个LED时，由于单电阻或线性电流调节器产生的压降较大，将会进一步增加功率损耗，所以在上述情况下，需要限制输入电压范围。

10.3　串联LED的驱动电压分析

一般白光LED导通电压为3 V，正常工作电流通常设置在350 mA，所以功耗为3.0 V×0.35 A=1 W，这是方便计算的LED功率。

通常DC-DC恒定电流驱动器是降压转换器，因此，最大输出电压小于输入电压，所以应根据电源的输入电压来选择合适的LED数量，表10.1是对应输入电压下能驱动LED的数量。

表10.1　输入电压与可驱动的LED个数

输入电压	5 V直流	12 V直流	24 V直流	36 V直流	5 V直流
可驱动的LED个数	1	3	7	10	15

如果输入电压是非稳压的，则可驱动的LED总数则取决于输入电压的最小值。例如，12 V铅酸蓄电池，电池电压范围在9～14 V，而DC-DC驱动器正常工作所需的电压1 V，因此，LED驱动的输出电压范围为8～13 VDC，通常LED的导通电压为3.3 V，则12 V铅酸蓄电池，可驱动2个LED。

为在相同电压条件下驱动更多的LED，通常采用以下两种方法：其一是采用升压转换器，则输出电压可以高于输入电压；另一方法是并联支路，但该方法需要提升驱动器电流。例如，一条支路需要350 mA驱动电流，则两条并联的支路所需驱动电流就是700 mA。因此，驱动器选择取决于可用的输入电压和需要驱动的支路数。

需要注意的是，可驱动LED的数量并不完全取决于规格书中给出的导通电压最大值，因为当LED达到一定温度时，导通电压将大幅下降。

10.4 并联LED的驱动电流分析

图10.8～图10.10是典型1 W白光LED在使用稳定12 V直流源下的几种组合。稳定12 V电压最多可以驱动3个LED(3×3.3 V=9.9 V，2.1 V电压余量用来控制恒流驱动)。3个LED串联在350 mA驱动上：

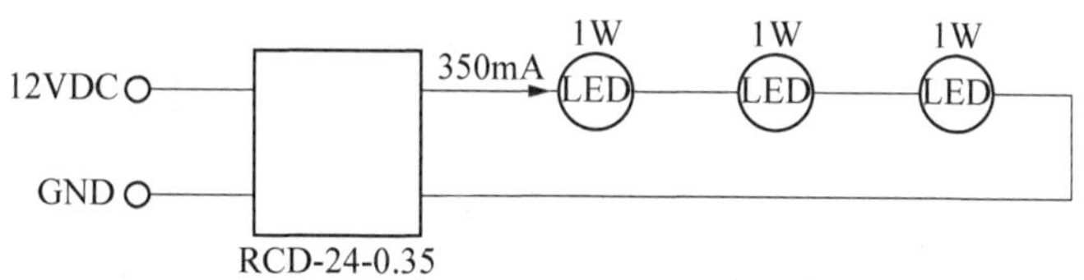

图10.8 3个LED串联在350 mA驱动上

6个LED分2条支路并联在700 mA驱动上：

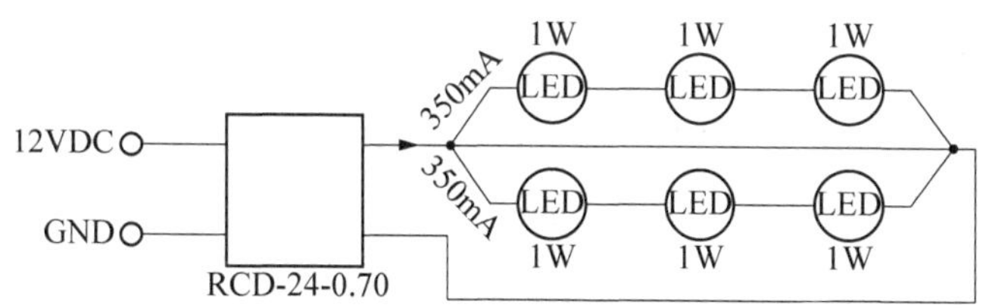

图10.9 6个LED分2支路并联在700 mA驱动上

9个LED分成3支路并联在1 050 mA驱动上：

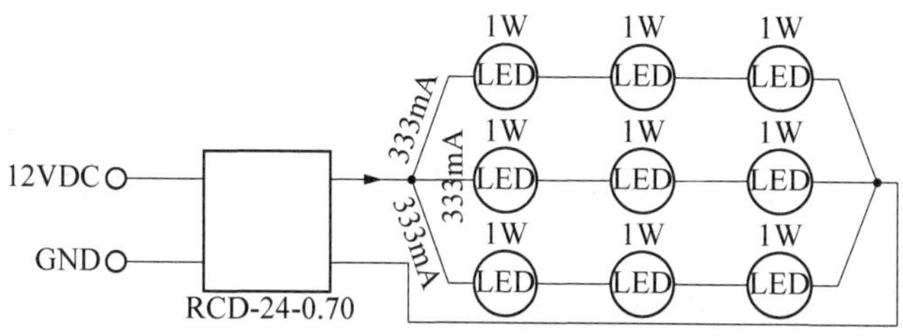

图10.10 9个LED分成3支路并联在1 050 mA驱动

LED 驱动器驱动 1 条支路是安全可靠的工作方式之一。如果存在断路，则电流将无法流经其他 LED，不会造成额外损失。

驱动多条支路与 LED 驱动器驱动 1 条支路相比，具有的优点是，更多的 LED 可以被同时驱动。但是当支路发生故障时，该驱动方式存在危险。当其中一条支路存在断路问题时，则该支路电流将由其他支路承担，导致其他支路电流过载，最终全部损坏；当支路存在短路时，则流过每条支路的电流将非常不平衡，绝大部分电流将流向短路支路，最终该支路将失效，引起连锁反应，造成更大损失。但通常大功率 LED 可靠性较高，上述故障状况在大功率 LED 上并不常见。因此，出于便利性和成本效益的考虑，仍采用单个驱动器来驱动多条支路。

10.5 平衡并联支路电流方法

并联多条支路时，另一重要问题是，多条支路中电流平衡问题。当并联多条支路时，每条支路导通电压之和是不同的。LED 驱动器将以每条支路导通电压总和的平均值来提供输出电压。该电压可能对于某一支路而言过高，而对于另一支路又过低，导致电流在各支路之间分配不平衡。如图 10.11、图 10.12 所示，为理想情况和实际情况下的电流分配。

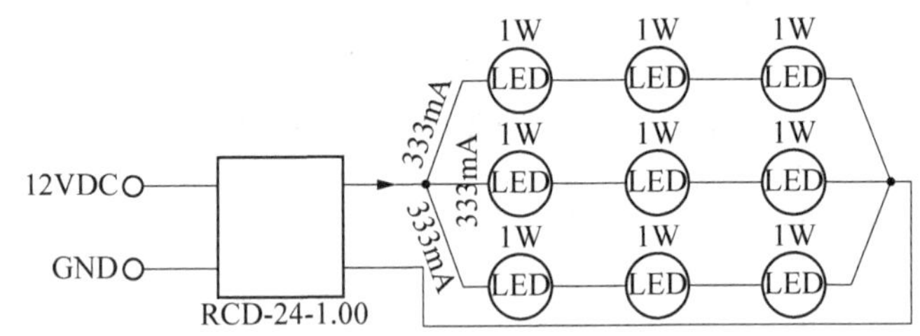

图 10.11 理想情况下的电流分配

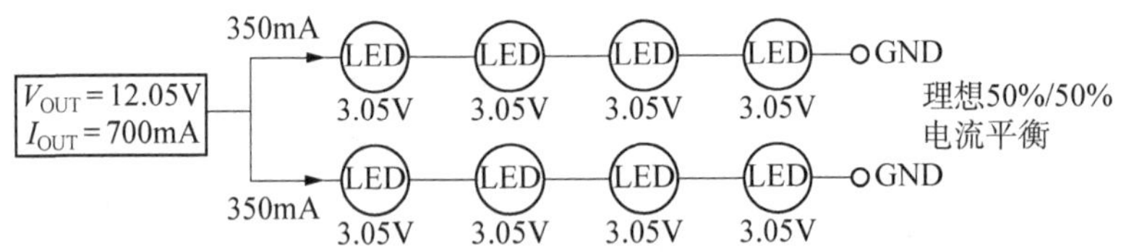

图 10.12 实际情况下的电流分配

在上例中，电流不平衡问题并不足以导致过载支路发生故障，两条支路仍可以正常工作，但两条支路上 LED 发光亮度存在 6%的差别。通常采用两种方法解决该问题，其一是为每个支路配置驱动器，其二是增加外部电路来平衡电流分配，例如，镜像电流源，如图 10.13 所示。左边 NPN 三极管的功能是提供参照电流，右边 NPN 三极管则是“镜像”参照电流。因此，两条支路中的电流将达到自动分配平衡。理论上，镜像电流源电路并不需要在发射极接入 1 Ω 的电阻，但在工程实践中，这两个 1 Ω 的电阻有助于平衡晶体管之间的 V_{BE} 差异，提供更准确的电流平衡。

镜像电流源电路还具备一定的保护功能。如果左侧支路发生断路，参考电流降至为零，此时右侧支路由于镜像电流源镜像作用，另一支路中电流也降至为零。同理，如果左侧支路发生

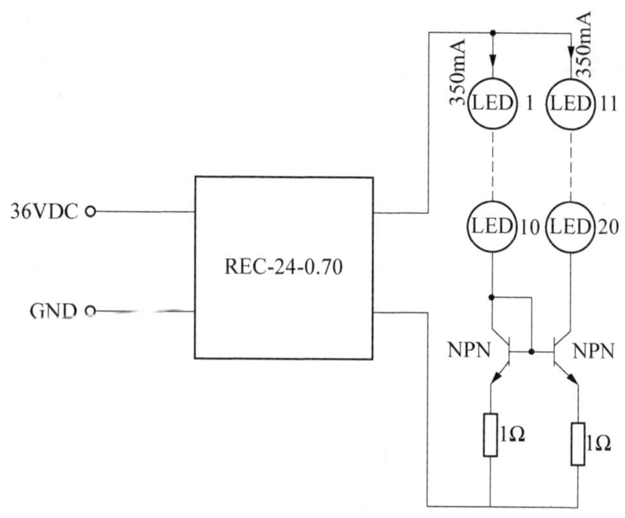

图 10.13 用镜像电流源来平均分配电流

短路，由于电流是镜像的，两条支路中电流仍然可以平衡。然而，如果断路或短路由右侧支路引起，镜像电流源将无法保护左边支路。通常采用改进的镜像电流源解决上述问题，通过在镜像电流源左边支路增加虚负载，来限制流过左侧支路电流。

部分 LED 驱动制造商宣传其产品可以自动平衡电流，因此不需要增加外部镜像电流电路，然而，上述自动平均电流功能往往并不可靠，除非支路之间导通电压总和完全相同，否则电流不平衡现象必然存在。

理论上，两条支路电流可以通过热负反馈而保持平衡，将两条并联支路安置在同一散热器上，若两条支路电流不相等，电流较大的支路，功率消耗更大、产生热量更多，因此散热器温度会逐渐上升，导致另一支路温度升高而导通电压下降，因此，该支路将"吸收"更多的电流，最终两支路电流达到平衡。然而，在实践过程中，热负反馈并不能确保电流平均分配的精确性。

若两条支路上的 LED 是相互独立的：各自带有散热片，则上述热补偿反馈将不存在。导通电压最低的支路，将承受最大电流，因此该条支路上的 LED 更热，而 LED 导通电压将进一步因高温而下降，这将进一步加剧不平衡，最后导致热击穿而损坏设备。

在对电流平衡精度要求不高时，仅在每条支路的正极或负极端口与地之间增加适当电阻就可以达到平衡电流的效果，但如果需要较精确的电流平衡，则镜像电流仍然是除每盏灯单独匹配驱动器外最简单、最好的解决方案。

10.6 对并联支路与网格阵列比较

在第 10.4 中，讨论了单条支路断路或短路带来的影响。如果并联支路的数量越多，单条支路故障时对其余支路的影响就越低。例如，5 条支路并联当其中一条支路发生断路，剩余的四条支路所承受的电流为原来的 125%，此时 LED 将变亮，若散热良好，LED 仍能正常工作。

并联多条支路的缺点是，需要采用较大的驱动电流，通常为几个安培，然而大电流驱动的生产成本非常昂贵。并且，使用大电流的驱动器时，如果负载过低，例如某些支路接触不良，则电流会立即损坏其余的 LED,因此,在开启驱动前,须确认所有支路接触良好。

在实践过程中,如果需要同时驱动多个 LED,通常会限制单个驱动器并联支路少于 5 条,而不是采用单个大电流驱动器驱动所有的并联支路。此外,单条支路中串联的 LED 越多,一条支路的总电压越大,若支路中存在 LED 发生短路,则压降的变化率小,因此支路中 LED 分担的过载电流相对更小,所以增加支路中 LED 数量也是很好的方法。

通常有两种方式将 LED 串联在支路中,在各个支路中直接并联或者相互交错组成阵列,二者连接方式不同,但两种方式的驱动数量相同。如图 10.14 所示,用 15 个 LED 来阐明这两种不同的连接方式,左边 15 个灯是并联连接,右边 15 个灯是相互交错组成阵列。

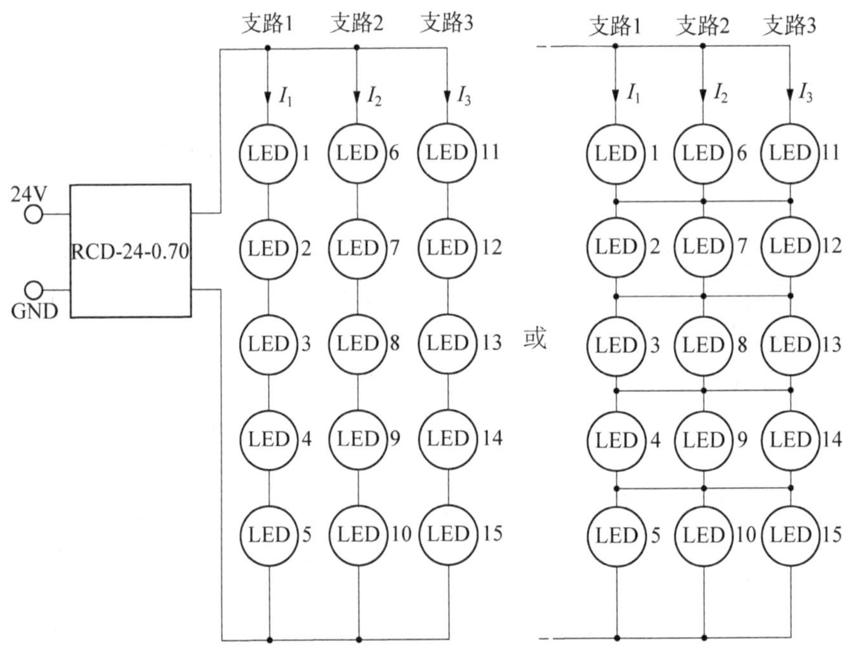

图 10.14 LED 并联支路或者网格阵列连接

网格阵列的优点是,如果 LED 发生故障,在同一列的 LED 不会失效,而是在同一行的 LED 会失效。如果需要每列 LED 非常稳定地工作,那么网格阵列连接方式是最好的选择。

网格阵列连接方式的缺点是,施加于各行的电压是一行的导通电压的平均值,然而,通常 LED 之间导通电压有±20%的误差,这将导致发光不均匀、局部过热和寿命缩短等问题。若需确保 15 个 LED 发光均匀,且无过热点,则采用并联的方式最为适宜。为提高容错能力和均匀的发光效果,通常采用 3 个独立驱动器,每个驱动器分别驱动 1 条支路。

10.7 基于 DC-DC 转换器的 LED 调光方式

LED 调光主要可以通过以下方式来实现:1～10 V 模拟电压、交流电的相角、输电线、数字信号控制电源(例如,DALI)或者 WLAN 连接。无论采用哪种方法,调节亮度的核心原理是:通过调节流过 LED 电流来调节亮度(模拟调光)或快速开关 LED,通过不同的占空比来调节亮度(PWM 调光)。两种方式达到的效果相同,但是实际上工作方式存在重要差异,因此,对不同的应用选择合适的调光方式至关重要。

10.7.1 模拟调光对比 PWM 调光

LED 工作电压范围非常窄，并且特性曲线会随着温度变化而偏移，因此，为保持 LED 能正常工作，通常采用恒流驱动器持续调节施加于 LED 上的电压。在模拟调光中，电流通过测量串联电阻上的电压来监测，并将结果输入到具有相对较慢响应的模拟反馈回路中，以提高稳定性，通过在反馈回路中添加比较器，即可实现模拟调光，如图 10.15 所示。

除了最亮和最暗的调光区域内，模拟调光可以提供几乎为线性的调光曲线。如图 10.16 所示，在最亮的调光区域内，比较器的饱和效应将会产生非线性响应，而在最暗的区域内，由于通过分流电阻的电流过低，测量放大器的输入偏置电压受影响过大。即使是设计良好的模拟调光电路，在调光范围的底部 3%和顶部 3%也不可避免地会出现非线性调光。

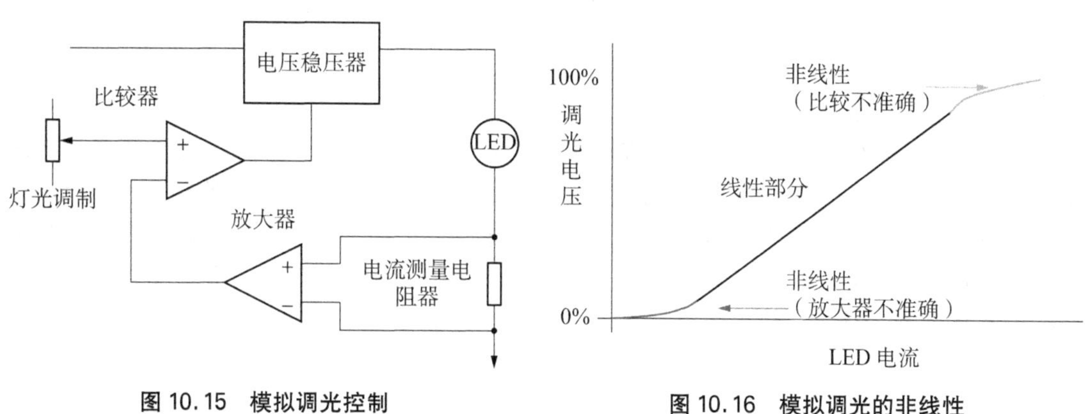

图 10.15 模拟调光控制　　图 10.16 模拟调光的非线性

除了模拟调光外，还有 PWM 调光，该调光方式需要串联电阻和运算放大器用于测量最大电流，通过数字控制信号以控制信号的占空比，快速地切换 LED 的开/关状态，从而调节亮度，如图 10.17 所示。在单位时间内，当关闭时间比开启时间长时，亮度会降低；反之，当开启时间比关闭时间长时，亮度会增加。由于这种方式非常简洁，常用于单一 IC LED 驱动中。

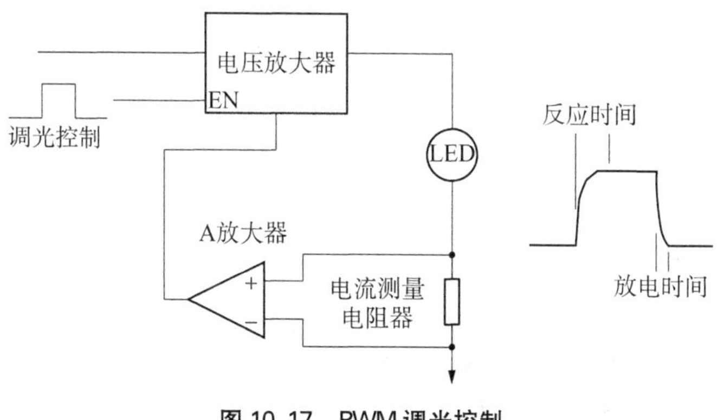

图 10.17 PWM 调光控制

通常 PWM 调光的特性曲线线性度不如模拟调光，如图 10.18 所示。当 PWM 控制输入降低时，由于输出电容需要时间通过 LED 负载来放电，输出电压并不会立即下降。当 PWM

输入上升时，因为电压调节器需要启动的时间，所以对使能输入的反应时间存在延迟。上述延迟限制了 PWM 控制可使用的信号频率，因此只能采用较低的频率，通常在几百赫兹。并且，由于驱动电路无法对非常短暂的 PWM 输入信号做出响应，这表示着 PWM 调光无法将亮度调低至最大亮度的 10%。

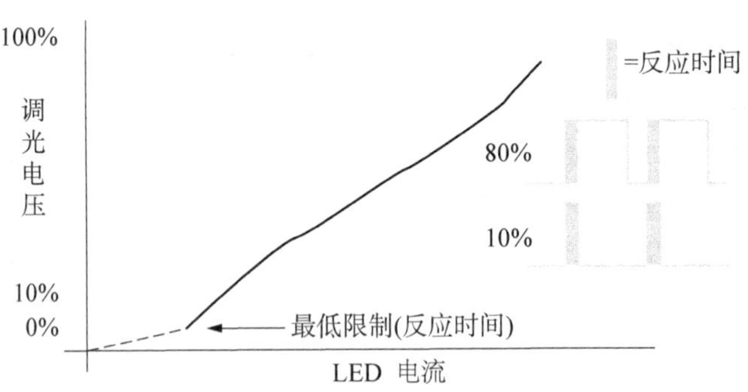

图 10.18 PWM 调光的非线性特性

为了增加 PWM 调光范围，可以不直接使用 PWM 调光信号来驱动使能引脚，而是采用场效应管来阻断支路和与地极之间的连接，如图 10.19 所示。由于 FET 响应速度远快于稳流反馈回路，因而可以将亮度调低至最大亮度的 5%。然而，当 LED 断开时，输出会骤升至最大值，所以再次接通后，电流调节器需要时间重新达到平衡。由于上述现象在每个 PWM 周期中都会出现，因此采用该方法可能会缩短 LED 寿命。

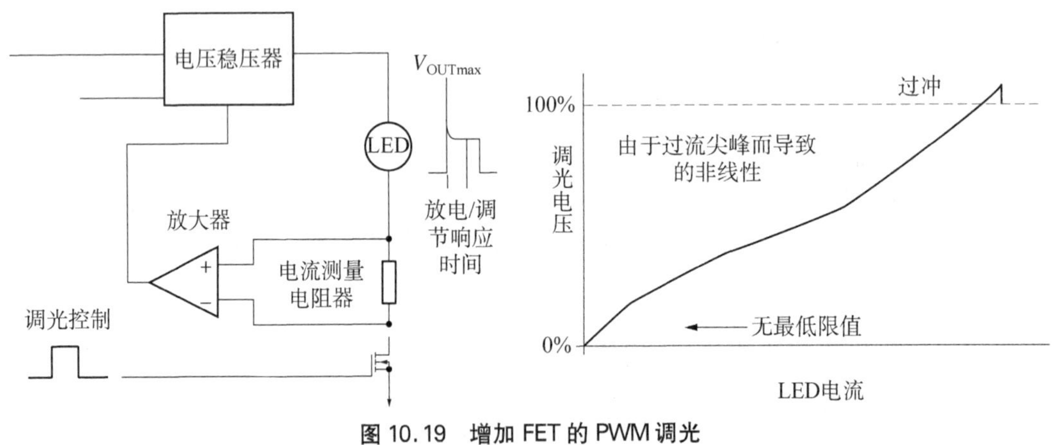

图 10.19 增加 FET 的 PWM 调光

10.7.2 人眼亮度感知曲线

人类的视觉感知亮度是非线性的，如图 10.20 所示，在低光照水平下，人的瞳孔将自动放大，以接收更多光线，因此感知到的亮度比光度计所测量的更亮。要确定感知亮度与测量亮度之间的关系，通常选取标准化测量光度的平方根作为感知亮度。例如，将 LED 电流降低到原来的四分之一，则测量亮度会降低为原来的四分之一，然而，在人眼感知亮度为原来的二分之一。因此，眼睛更容易适应白炽灯的非线性曲线，因为相比 LED 的线性曲线，这种非线性曲线更符合人类对亮度的感知。然而，为方便与不同的灯管匹配，目前市场的需求仍以线性调光为主导，几乎所有的驱动制造商都尽可能地提高调光的线性度和数据上的精确度。可能在未来，所生产 LED 的特性曲线，会因为市场不断趋向成熟而改变。

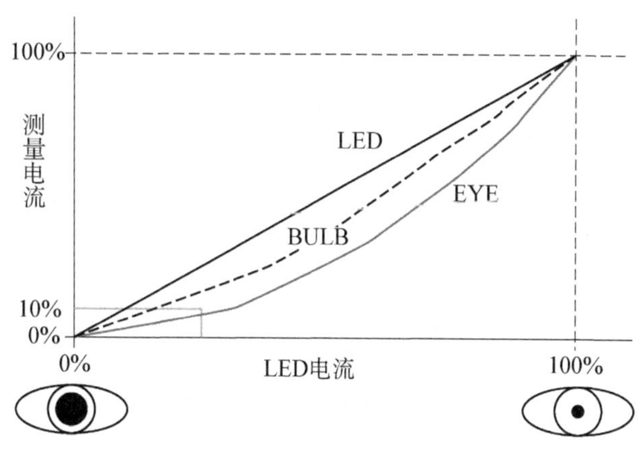

图 10.20 视觉感知特性

10.7.3 调光总结

许多供应商宣称调光技术已经成熟，在规格书中说明调光率能达到 1∶1 000，然而实际上输出精度仍有±5%的误差。尽管市场上有成千上万的调光驱动，但绝对精确的、线性的、无闪烁的调光设备几乎不存在。随着技术日益成熟，现在可以通过较低的电流实现更高的 LED 亮度，关注重点将不再是照明功率，而是如何控制功率，因此，可调光 LED 的应用将变得更加广泛，尤其是在节能意识日益增强的背景下，为了减少能源消耗，对调光功能的需求将持续上升。

10.8 LED 散热问题

高功率 LED 需要良好的散热设计，以确保其寿命接近数据表中的标称寿命，表 10.2 列出了 LED 工作寿命与结温的关系。LED 的散热要求比效率只有其几分之一的白炽灯更为严格。用下述例子来解释：100 W 的白炽灯可以发出 5 W 的有效光，剩余的 95 W 功耗中 80 W 左右将以红外线的方式辐射出去，只有 15 W 左右以热量的形式传导至灯罩。而 50 W 的 LED 也可以发出 5 W 的有效光。但是剩余 45 W 的能量全部被转化为热能传导至灯罩。因此，虽然 LED 的光效是白炽灯的 2 倍，但是 LED 的灯罩却要承受 3 倍的热量。另一重要区别是，白炽灯依靠高温来发光(灯丝因高温泛白光)，而若 LED 结温超过 100 ℃的话，工作寿命将大幅缩短。

表 10.2 LED 工作寿命与结温的关系

结温/℃	<100	100～115	115～125	>125
LED 寿命 B50:50%的存活率	1	3	7*	10*

高功率 LED 结温上升时，其光功率效率也会下降。通常，数据表中给出的光通量输出值仅适用于 25 ℃，当结温达到 65 ℃时，光功率输出通常会下降 10%，而当结温达到 100 ℃时，光功率输出会损失 20%，如图 10.21 所示。为避免 LED 温度过高，一般方法是随着温度的升高

降低 LED 的额定功率。

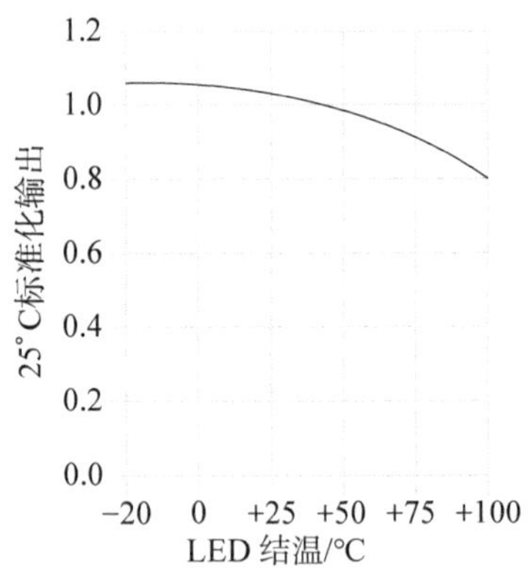

图 10.21　LED 光通量与 LED 结温的关系曲线

10.9　基于 DC - DC 转换器实现 LED 过温保护方法

当散热设计得当，且环境温度在正常工作范围内，LED 才能持续以全功率运行，如果基板温度过高，则必须采取措施减少内部功率损耗。如图 10.22 所示，为典型的 LED 温度降额曲线，在制造商规定的正常工作温度范围内，电流保持恒定，当温度超过上限时，为避免因过热而损坏，LED 的电流和功率将会减小，亮度变暗，该方法确保损耗在安全的范围。在图 10.22 中，55 ℃的阈值温度是指基板或散热器温度，而通常 LED 芯片温度比该温度高出 15 ℃（即 70 ℃），芯片内部结温比基板温度高出 35 ℃（即 90 ℃），因此，55 ℃为全功率工作安全上限，对

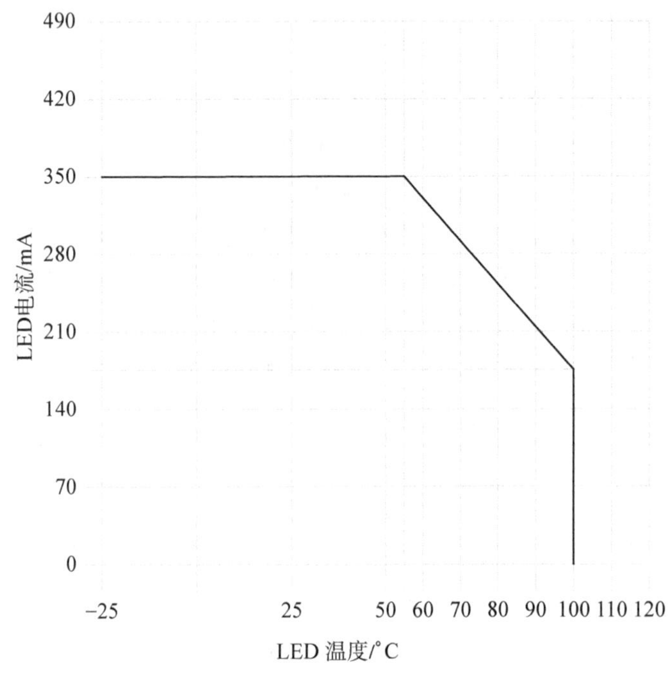

图 10.22　典型的 LED 温度降额曲线

于高性能 LED，上述温度阈值可以升至 65 ℃。

如果 LED 驱动具有调光输入，那么可以通过增加外部温度传感器和外部电路来实现如图 10.22 所示的降额特性。下面将详细介绍几种实现过温保护的方法。

10.9.1 通过 PTC 热敏电阻实现过温保护

热敏电阻是一种阻值随着温度变化的电阻。如果阻值随着温度的上升而上升，则该电阻的温度系数为正(PTC)。如图 10.23 所示，通常 PTC 热敏电阻的特性曲线是高度非线性的。

以图 10.23 为例，只要温度保持在 70 ℃的阈值温度以下，PTC 热敏电阻的阻值将会相对稳定，大约为 100 Ω。一旦温度超过阈值，阻值将会骤升，80 ℃时阻值为 10^3 Ω，90 ℃时 10^4 Ω，而 100 ℃时为 10^5 Ω。

需要注意的是，通常 PTC 热敏电阻已经预装了便于安装的固定片，因此，可以方便地固定在 LED 灯具的热沉外壳上，用于监测温度。可以利用 PTC 热敏电阻的响应特性，使用 RCD-24 系列 LED 驱动器的模拟调光输入，如图 10.24、图 10.25 所示，设计简单、成本低廉且可靠的过温保护电路。

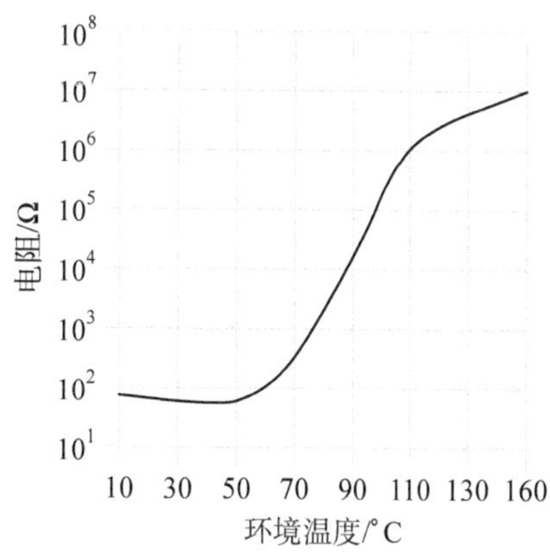

图 10.23 典型的 PTC 热敏电阻阻抗/温度曲线

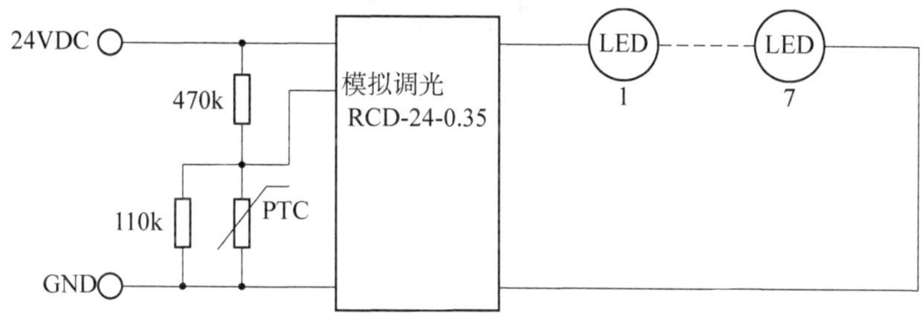

图 10.24 PTC 热敏电阻电路

模拟调光输入是由外部电压控制的，若输入电压恒定，则只需要增加一个 PTC 热敏电阻以及两个分压电阻，便可以实现自动降低额定温度的功能。如果需要不同的降额温度点，PTC 热敏电阻有不同的温度阈值，从 60 ℃到 130 ℃，每 10 ℃一个阈值，因此，可以选择合适的部件匹配 LED 规格，来设定不同的降额温度点。如果输入电压不稳定，则可以添加齐纳二极管或线性电压调节器来提供稳定的参考电压。

10.9.2 通过模拟温度传感器 IC 实现过温保护

实现过温保护还可以采用温度传感器 IC 替代 PTC 热敏电阻，温度传感器 IC 能提供与温度呈线性关系的输出，并且温度传感器 IC 的成本与 PTC 热敏电阻相近，但在线性度和拐点精度方面更优，温度监测的分辨率可达到 1 ℃。然而，温度传感器 IC 的输出较小，为生成有用的控制信号电压，通常与运算放大器配合使用。如图 10.26 所示，电路采用常见的温度传感器

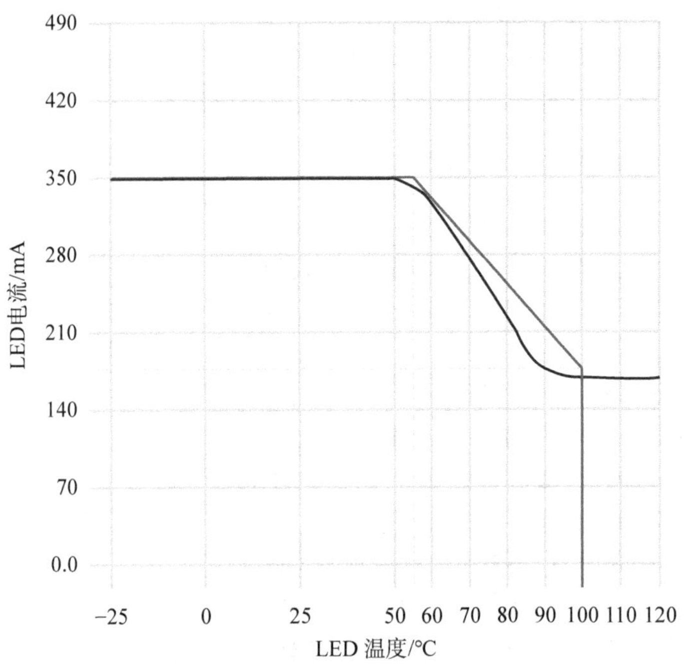

图 10.25　LED 实际降额曲线（细线）

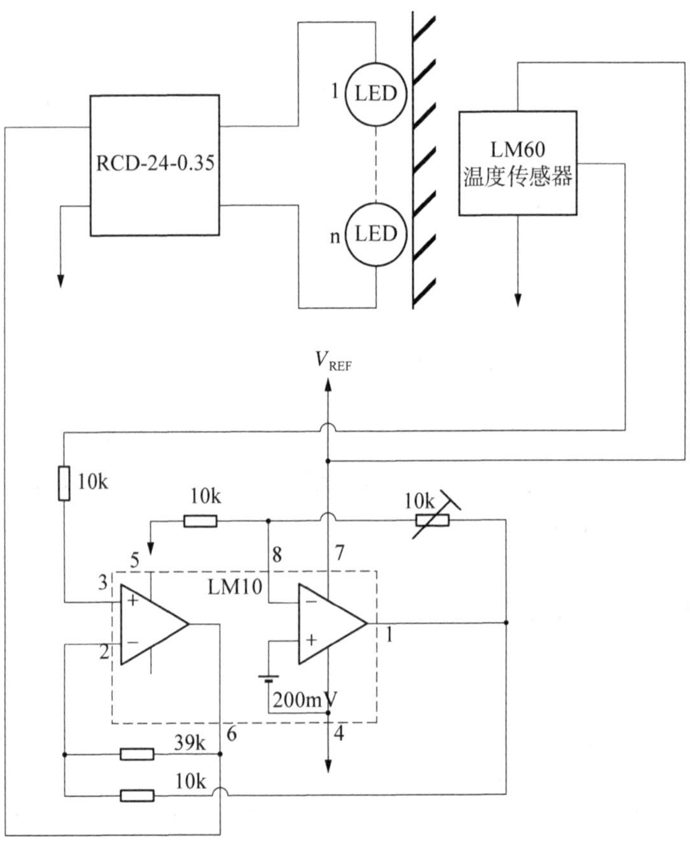

图 10.26　模拟过温保护电路

IC 和运算放大器，输出电压反馈到 RCD 系列驱动的模拟电压调整输入端，该输入根据引脚上的电压线性调节 LED 的亮度。

温度传感器 IC 根据其环境温度提供线性输出电压，该输出电压经过预校准，每上升 1 ℃电压提高 10 mV，并且有 600 mV 的偏移，如图 10.27 所示，在 55 ℃时，其输出电压为 1.15 V。上述电路的优势在于其降额曲线可调、适用性广泛，只需要设计补偿不同 LED 特性，便可实现过温保护。

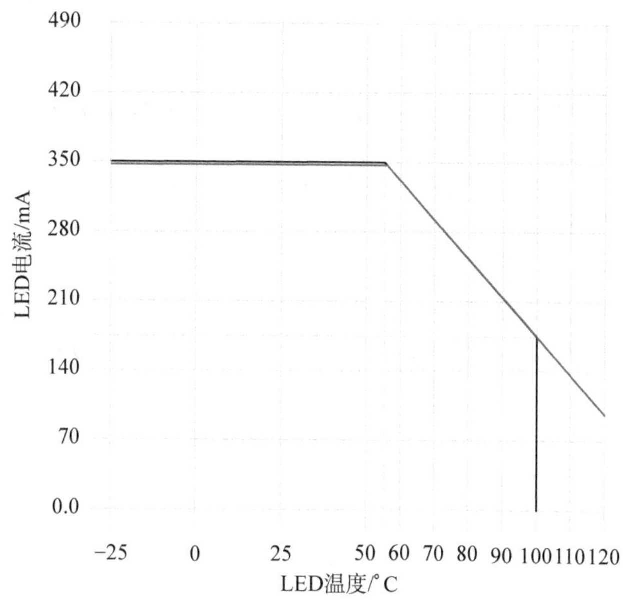

图 10.27 LED 实际降额曲线(细线)

10.9.3 通过微控制器实现过温保护

RCD 系列 LED 驱动器的另一种调光输入方式是 PWM 输入。由于 PWM 输入响应为逻辑信号，因此非常适合与数字控制器相连接。部分温度传感器 IC 可以直接将温度转换成 PWM 信号(例如一些风扇控制器，MAX6673，TMP05 等)，但需要内置温度检测和 PWM 输出功能，来设置阈值温度并使 PWM 信号与 LED 的降额曲线相匹配。因此，使用微控制器通常更简单。

如图 10.28 所示的电路设计中，微控制器负责同时监测和控制多达 8 个 LED 驱动器，并且由于该设计仅使用了 6 个输入/输出(I/O)引脚，因此可以方便地进行扩展，以控制更多的 LED 驱动器。在上述例子中，用 MAX6575L/H 来监测温度。这是一种低功耗的温度传感器。1 个三线接口最多可以连接 8 个温度传感器。传感器通过测量微处理器的触发脉冲，与设备反馈的响应脉冲下降沿之间的时延来确定温度。在同一 I/O 线路上，为区分不同的传感器的信号，防止信号重叠，各个传感器采用不同的延时乘法器。类似的设计也可以使用其他温度传感器构建，例如，TPM05 的菊链模式。

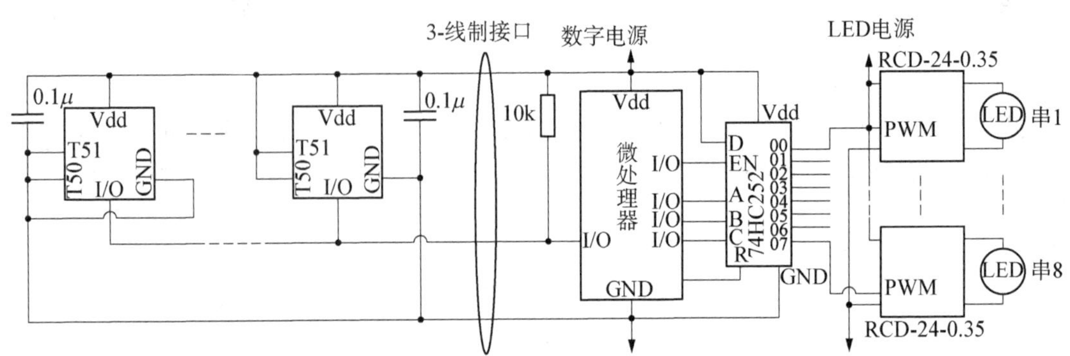

图 10.28 最多可以控制 8 个 LED 驱动的基于微处理器的 PWM 控制器

低功耗的 74HC259 可寻址锁存器能够通过重置脉冲进行复位，此时，所有 LED 驱动器将同步启动。微控制器生成 8 个具有不同延迟的 PWM 脉冲，用以分别控制各个 LED 驱动器。

此外，如果微控制器有 I2C 接口，那么可选择实用的可编程 PWM 发生器（例如 PCA9635）。PWM 发生器通过 I2C 通信协议与微控制器连接，可以产生 PWM 信号，从而控制 LED 的亮度或进行温度调节等操作。

10.10 LED 亮度补偿方法

正如温度传感器可用于控制回路以保持温度恒定，光学传感器也可用于维持光输出恒定。如图 10.29 所示，LED 的光功率效率在长期使用过程中会逐渐降低，通常解决该问题的方法是使用亮度传感器（比如光敏二极管）来降低亮度输出。

如图 10.30 所示，其中光敏二极管的连接线应尽量短小，以避免引入过大的噪声。通过调节 R_1 的值，影响 ICL7611 运算放大器的输出电压，从而来调节 LED 亮度。

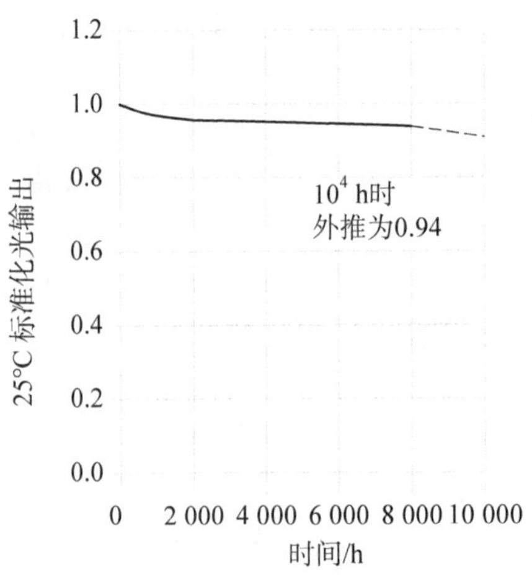

图 10.29 亮度输出随着使用时间而降低

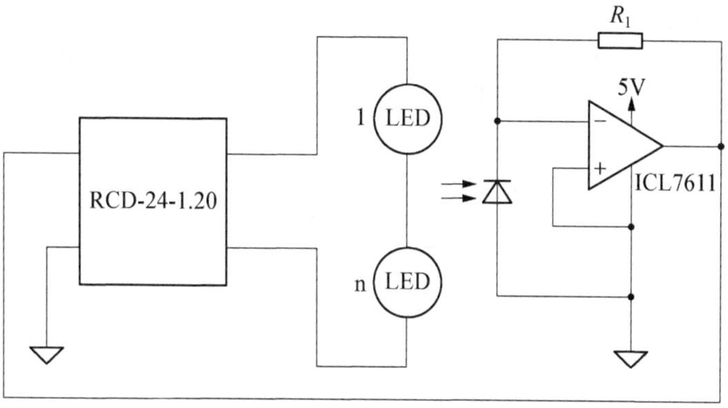

图 10.30 亮度传感器反馈电路

随着时间推移 LED 的光功率效率逐渐下降，反馈电路将会自动增加 LED 电流以实现亮度补偿，图 10.30 所示的电路改进，该方法在确保最大输出亮度的稳定性的同时，也具备亮度调节的功能。

RCD 系列 LED 驱动具有独特的设计。它拥有两个调光输入端并且可以同时使用。因此，模拟调光输入可以用于 LED 亮度补偿，同时 PWM 输入可以用于独立调节 LED 亮度。如图 10.31 所示，采用跟踪保持技术，用于在 LED 开启时存储亮度补偿反馈电压，当 LED 关闭时，会忽略该电压。因此，提供给 RCD 的反馈电压与 PWM 调光输入无关。由于 LED 驱动器的输出电压需要一段时间才能稳定，因此，通过由 10 kΩ 电阻和 10 nF 电容组成的延时网络，确保运算放大器输出电压在采样和存储前，输出电压已经稳定，以避免不必要的波动。

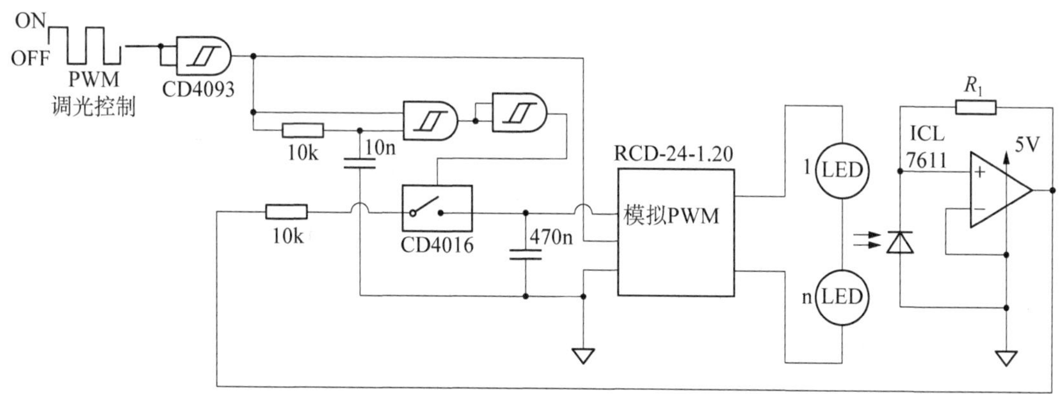

图 10.31 可调亮度传感器反馈电路

另一种常见的光学反馈应用是环境光传感器，如图 10.32 所示，其核心原理不是提供恒定的亮度输出，而是根据测量得到的环境亮度，在明亮环境时调暗 LED，当变昏暗时调亮 LED，以维持光通量恒定。其中通常采用成本低廉的光敏电阻器(light dependent resistor，LDR)作为光敏传感器。LDR 的阻值与亮度的自然对数呈线性关系 ($R = Lux \times e^{-b}$)，通过与偏置电阻配合使用，来设置环境所需的光通量。

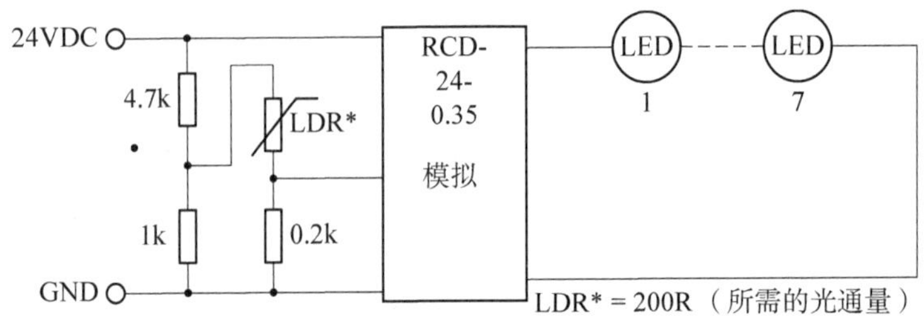

图 10.32 环境光传感器反馈电路

10.11 RCD驱动的电路亮度补偿方法

RCD驱动电路主要用于对LED电流进行缓冲和补偿、抑制电路中电流尖峰、改善LED的工作稳定性。如图10.33所示，其工作原理是将运算放大器配置为反相放大器模式。其正向输入端连接至“虚地”，并通过由120 kΩ和100 kΩ电阻构成的分压器，将“虚地”电压设定在2.25 V。若输入电压为0 V，为使反相输入电压仍为2.25 V，则运算放大器的输出电压应为4.5 V；若输入电压为10 V时，通过1 kΩ和1.2 kΩ电阻的分压，运算放大器的反向输入端电压将降至4.5 V，此时，只有当输出电压降至0时，运算放大器的输入端才能实现重新平衡。

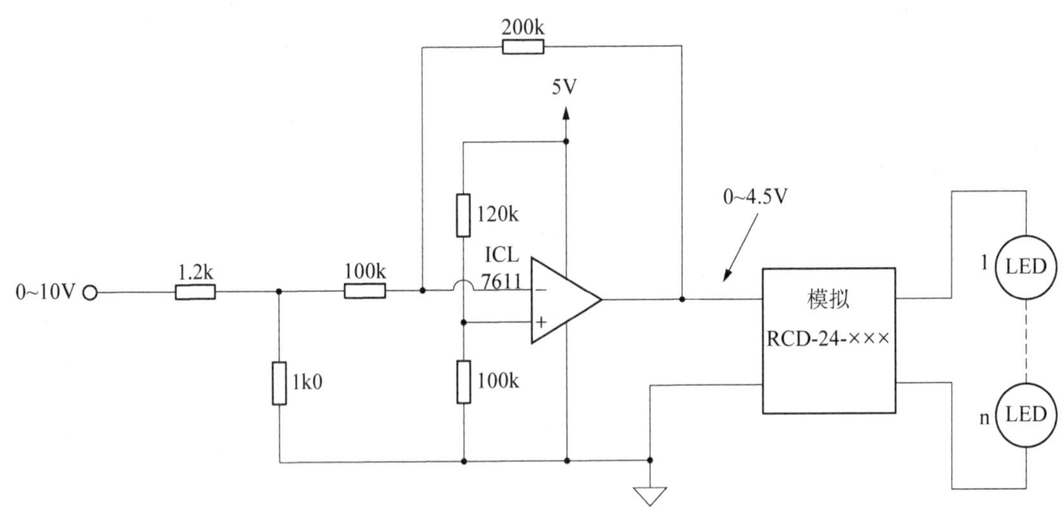

图 10.33 0～4.5 V调光控制(0 V=0%，4.5 V=100%)

如图10.34所示，对电路进行改进，可以扩展控制电压范围为1～10 V。其工作原理是将运算放大器配置为反相放大器模式。正向输入端与“虚地”相连，通过100 K的电阻分压器将“虚地”电压设定在2.5 V。如果输入电压为1 V，则电压分压器将放大器输入端的电压降至0.5 V，此时，只有输出电压为4.5 V，运放的输入才能重新平衡；如果输入电压是10 V，则电压分压器将放大器输入端的电压降至5 V，此时，只有输出电压为0 V，运放的输入才能重新平衡。

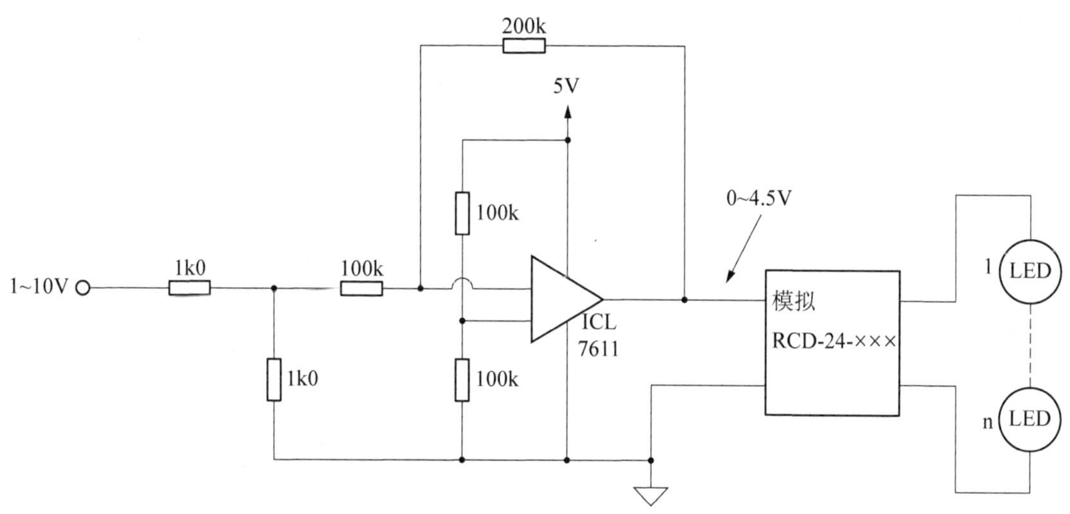

图 10.34　1～10 V 可调光控制(1＝0%,10 V＝100%)

如图 10.35、图 10.36 所示,为变阻器调光控制,如果输入电压不稳定(例如,由电池供电),需要对输入电压进行稳压处理。上述问题,使用齐纳稳压二极管通常就足以满足需求,如图 10.35 所示,如果要求调光控制的精度高,则采用 5 V 的稳压器,如图 10.36 所示。

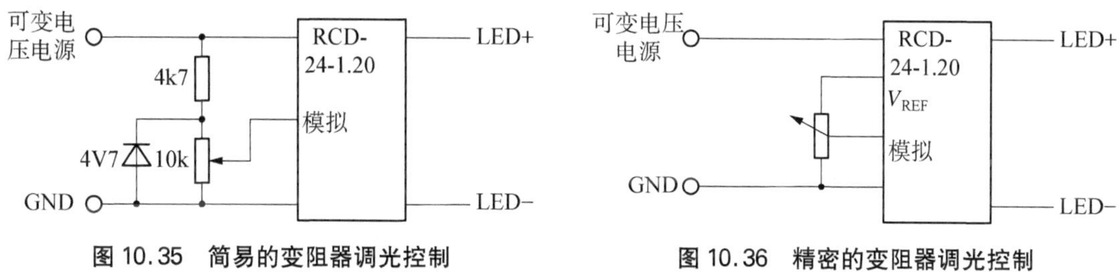

图 10.35　简易的变阻器调光控制

图 10.36　精密的变阻器调光控制

如图 10.37 所示,为 PWM 转模拟电路。模拟调光输入可以与 PWM 输入配合使用,这样避免了 PWM 输入频率的限制,该方法适用于基于内部定时器的 PWM 输出且难以输出低频 PWM 信号的微控制器。上述方法缺点是,因为电容器需要充放电达到新的平均输入电压水平,所以,LED 输出调光控制信号响应速度较慢。

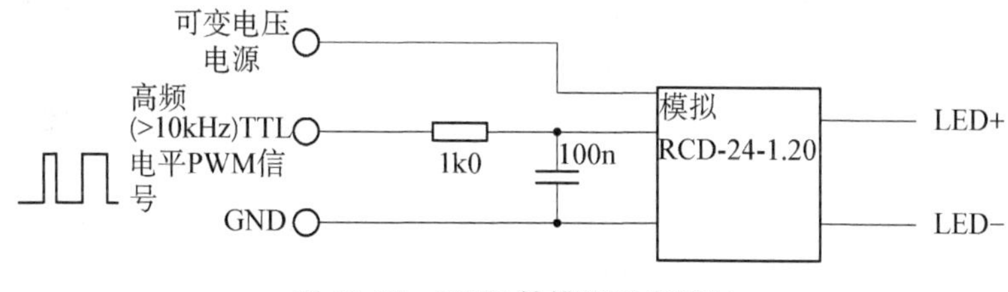

图 10.37　PWM 转模拟调光控制

PWM 信号的优点在于,它的信号传输距离很长,而且抗外界干扰能力很强。有些时候手动控制(例如,变阻器)PWM 的占空比数字信号更有用。如图 10.38、图 10.39 所示,为通用的 RCD 系列 PWM 发生器。

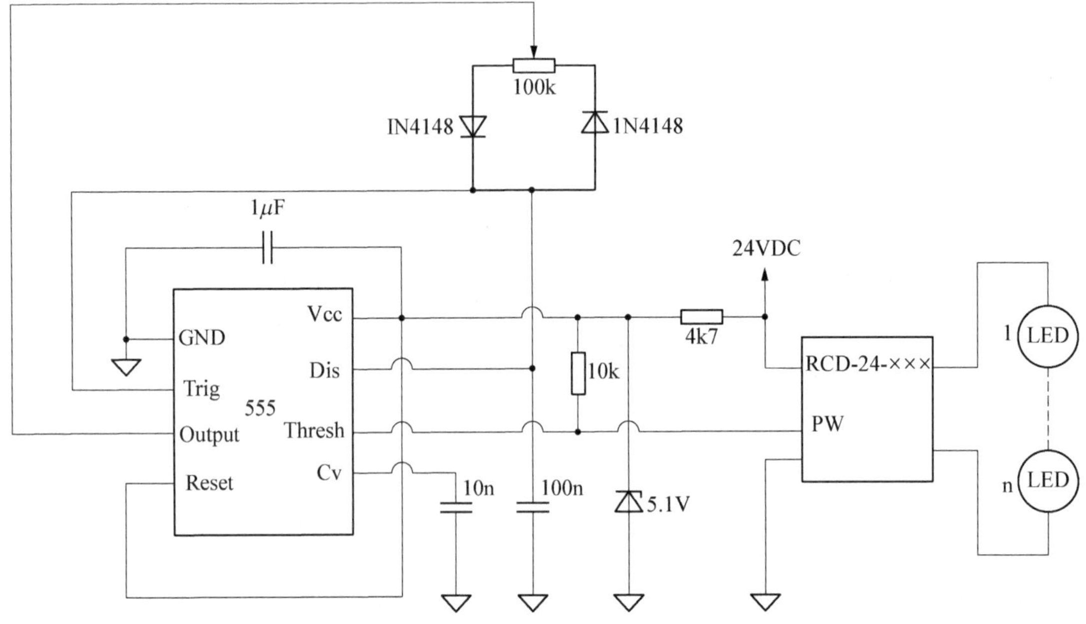

图 10.38 基于 555 的 PWM 发生器(电位器控制)

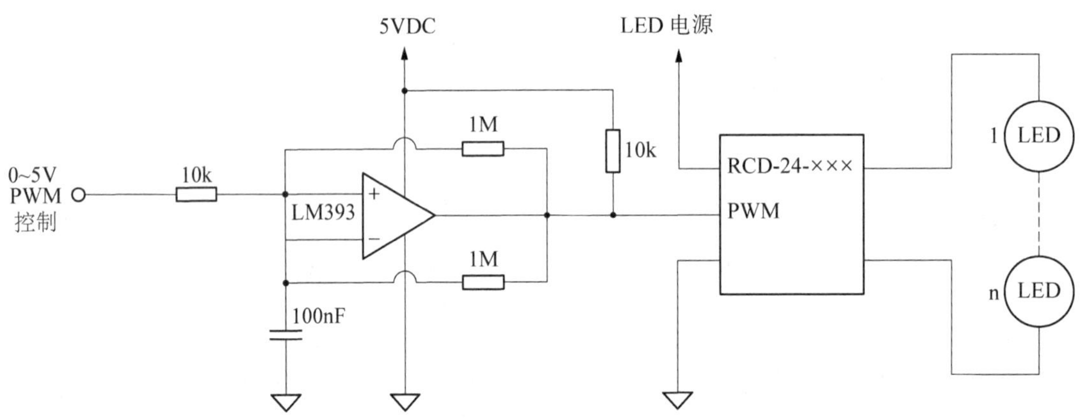

图 10.39 基于比较器的 PWM 发生器(变阻器或者电压控制)

如图 10.40 所示,为带 LED 电流补偿的可切换 LED 支路电路,该方法采用 4 位的控制信号在 4 条 LED 支路中进行切换,可以避免工作中的 LED 过载,表 10.3 列出了 4 位控制信号对应开关状态下的 LED 电流值。如果有需要,还可以使用 PWM 调光输入独立地调节 LED 支路的亮度。

R2R 梯形网络将 3 位二进制输入转换为 8 级控制电压,如图 10.41 所示,该电路的优点在于,不需要有源元件,而且如果需要更高的分辨率,R2R 梯形可以扩展至任意位数。此外,R2R 网络可以被作为以 SIP 封装形式的电阻网络模块。该电路通常用于背光控制器,因为 8 级亮度可以满足大多数背光应用,表 10.4 列出了 3 位二进制控制信号对应开关状态下的 LED 电流值。

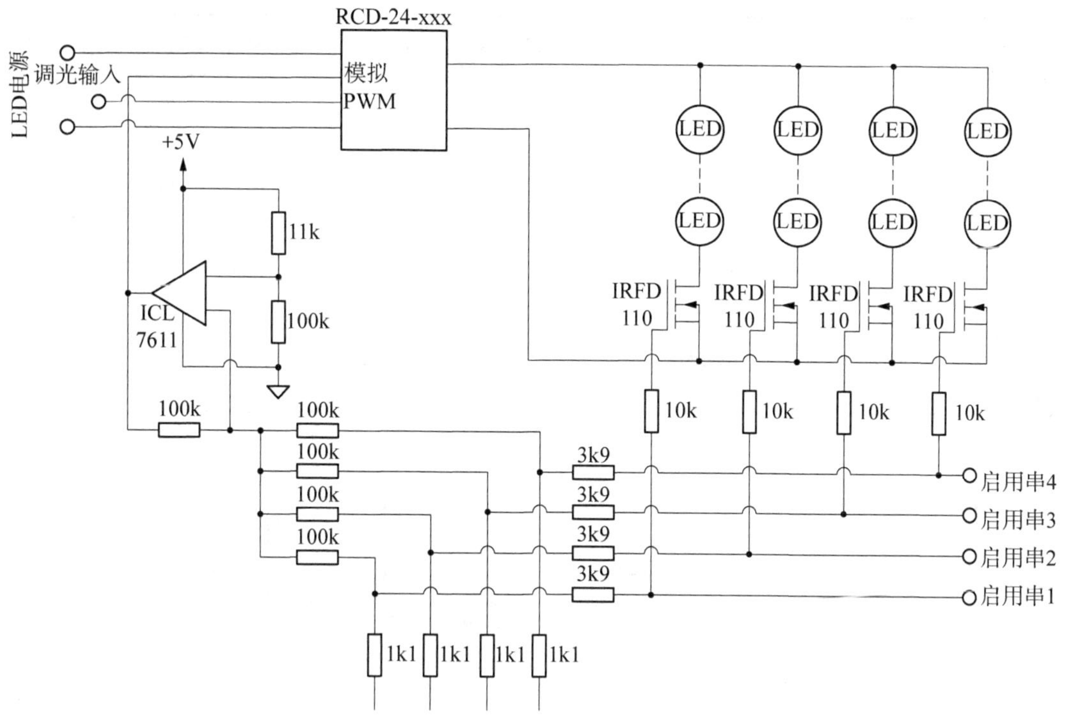

图 10.40　带 LED 电流补偿的可切换 LED 支路

表 10.3　4 位控制信号

S1	S2	S3	S4	$O_{p\text{-}amp}$ V_{OUT}	LED Current
0	0	0	0	4.4 V	0 mA
0	0	0	1	3.3 V	250 mA
0	0	1	0	3.3 V	250 mA
0	0	1	1	2.2 V	500 mA
0	1	0	0	3.3 V	250 mA
0	1	0	1	2.2 V	500 mA
0	1	1	0	2.2 V	500 mA
0	1	1	1	1.1 V	750 mA
1	0	0	0	3.3 V	250 mA
1	0	0	1	2.2 V	500 mA
1	0	1	1	1.1 V	750 mA
1	1	0	0	2.2 V	500 mA
1	1	0	1	1.1 V	750 mA
1	1	1	0	1.1 V	750 mA
1	1	1	1	0 V	1 000 mA

表 10.4 3 位二进制输入

C	B	A	Ana. Input	LED current
0	0	0	0.00 V	700 mA
0	0	1	0.64 V	600 mA
0	1	0	1.28 V	500 mA
0	1	1	1.93 V	400 mA
1	0	0	2.25 V	300 mA
1	0	1	3.21 V	200 mA
1	1	0	3.86 V	100 mA
1	1	1	4.50 V	0 mA

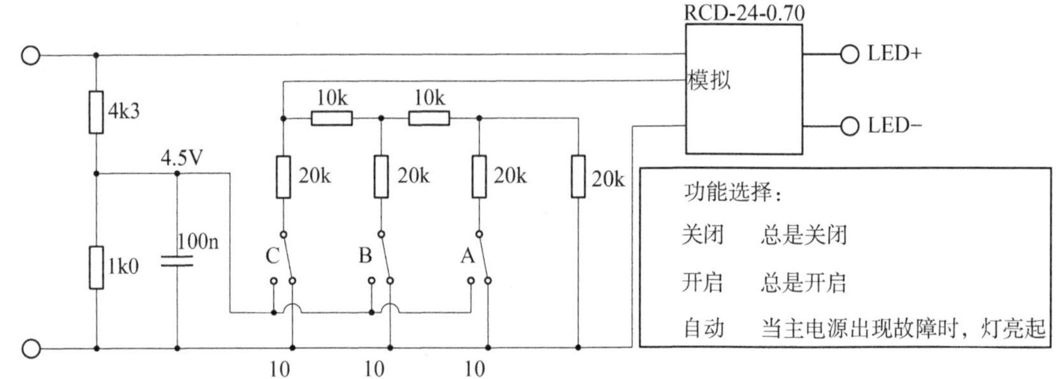

图 10.41 LED 背光源电路

如图 10.42 所示，为应急灯电路图，其中线性的预电压调节器可以限制电池充电电压和最大充电电流，因此，该调节器既可以给电量耗尽的电池充电，又可以给满电池点滴式充电。同时，LED 驱动器可以切换到自动模式，若输入为 0，则自动开启 LED 照明。

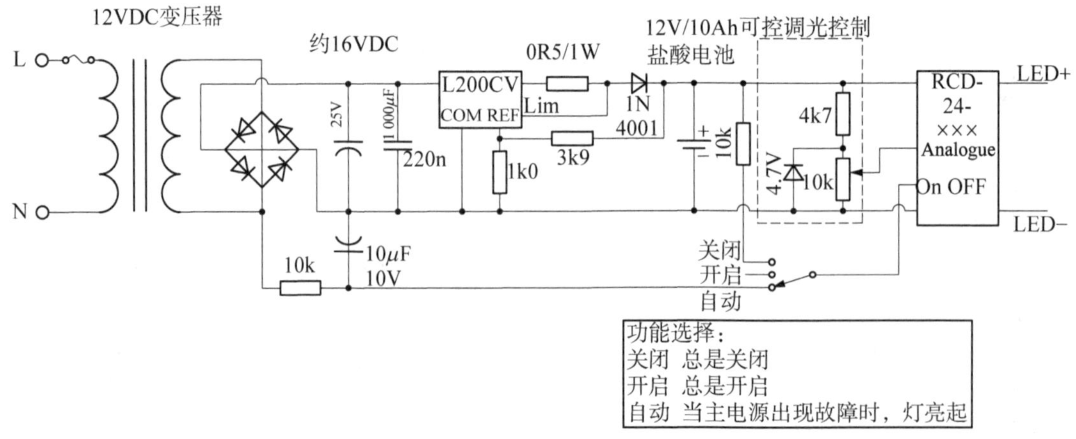

图 10.42 应急灯电路图

其核心工作原理是变压器提供的 12 V 交流输出经过整流后，产生 16 V 左右的直流电压作为线性电压调节器的输入。调节器的输出电压设定为 13.8 V,最大输出电流为 1 A,用于对 12 V 的铅酸电池进行充电。如果总线输入发生中断,连接在 L200 输出端的二极管将阻断来自稳压器的反向电流。但是因为调节器的参考输入取自二极管,所以结果对输出电压并没有造成影响。

RCD 系列 LED 驱动的 ENABLE 输入有如下 3 种选择:

◇OFF(关闭):开/关输入通过高阻值电阻推升至 12 V,该 12 V 的信号可以控制 5 V 的输入。该方法选择高阻值而不是分压器的原因是,避免分压器随时间放电耗尽电池电量。

◇ON(开启):控制输入悬空时,LED 的默认状态为开启。

◇AUTO(自动):当输入正常时,输入 12 V 的交流输出电压通过 10 kΩ 的电阻和 10 μF 的电容后,整流成为 6 V 直流电压,从而抑制 LED 驱动器。当输入为 0 或者断开时,平均电压为 0 V,驱动器被激活。

图 10.43 是简单的 RGBW 混合器,RGB 混合器应用电路也适用于 RGBW LED。

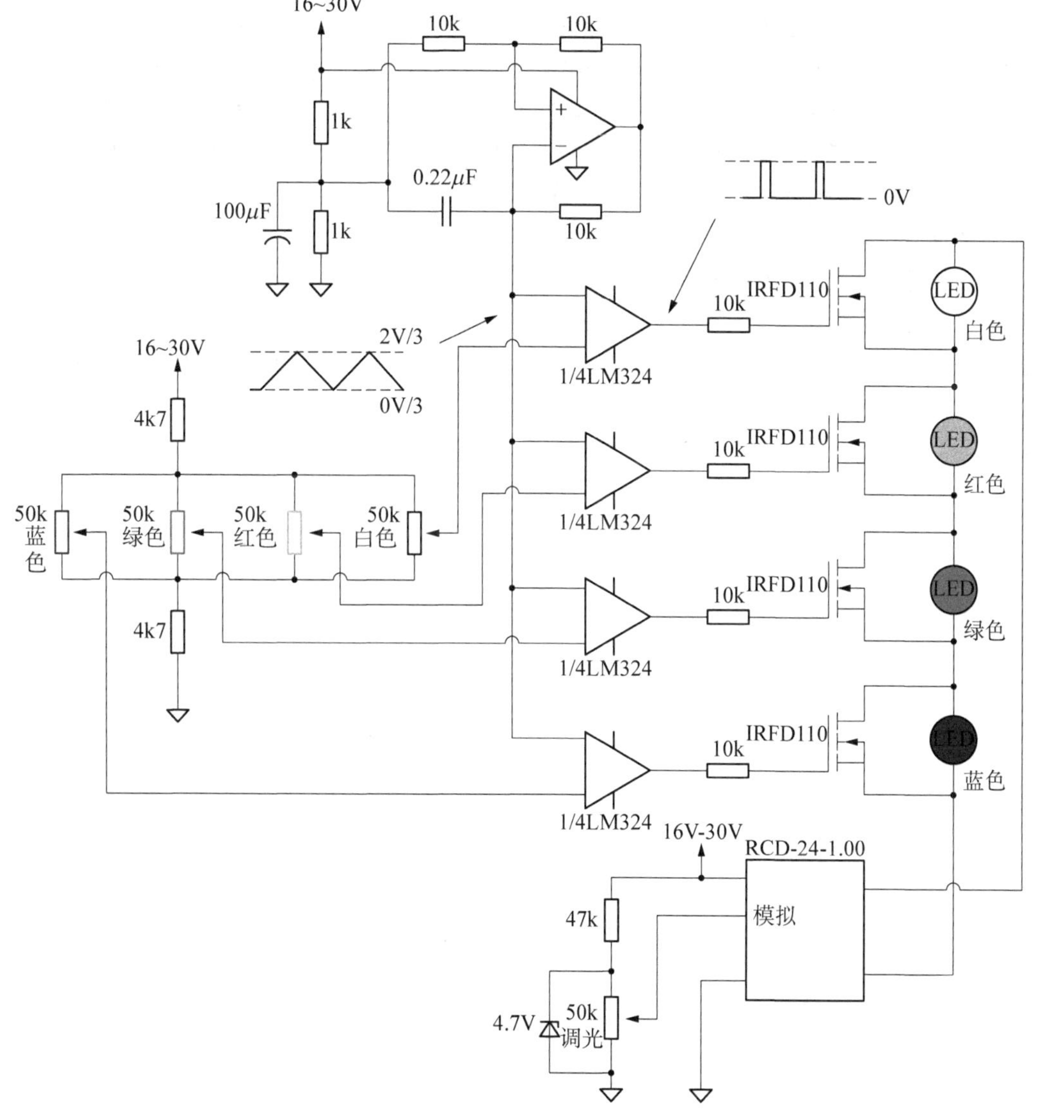

图 10.43 RGBW 混合器

本章小结

在LED照明应用中，DC-DC转换器作为稳流器、调光驱动和过温保护器件起着至关重要的作用。

LED的工作特性决定了它对电流的需求非常敏感，微小的电流波动可能导致亮度变化，甚至影响LED的寿命。因此，为了稳定输出电流，确保LED在合适的工作电流下运行，DC-DC转换器被广泛应用于LED驱动电路中，起到电流调节器的作用。在稳流模式下，DC-DC转换器通过反馈控制电路，精确调节输出电流，使其保持在LED所需的范围内。不同类型的转换器适用于不同的输入输出电压场景，满足LED灯具的多样化需求。

除了稳流，DC-DC转换器还支持LED的调光功能，通过调节输出电流来改变LED的亮度。调光的实现方式通常包括模拟调光和数字调光。模拟调光通过调整电流幅值来控制亮度，而数字调光则通过脉宽调制技术，将输出电流在开关频率内快速切换，以实现明暗变化。

此外，过温保护功能也是DC-DC转换器在LED驱动中的一大亮点。LED在高温条件下运行会导致性能下降甚至损坏，尤其在高亮度或密闭环境中更易引发热积累。DC-DC转换器通过内置的温度传感器和保护电路，能够在温度超过预设阈值时自动降低输出电流，或短暂关闭LED以实现散热，从而避免过热损坏。这种温度保护机制使LED照明系统更加安全可靠，有效延长LED的寿命。

综上所述，DC-DC转换器在LED照明系统中集成了稳流、调光和过温保护三大功能，为LED的稳定性、可控性和安全性提供了全面保障，使LED照明在不同应用场景下均能高效、安全地运行。上述功能的集成，使得DC-DC转换器在LED稳流及驱动的应用中占据重要地位。

第11章 DC－DC 转换器应用实例

本章主要介绍 DC－DC 转换器的多种应用实例及其相关技术方法，包括极性反转应用、功率放大器的使用、转换器串联实现更高输出电压、提升隔离能力的技术、5 V 传输通道噪声抑制、CTRL 引脚和 VADJ 引脚的使用方法，以及 DC－DC 转换器组合使用的工程实例。通过这些应用和技巧，能够有效地提高系统的性能，满足不同场景下的电压需求和稳定性要求，为 DC－DC 转换器的设计与应用提供全面的指导。

11.1 极性反转方法

隔离型 DC－DC 转换器都可以用来反转电源电压的极性。图 11.1 所示的电路是从正输入转换为负输出(或反之)的实例。从－48 V 转换到＋5 V 的转换器常用于 GSM 发射模块。这类模块通常由通信系统的电源接口供电，为了兼容高达 90 V 的振铃信号，需要额外设计输入电压限制电路。＋5 V 转换到－15 V 的转换器则常用来为运算放大器或模数转换器等模拟电路提供负电压。

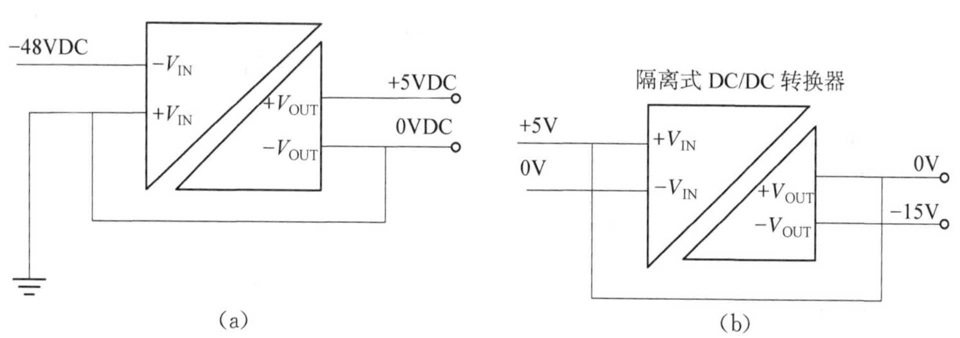

图 11.1 正输入转换负输出电路实例

(a) －48 V 至＋5 V 转换器；(b) 从＋5 V 电源中获得－15 V 电源轨

如图 11.2 所示，DC－DC 转换器的工作原理是基于输入电压等于正输入端与负输出端之间的电压差，该电路能够提供稳定 12 V 电压输出。即便电池电压仅为 8 V，该转换器在工作状态下，输入电压等于 8＋|12|＝20，足够提供 12 V 输出。输入电压上限为 DC－DC 转换器的最大安全输入电压减去输出电压，也就是说 $V_{MAX}-2\,V-|V_{OUT}|$，其中，2 V 是安全预留空间，比如 RECOM R－7812 稳压器的输入电压上限是(32 V－2 V)－12 V＝18 V。因此这个电路

可以将 8 V 到 18 V 的输入转换为 12 V 的稳定输出。当器件工作时接通电池充电器，充电器的输出也必须是空接的，否则可能引起短路。

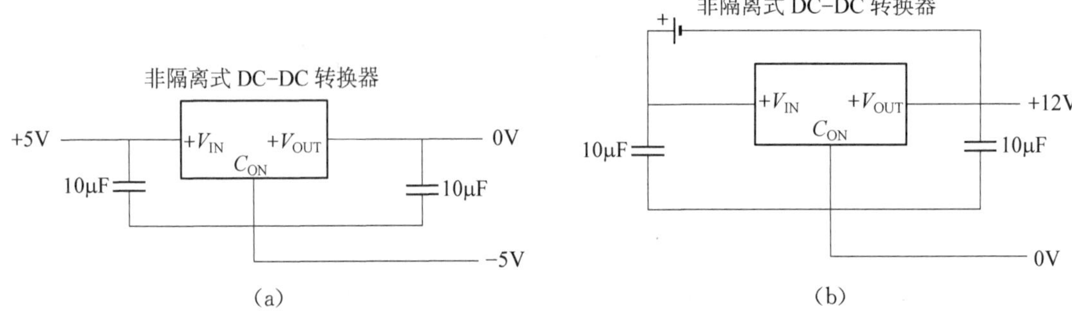

图 11.2 正输入端与负输出端的电压差

(a) DC-DC 转换器将+5 V 输入转换为−5 V 输出；(b) 12 V 输出的电压稳定器

11.2 功率放大器使用方法

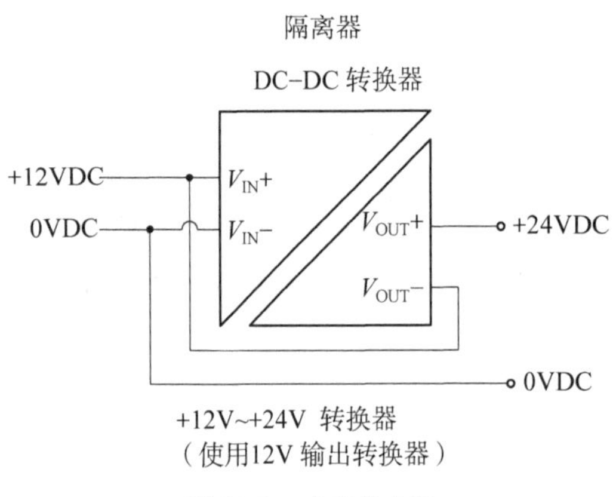

图 11.3 功率放大器

有些 DC-DC 应用中，隔离不是必要的，但需要输出电压远高于输入电压。如图 11.3 所示。若 DC-DC 转换器的额定功率为 15 W，以 RP15-1212S 型号转换器为例，在输出电流为 1.25 A 时，输出电压为 12 V。然而，从负载角度，12 V 的输出电压会叠加在输入电压上，输入电流为 1.25 A 时，器件实际输出电压为 24 V，实际输出功率为 30 W。将 12 V 转换为 24 V 的典型应用包括为泵或电磁阀供电，但高功率的 DC-DC 转换器在尺寸和成本上并不适用。

11.3 转换器串联方法

DC-DC 转换器输出通常不能以并联的方式来增加输出电流。当有负载分担输入时，情况会有所不同。DC-DC 转换器可以串联以增加输出电压，从而增加输出功率。图 11.4 展示了如何串联 DC-DC 转换器，中间连接作为公共引脚。通过使用两个输出电压不同的转换器来产生不对称的+/−输出。

隔离型转换器叠加生成更高的电压。如图 11.5 所示，是高输出电压、低输出电流的离子发生器电源。DC-DC 转换器将 12 V 的电压提升至 150 V。顶端转换器的隔离壁垒可长期承受 600 V

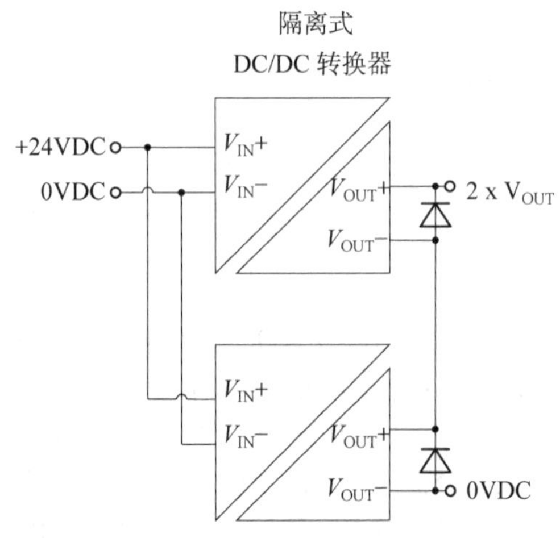

图 11.4 串联 DC-DC 转换器

的压力，其隔离能力至少需要直流 2 kV/s。

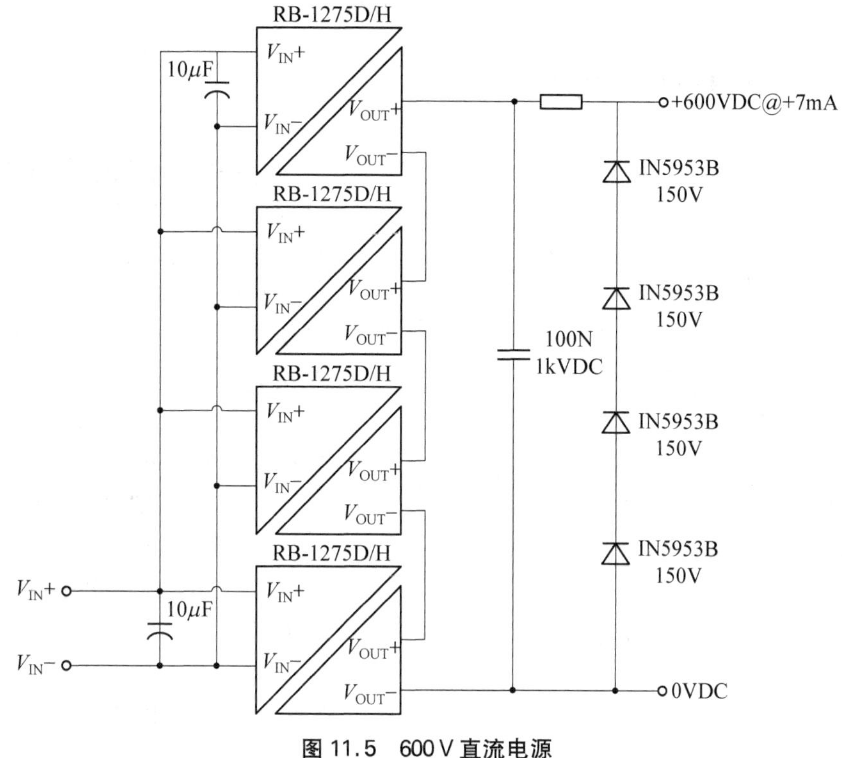

图 11.5　600 V 直流电源

11.4　隔离能力提升方法

DC-DC 转换器通过级联以提高隔离能力，例如，高真空泵的监视电路需要非常高的隔离能力。高真空必须通过离子泵来实现，而离子泵需要高达 7 kV 的直流操作电压。由于隔离电压仅在 1 s 内有效，因此具有 10 kV 直流隔离能力的转换器并不适用。对于需要持续承受 7 kV 直流电压的转换器，至少需要具备直流 14 kV/s 的隔离能力，但这种转换器很难找到并且造价相对较高。如图 11.6 所示，通过连接两个价格较低的直流 10 kV/s 的转换器，可以提高

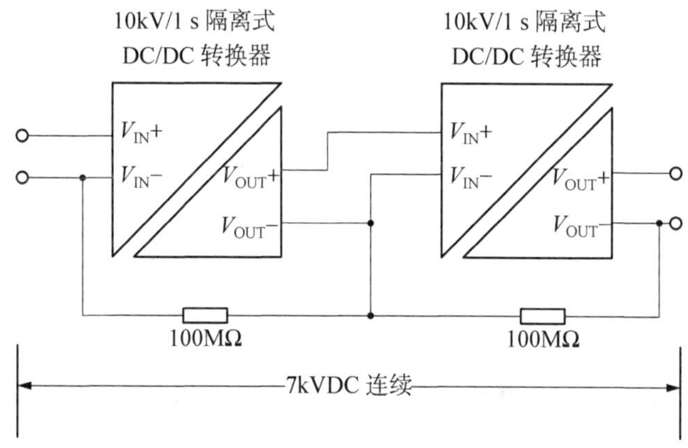

图 11.6　级联转换器以提升隔离能力

隔离能力。连接隔离屏障的电阻值高达 10 GΩ，因此电压平衡电阻的最大值只能是该值的百分之一。

11.5 5V 传输通道噪声抑制方法

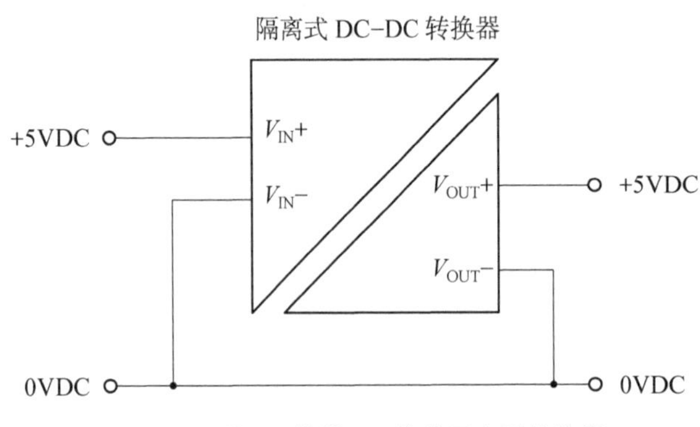

图 11.7 从 5 V 换转 5 V 的非隔离型转换器

当模拟电路和数字电路共用一个 5 V 通道时，经常出现从数字 IC 到模拟 IC 的高频干扰问题。这种问题在视频或音频应用中很常见，数字噪声叠加在模拟信号之上可能引起图像上的干扰或者音频中的噪声。如图 11.7 所示，为 5 V 输入、5 V 输出的非隔离型转换器，其技术规格要求输入电压偏差小于±10%、输出电压偏差要求小于±5%。

另一种提供低噪 5 V 电压电路如图 11.8 所示，线性电压调节器用来提供低噪声的输出电压。其直接与 5 V 输入串联，在本应用实例中，双 3.3 V 输出的 SMD DC-DC 转换器提供 6.6 V 的输出，可以被任意低噪声线性转换器降至 5 V。当不采用(NC)时，双输出 DC-DC 转换器的公共引脚可以空接。通过选择合适的元件，可以使电路的输出噪声小于 5 μV_{pp}。

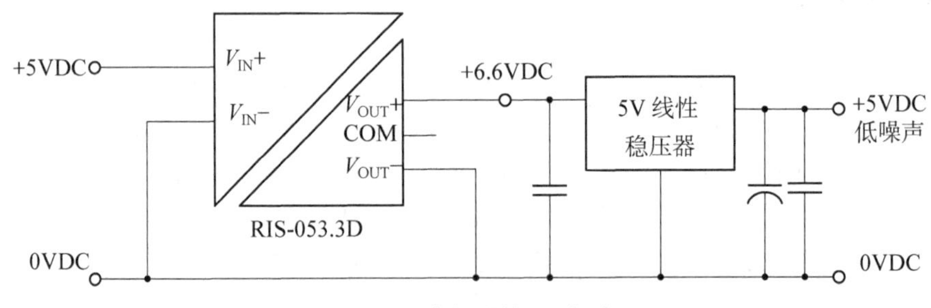

图 11.8 非常低噪的 5 V 源电压

11.6 CTRL 引脚使用方法

部分 DC-DC 转换器配备开/关控制功能。在关闭状态下，虽然转换器仍与电源相连，但不会产生输出。这种设计的优势在于其对启动信号的响应速度非常快，并且由于输入电容已经充满电，因此启动转换器时不会产生较大的冲击电流。后者对于电池供电的系统尤为重要，对于能量较低的电池而言，冲击电流可能导致电压瞬时下降至低于允许的最小电压值。

如图 11.9 所示，其表示电池驱动的超低功耗系统，该系统为间歇启动电路，在未激活时处于休眠状态而降低功耗。电压门控设计的典型应用是远离电网的远程监视系统，如太阳能驱动泵站或者山顶气象站。在预设时间间隔内，微控制器启动，测量泵压或者环境温度等信息，并将这些信息存储于缓存中。经过预设多个测量周期后，程控和微控制器激活 GSM 连接，从而上传所存储的信息。当测量或传输完毕，微控制器触发 555 时序控制器，关闭电路电源。在非激活时段，这个系统除时钟电路产生低功耗外，其他部分功耗极低。休眠状态下，从电池吸收的电流大约为 120 μA，其中，时钟电路消耗大约 100 μA，待机状态下 R－78AA 消耗约 20 μA。基于这种低功耗模式，使用常规电池可达到一年或更久的供电能力。此外，还可增设 5 V 或 3.3 V 汇流标准化总线实现系统不同微控制器模块的互联，应用多电源域和多电压域技术，有针对性地灵活选择不同阈值工作模块，以此降低系统总功耗。

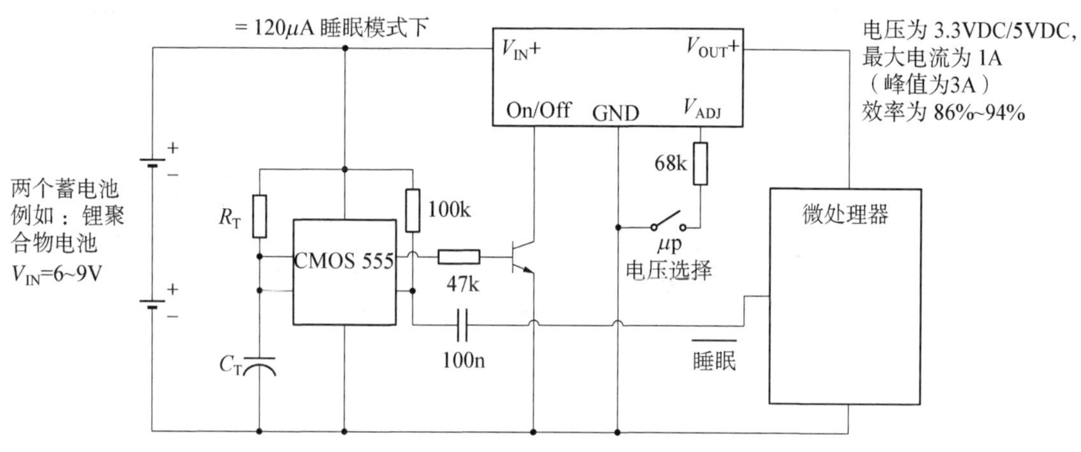

图 11.9 自停止电路

11.7 V_{ADJ} 引脚使用方法

许多 DC－DC 转换器都配备了微调引脚，用于调节输出电压，如图 11.10 所示。输出电压通过固定电阻分压器与电压基准进行内部比较。微调引脚为两个电压设置电阻交界处提供外部接入点，允许向上或向下调节输出电压。从微调引脚接地的外部电阻会拉低 V_{REF}，迫使转换器提高输出电压进行补偿。同样，从微调引脚到 V_{OUT+} 的电阻会拉高 V_{REF}，使转换器降低输出电压。

通过 R_3 限制可调范围，保证输出稳定性。可调范围一般为±10%。通常情况下会对输出电压进行轻微上调，以补偿电缆或导线中的 I^2R 损耗。当负载基本保持恒定时，则无须采用反馈输入。降低输出电压的情况较为少见，这通常是为了确保输出电压不会超过某个关键元件的最大允许电压。

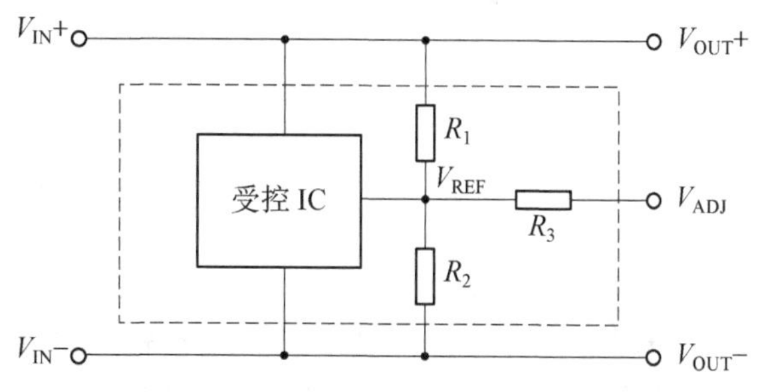

图 11.10 典型的外部电压调节电路

DC－DC 转换器的稳定性要求，决定

了可调电压的范围不应超过50%额定值，以太阳能充电DC-DC转换器为例说明，如图11.11所示，稳压器型号采用RECOM-6112P，其额定输出电压为12 V，该开关选择器的电压调整范围要求如下：输出电压13.8 V以实现对铅酸电池进行充电、输出电压6 V以实现对镍镉电池进行充电，以及输出电压5 V以实现对手机等低压设备进行充电。为实现上述调压范围，采用可调电阻实现输出二极管 VD_2 上的电压降低调节和补偿。当太阳能板不提供能量时，该二极管可防止转换器输出端反向电流。

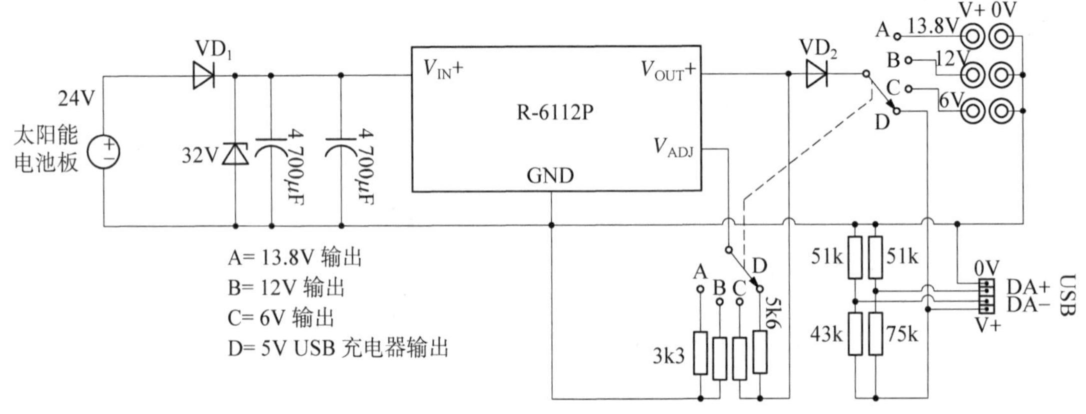

图11.11 简易的太阳能驱动的充电站

11.8 DC-DC转换器组合使用工程实例

➤例1：叉车上采用5 V电源，而电池额定电压为48 V，电源必须安置在带有显示屏的狭小空间里，如图11.12所示。RECOM的高输入电压DC-DC转换器系列R-78HB的输出电流限制是0.5 A，低于显示屏所需的1 A。这里需要解决的问题是高输入电压和高输出电流的组合。

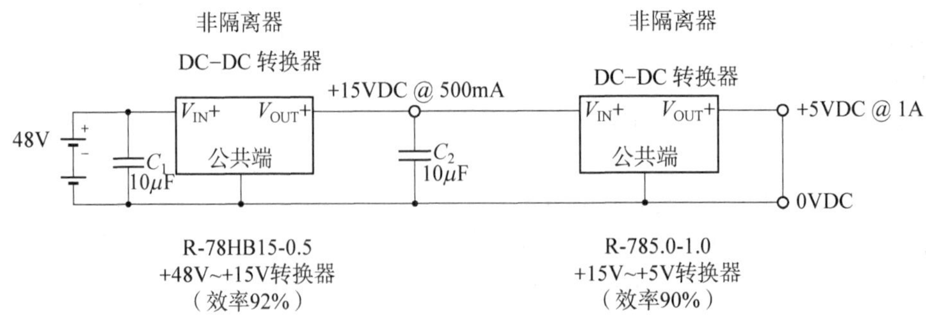

图11.12 级联型DC-DC转换器

电池使用一段时间后，电池电压在2 V至65 V之间波动。例如DIP24封装的REC5-4805SRWZ型号，其电压范围完全处于输入电压比为4∶1的5 W隔离型转换器的工作范围内。然而，在这一应用场景中，隔离并非必要条件。将两个非隔离型的转换器串联起来可以实现这个功能，同时保持更低的成本、更小的尺寸。

R－78HB15 稳压器将标准 48 V 电池电压降至 15 V，限流在 500 mA 以内。R－7805 稳压器输出最大电流为 1 A，而其输出电压稳定在 5 V。DC－DC 转换器平均输入电流由以下公式计算：

$$I_{IN}=\frac{V_{OUT}}{V_{IN}}\times\frac{I_{OUT}}{\eta} \tag{11.1}$$

其中 η 是效率。R－7805 从转换器处吸收：$I_{IN}=5/15\times1/0.9=0.37$ A。该电源的总效率大于 82%，而电源只占据 21 mm×12 mm 的面积(大约 1/3 的 DIP24 外壳面积)。而当两个稳压器上下堆叠放置时，其总高度也不超过 8 mm。在空载状态下，其消耗电流大约为 5 mA，因此也无须配备开关来控制电源的开启与关闭。

虽然 R－78 系列在工作时不需要额外的元件，但在应用中仍推荐增加额外元件，输入电容 C_1 在电池电压发生突变或出现尖峰时可以保护 R－78HB15－0.5 稳压器。在启动过程中，R－7805－1.0 型稳压器会引起高达 3 A 的冲击电流，C_2 有助于临时提供这部分电流，而具有较低等效串联电阻的多层陶瓷电容器在此应用中非常适用。

➢例 2：如图 11.13 所示，为远程电池驱动的健康监视器。输入电压为通用直流电池电压 12 V、24 V、28 V、36 V 或 48 V，输出为远程传输的回路信号。在本例中，R－78HB5.0 开关转换器的输入电压范围为 9～72 VDC。稳定 5 V 输出用于为低压电池健康监测集成电路供电，该集成电路可产生与电池电压成比例的 PWM 输出。PWM 信号经过光电隔离，用于控制 420 mA 输出信号，该信号可通过数公里长的电缆发送。4～20 mA 回路发生器由 2 W 的小型隔离式 DC－DC 转换器供电，该转换器可将 5 V 电压提升至 24 V，电流容量为 83 mA。

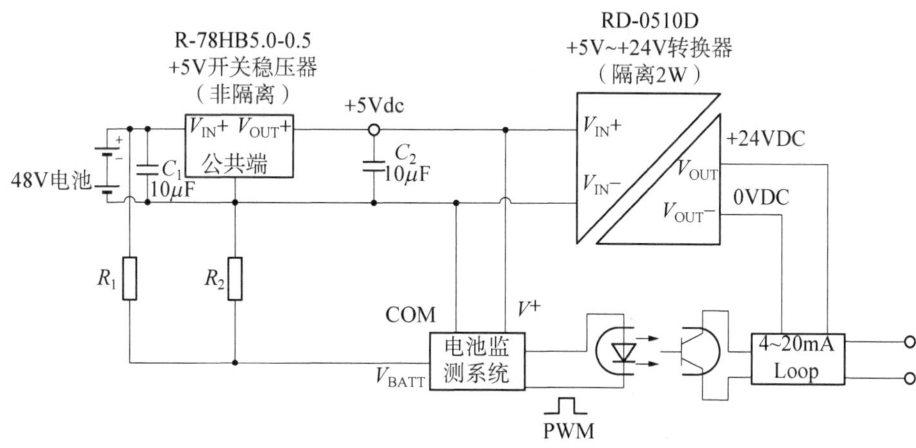

图 11.13 级联型转换器组成的电池驱动的健康监视器

到目前为止，将串联级联 DC－DC 转换器和将 DC－DC 转换器用作前置稳压器，剩下的组合是将 DC－DC 转换器用作后置稳压器。其最大优势在于它是功率转换器，因此高电流下低电压输出会从较高输入电压中吸取较少的电流，这与电压差成正比。

➢例 3：DC－DC 转换器的输入是隔离型 DC－DC 转换器的输出。电路的具体要求是＋12 V/0.4 A、＋5 V/1.5 A 和－9 V/－0.2 A，每个输出单独进行处理并与输入端 24 V 直流隔离。如图 11.14 所示，用 5W DC－DC 提供 12 V 输出、7.5W DC－DC 提供 5 V 输出、2W

DC-DC 提供-9 V 输出，电源尺寸小于 15 mm^2 面积。如图 11.15 所示的电路应用 DC-DC 转换器和后稳压 DC-DC 转换器即可实现例 3 要求，且该方法占用 30 mm^2 的面积更小。

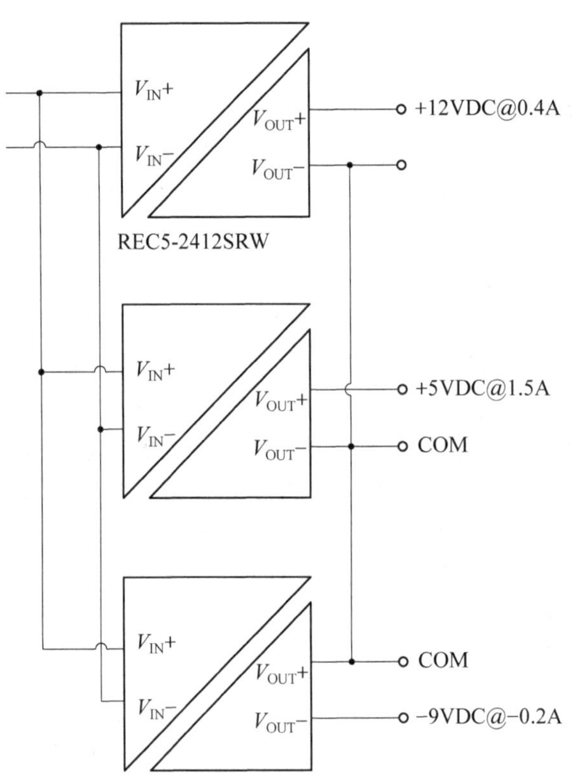

图 11.14 用 DC-DC 转换器实现的三输出电源

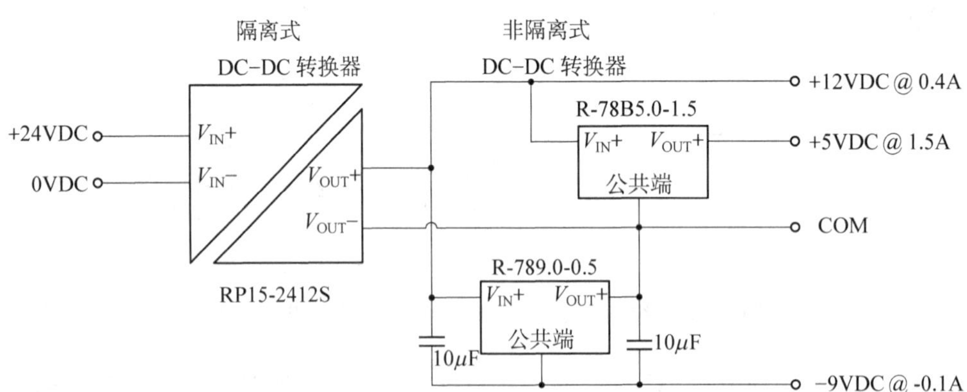

图 11.15 用 DC-DC 转换器实现的三输出电源

参考文献

[1] 任艳频. DC-DC变换电路原理及应用入门[M]. 北京:清华大学出版社, 2015.
[2] 张占松,蔡宣三. 开关电源的原理与设计(修订版)[M]. 北京: 电子工业出版社, 2004.
[3] 李爱文,张承慧. 现代逆变技术及其应用[M]. 北京: 科学出版社, 2000.
[4] 周永勤. 电力电子技术基础[M]. 北京: 机械工业出版社,2023.
[5] 王聪. 软开关功率变换器及其应用[M]. 北京: 科学出版社, 2000.
[6] 陈文娟,杨志红,郭宗富. 电力电子技术基础及其应用研究[M]. 长春: 吉林大学出版社,2016.
[7] 汪槱生, 徐德鸿, 马皓. 电力电子技术[M]. 北京: 科学出版社, 2006.
[8] Keith Billings. 开关电源手册[M]. 北京: 人民邮电出版社, 2006.
[9] 邱关源. 现代电路理论[M]. 北京: 高等教育出版社, 2001.
[10] 周润景,王伟. 常用电源电路设计及应用[M]. 2版. 北京:电子工业出版社,2021.
[11] 曲学基, 曲敬铠, 于明扬. 逆变技术基础与应用[M]. 北京: 电子工业出版社, 2007.
[12] 阮新波, 张力, 黄新泽,等. 单相电力电子变换器的二次谐波电流抑制技术[M]. 北京: 机械工业出版社, 2022.
[13] 严百平, 刘健, 程红丽. 不连续导电模式高功率因数开关电源[M]. 北京: 科学出版社, 2000.
[14] 邢岩, 蔡宣三. 高频功率开关变换技术[M]. 北京: 机械工业出版社, 2005.
[15] 贺益康, 潘再平. 电力电子技术[M]. 北京: 科学出版社, 2004.
[16] 裴云庆, 杨旭, 王兆安. 开关稳压电源的设计和应用[M]. 北京: 机械工业出版社, 2010.
[17] 阮新波, 谢立宏, 季清,等. 电力电子变换器传导电磁干扰的建模、预测与抑制方法[M]. 北京: 机械工业出版社, 2023.
[18] 张兴,黄海宏. 电力电子技术[M]. 北京: 科学出版社, 2023.
[19] 惠晶, 方光辉. 新能源转换与控制技术[M]. 北京: 机械工业出版社, 2008.
[20] Sanjaya Maniktala. 开关电源设计与优化[M]. 2版. 肖文勋,张薇琳,杨浅,等,译. 北京: 电子工业出版社,2024.
[21] 户川治朗. 实用电源电路设计 从整流电路到开关稳压器[M]. 高玉苹, 唐伯雁, 李大寨,

译.北京：科学出版社，2006.
[22] 徐德鸿，李睿，刘昌金，等. 现代整流器技术：有源功率因数校正技术[M]. 北京：机械工业出版社，2013.
[23] 蔡宣三，龚绍文. 高频功率电子学[M]. 北京：中国水利水电出版社，2009.
[24] 张凯锋，吴晓梅，包金明，等. 电力电子技术基础[M]. 4 版. 南京：东南大学出版社，2018.
[25] 方志烈. 半导体照明技术[M]. 北京：电子工业出版社，2009.
[26] 荣军，陈曦. 直流开关电源的软开关技术[M]. 湘潭：湘潭大学出版社，2018.
[27] 纪宗南. 单片机外围器件实用手册：输入通道器件分册[M]. 北京：北京航空航天大学出版社，1998.
[28] Wu Keng C. Digital Control of High Frequency Switched Mode Power Converters [M]. New York：Wiley，2015.
[29] Robert W，Erickson R W，Dragan Maksimović. Fundamentals of Power Electronics [M]. New York，NY：Springer，2004.
[30] Haddad W M，Chellaboina V. Dynamics and Control of Switched Electronic Systems [M]. New York，Springer，2012.
[31] Tim Williams. EMC for Product Designers[M]. Newnes，2017.
[32] Wu K C. Pulse Width Modulated DC-DC Converters[M]. Springer New York，NY，1997.
[33] Clayton G B. Linear integrated circuit applications[M]. Macmillan，1975.
[34] Bell B. Introduction to Push-Pull Technologies[M]. National Semiconductor，2003.
[35] Ducard G. Introduction to Digital Control of Dynamic Systems[M]. Lecture Notes，2013.
[36] Falin J. Designing DC/DC Converters based on SEPIC Technology[M]. Texas Instruments Inc.，2008.
[37] Gerstl D. Power Supply Reliability[M]. C&D Technologies，2003.
[38] Kankanala K. AN1369：Full-Bridge DC/DC Converter Reference Design[M]. Microchip Technology，2011.
[39] Kessler M. Synchronous Inverse SEPIC Technology[M]. Analog Dialogue，Analog Devices，2010.
[40] Liang R. Design Considerations for System-Level ESD Circuit Protection[M]. Texas Instruments Inc.，2012.
[41] Maimone G. AN4067：Selecting L and C Components[M]. Freescale Semiconductor，2010.
[42] Mammano B. Safety Considerations in Power Supply Design[M]. Texas Instruments，2005.
[43] McLyman W T. Transformer and Inductor Design Handbook[M]. 3rd ed.，Kg Magnetics Inc.，Marcel Dekker，2004.
[44] Nihal Kularatna. DC Power Supplies：Power Management and Surge Protection for Power Electronic Systems[M]. CRC Press，2011.

[45] Fernando A Silva1. Pulsewidth Modulated DC-to-DC Power Conversion: Circuits, Dynamics, Control, and DC Power Distribution Systems, Second Edition [Book News][J]. IEEE Industrial Electronics Magazine, 2022, Vol. 16(4): 101 - 102.

[46] Taichi Kawakami, Kenta Yamada, Kazuhiro Umetani, et al. Design and Analysis of Power Balance Mode Control Using Digital Control for Boost-Type DC - DC Converter [J]. IEEJ Transactions on Electrical and Electronic Engineering, 2022, Vol. 17(5): 739 - 748.

[47] Josefal G, Carlosl A. A Simple Sensorless Current Sharing Technique for Multiphase DC - DC Buck Converters[J]. IEEE Transactions on Power Electronics, 2017, Vol. 32 (5): 3480 - 3489.

[48] Huang Wenkang, Lehman B. Analysis and verification of inductor coupling effect in interleaved multiphase DC - DC converters[J]. IEEE Transactions on Power Electronics, 2016, Vol. 31(7): 5004 - 5017.

[49] Dang Zhigang, Abu Qahouq J A. Permanent-Magnet Coupled Power Inductor for Multiphase DC - DC Power Converters [J]. IEEE-Transactions on Industrial Electronics, 2017, Vol. 64(3): 1971 - 1981.

[50] Abu Qahouq J, Hong Mao, Batarseh I. Multiphase voltage-mode hysteretic controlled DC - DC converter with novel current sharing [J]. IEEE Transactions on Power Electronics, 2004, Vol. 19(6): 1397 - 1407.